安徽省高等学校"十三五"规划教材
工程应用型院校计算机系列教材

 高等学校规划教材·计算机系列

主审 胡学钢

Visual Basic 6.0 程序设计

（第2版）

主　编　朱文婕　陈玉娥

副主编　张德成　谢　静

编　委（按姓氏笔画排序）

叶　枫　朱文婕　张德成　陈友春

陈玉娥　谢　静　魏　星

北京师范大学出版集团
BEIJING NORMAL UNIVERSITY PUBLISHING GROUP
安徽大学出版社

内容简介

本教材紧扣"全国高等学校(安徽考区)计算机水平考试教学(考试)大纲"编写,主要包括计算机基础知识、Windows 7 操作系统、Visual Basic 概述、Visual Basic 可视化编程基础、Visual Basic 语言基础、Visual Basic 程序控制结构、数组和自定义类型、过程、用户界面设计、菜单设计、数据文件、数据库应用基础等内容,并配有大量例题和源代码及适量的习题,适合初学者学习 VB 程序设计使用。

图书在版编目(CIP)数据

Visual Basic 6.0 程序设计/朱文婕,陈玉娥主编. —2 版. —合肥:安徽大学出版社,2018.8

高等学校规划教材

ISBN 978-7-5664-1637-7

Ⅰ. ①V… Ⅱ. ①朱… ②陈… Ⅲ. ①BASIC 语言—程序设计—高等学校—教材

Ⅳ. ①TP312.8

中国版本图书馆 CIP 数据核字(2018)第 193078 号

Visual Basic 6.0 程序设计(第2版)

VISUAL BASIC 6.0 CHENGXU SHEJI

朱文婕 陈玉娥 主编

出版发行: 北京师范大学出版集团
安 徽 大 学 出 版 社
(安徽省合肥市肥西路 3 号 邮编 230039)
www.bnupg.com.cn
www.ahupress.com.cn

印 刷: 合肥远东印务有限责任公司

经 销: 全国新华书店

开 本: 184mm×260mm

印 张: 22.25

字 数: 412 千字

版 次: 2018 年 8 月第 2 版

印 次: 2018 年 8 月第 1 次印刷

定 价: 46.00 元

ISBN 978-7-5664-1637-7

策划编辑: 刘中飞 宋 夏   **装帧设计:** 李 军

责任编辑: 张明举 宋 夏   **美术编辑:** 李 军

责任印制: 赵明炎

前 言
Foreword

　　Visual Basic(简称 VB)程序设计语言是美国微软公司推出的基于 Windows 平台的应用软件开发系统。从其诞生之日起,Visual Basic 程序设计语言就以其卓越的性能、简洁的程序设计风格、强大的数据库编程能力,受到广大程序设计人员的喜爱,得到了迅速的推广和应用。Visual Basic 程序设计语言继承了 Basic 语言简单易学的特点,又引入了面向对象程序设计机制,巧妙地把 Windows 编程的复杂性封装起来,提供给用户的是一种可视化的程序设计界面,极大地提高了应用程序的开发效率,降低了开发难度。对于非计算机专业学生来说,Visual Basic 程序设计语言是目前较为理想的程序设计入门课程。通过学习 Visual Basic,他们能较好地理解复杂的软件结构和 Windows 操作系统的工作模式。因此,为了提高非计算机专业学生的计算机应用能力和应用软件的初步开发能力,我们编写了这本教材。

　　本书按照"全国高等学校(安徽考区)计算机水平考试教学(考试)大纲"编写,目的是让学生通过学习掌握计算机的基本知识,具备计算机的基本操作能力,掌握 Visual Basic 程序设计语言的基本概念,了解面向对象程序设计的基本原理和方法,培养学生使用 Visual Basic 开发应用程序的能力。

　　本书详细介绍了使用 Visual Basic 6.0 程序设计语言开发基于 Windows 平台的应用程序的基本概念、开发环境和步骤,包括计算机基础知识、Windows 7 操作系统、Visual Basic 概述、Visual Basic 可视化编程基础、Visual Basic 语言基础、Visual Basic 程序控制结构、数组和自定义类型、过程、用户界面设计、菜单设计、数据文件、数据库应用基础等内容。为便于读者理解和巩固所学内容,本书配有大量的实例和源程序代码,每章还配有相应的习题。

　　本书共 12 章,由朱文婕、陈玉娥、张德成、陈友春、魏星、谢静、叶枫等编写。在本书的编写过程中,省内高校同行专家以及安徽大学出版社给予了大力支持和帮助,在此一并表示感谢!

　　由于编写时间仓促,加之编者水平有限,因此本书难免会有疏漏之处,敬请读者批评指正。

编 者
2018 年 6 月

Contents

第1章 计算机基础知识

本章主要介绍计算机基础知识,包括计算机的产生、发展、特点、分类和应用,数制的概念,信息在计算机中的表示,计算机的基本工作原理和系统构成,多媒体技术的基本概念等。

1.1 计 算 机 概 述

计算机(Computer)是一种按照预先存储的程序自动、高速、精确地进行信息处理的现代电子设备,它对人类的生产活动和社会活动产生了极其重要的影响,现已遍及学校、企事业单位和普通家庭,成为人类进入信息时代的重要标志。

1.1.1 计算机的发展史

1946年2月,由美国军方定制的世界上第一台通用电子计算机"电子数字积分计算机"(Electronic Numerical Integrator And Computer,ENIAC)在美国宾夕法尼亚大学问世。ENIAC(中文名:埃尼阿克)是美国奥伯丁武器试验场为了满足弹道计算需要研制而成的。这台计算机长30.48米,宽6米,高2.4米,占地面积约170平方米,重达30吨,使用了17468支电子管,耗电量150千瓦,其运算速度为每秒5000次的加法运算,造价约为487000美元。ENIAC的问世具有划时代的意义,表明电子计算机时代的到来。在之后70多年里,计算机技术以惊人的速度发展,除此之外,没有任何一门技术的性能价格比能在30年内增长6个数量级。

1. 第一代(1946—1958年):电子管时代

硬件方面,其逻辑元件采用的是真空电子管,主存储器采用汞延迟线、阴极射线示波管静电存储器、磁鼓和磁芯;外存储器采用的是磁带。软件方面,它采用的是机器语言和汇编语言。应用领域以军事和科学计算为主。其特点是体积大、功耗高、可靠性差,速度慢(一般为每秒数千次至数万

图1-1 第一代通用电子计算机

次)、价格昂贵,但它们为之后的计算机发展奠定了基础。

2. 第二代（1959—1964年）：晶体管时代

在硬件方面,第二代计算机采用晶体管作为主要器件,内存储器主要采用磁芯片,外存储器开始使用磁盘,输入和输出方式有了较大的改进。在软件方面,高级语言开始被使用,操作系统和编译系统已经出现。应用领域以科学计算和事务处理为主,并开始进入工业控制领域。其特点是体积缩小、能耗降低、可靠性提高和运算速度提高(一般为每秒数十万次,最高可达每秒300万次),性能比第一代计算机有很大的提高。

3. 第三代（1965—1970年）：集成电路时代

在硬件方面,其逻辑元件采用中、小规模集成电路(MSI、SSI),主存储器仍采用磁芯。在软件方面,出现了分时操作系统以及结构化、规模化程序设计方法。其特点是速度更快(一般为每秒数百万次至数千万次),而且可靠性显著提高,价格进一步下降,产品走向了通用化、系列化和标准化等。应用领域开始进入文字处理和图形图像处理领域。

图1-2　电子管　　　　　图1-3　晶体管　　　　　图1-4　集成电路

4. 第四代（1970年以后）：大规模集成电路时代

在硬件方面,其逻辑元件采用大规模和超大规模集成电路(LSI和VLSI)。在软件方面,出现了数据库管理系统、网络管理系统和面向对象语言等。1971年,世界上第一台微处理器在美国硅谷诞生,开创了微型计算机的新时代。应用领域从科学计算、事务管理和过程控制逐步走向家庭。

图1-5　超大规模集成电路

集成技术的发展使半导体芯片的集成度更高,每块芯片可容纳数万乃至数百万个晶体管,并且可以把运算器和控制器都集中在一个芯片上,从而出现了微处理器。可以用微处理器和大规模、超大规模集成电路组装成微型计算机,就是我们常说的"PC机"。微型计算机体积小,价格便宜,使用方便,但它的功能和运算速度已经达到甚至超过了过去的大型计算机。此外,利用大规模、超大规模集成电路制造的各种逻辑芯片,已经制成了体积并不是很大,但运算速度可达一亿甚至几十亿次的巨型计算机。我国继1983年研制成功每秒运算一亿次的银河Ⅰ型巨型计算机以后,又于1993年研制成功每秒运算十亿次的银河Ⅱ型巨型计算机。这一时期还产生了新一代的程序设计语言、数据库管理系统和网络软件等。

随着物理元器件的变化,不仅计算机主机经历了更新换代,它的外部设备也在不断地变革,比如外存储器,由最初的阴极射线显示管发展到磁芯、磁鼓,之后又发展为通用的磁盘,现又出现了体积更小、容量更大、速度更快的 U 盘。

1.1.2　计算机的特点

1.运算速度快

当今计算机系统的运算速度已达到每秒万亿次,微机也可达每秒亿次以上,使大量复杂的科学计算问题得以解决。例如,卫星轨道的计算、大型水坝的计算和 24 小时天气预报的计算等,过去人工计算需要几年、几十年,而现在用计算机只需几天甚至几分钟就可完成。

2.计算精确度高

科学技术的发展,特别是尖端科学技术的发展,需要高度精确的计算。计算机控制的导弹之所以能准确地击中预定的目标,是与计算机的精确计算分不开的。一般计算机可以有十几位甚至几十位(二进制)有效数字,计算精度可由千分之几到百万分之几。

3.存储容量大

计算机不仅能进行计算,而且能把参加运算的数据、程序以及中间结果和最后结果保存起来,以供用户随时调用。计算机的存储器可以存储大量数据,这使计算机具有了"记忆"功能。随着计算机存储容量的不断增大,可存储记忆的信息越来越多。"记忆"功能是计算机与传统计算工具的一个重要区别。

4.具有逻辑判断能力

计算机的运算器除了能够完成基本的算术运算外,还具有对各种信息进行比较、判断等逻辑运算的功能。这种能力是计算机处理逻辑推理问题的前提。

5.自动化程度高

计算机内部操作是根据人们事先编好的程序自动控制进行的。用户根据解题需要,事先设计好程序,计算机将十分严格地按照程序规定的步骤操作,整个过程不需人工干预。

1.1.3　计算机的分类

1.按信息的形式和处理方式划分

(1)数字式计算机

数字式计算机处理的是离散的数据,如果输入的是数字量,那么输出的也是数字量。其基本运算部件是数字逻辑电路,因此运算精度高、通用性强。

（2）模拟式计算机

模拟式计算机处理和显示的是连续的物理量，其基本运算部件是由运算放大器构成的各类运算电路。一般来说，模拟式计算机不如数字式计算机精确、通用性不强，但解题速度快，主要用于过程控制和模拟仿真。

（3）数模混合计算机

数模混合计算机兼有数字和模拟两种计算机的优点，既能接收、输出和处理模拟量，又能接收、输出和处理数字量。

2. 按使用范围划分

（1）通用计算机

通用计算机指适用于各种应用场合，且功能齐全、通用性好的计算机。

（2）专用计算机

专用计算机指为解决某种特定问题而专门设计的计算机，一般用在过程控制中，如智能仪表、飞机的自动控制和导弹的导航系统等。

3. 按计算机的规模和处理能力划分

（1）巨型计算机

巨型计算机是运算速度最快、存储容量最大、性能最强的一类计算机。目前，巨型计算机的运算速度可达每秒千万亿次浮点运算，主存容量高达千万亿字节。这类机器价格相当昂贵，主要用于复杂、尖端的科学研究领域，特别是军事科学计算。

例如，由国家并行计算机工程技术研究中心研制的"神威·太湖之光"超级计算机，安装了 40960 个中国自主研发的"申威26010"众核处理器，该众核处理器采用 64 位自主申威指令系统，峰值性能为 12.5 亿亿次/秒，持续性能为 9.3 亿亿次/秒。2017 年 11 月，全球超级计算机 500 强榜单公布，"神威·太湖之光"连续第四次夺冠。

图 1-6　神威·太湖之光

（2）大、中型计算机

大、中型计算机是指通用性能好、外部设备负载能力强、处理速度快的一类机器。它有完善的指令系统、丰富的外部设备和功能齐全的软件系统，并允许多个用户同时使用。这类机器主要用于科学计算、数据处理或作为网络服务器。

（3）小型计算机

小型计算机具有规模较小、结构简单、成本较低、操作简单、易于维护、与外部设备连接容易等特点，是在 20 世纪 60 年代中期发展起来的一类计算机。小型计算机应用范围广泛，既能用于工业自动控制、大型分析仪器、测量仪器、医疗设备中的数据采集、分析计算等，也能用作大型、巨型计算机系统的辅助机，并广泛用于企业管理以及大学和研究所的科学计算等。

（4）微型计算机

微型计算机（简称"微机"，也叫"个人计算机"）是以运算器和控制器为核心，加上存储器、输入输出接口和系统总线构成的体积小、结构紧凑、价格低廉但又具有一定功能的计算机。如果把这种计算机制作在一块印刷电路板上，就称为单板机。如果在一块芯片中包含运算器、控制器、存储器和输入/输出接口，就称为单片机。以微机为核心，再配以相应的外部设备（如键盘、显示器、鼠标、打印机等）、电源、辅助电路和控制微机工作的软件等，就构成了一个完整的微型计算机系统。从1971 年世界上第一台微型机诞生至今，微型计算机已渗透到各行各业和千家万户。

（5）工作站

工作站是一种高档的微型计算机，通常配有高分辨率的大屏幕显示器及容量很大的内存储器和外存储器，并且具有较强的信息处理功能和高性能的图形、图像处理和联网功能，在工程设计、动画制作、科学研究、软件开发、金融管理、信息服务和模拟仿真等专业领域得到了广泛的应用。

（6）服务器

服务器是在网络环境中为多用户提供服务的共享设备，一般分为文件服务器、打印服务器、计算服务器和通信服务器等。服务器连接在网络上，网络用户在通信软件的支持下远程登录，共享其提供的各种服务。

目前，微型计算机与工作站、小型计算机乃至中、大型机之间的界限已经愈来愈模糊。无论按哪一种方法分类，各类计算机之间的主要区别是运算速度、存储容量及机器体积等。

1.1.4　计算机的应用

计算机已成为人类现代生活不可分割的一部分，从太空探索到计算机辅助制造，从影视制作到家庭娱乐，计算机的应用无处不在。计算机的主要应用领域可归纳为以下七个方面。

1. 科学计算（或称数值计算）

早期的计算机主要用于科学计算。目前，科学计算仍然是计算机应用的重要领域，主要用于计算科学研究和工程技术中提出的复杂计算问题，现代尖端科学技术的发展都是建立在计算机的基础上的，如卫星轨迹计算、气象预报等。

2. 数据处理

数据处理是目前计算机应用最广泛的一个领域，可以利用计算机来加工、管理与操作任何形式的数据资料，如企业管理、物资管理、报表统计、账目计算和信息情报检索等。

3. 过程控制（或称实时控制）

过程控制是指利用计算机及时采集检测数据，按最佳值迅速地对控制对象进行自动控制或自动调节，如对数控机床和流水线的控制。在日常生产中，也用计算机来代替人工完成繁重或危险的工作，如对核反应堆的控制等。

4. 人工智能

人工智能是用计算机模拟人类的智能活动，如模拟人脑学习、推理、判断、理解和问题求解等过程，辅助人类进行决策。人工智能是计算机科学研究领域最前沿的学科，近几年来已具体应用于机器人、语音识别、图像识别、自然语言处理和专家系统等。

5. 计算机辅助工程

计算机辅助工程是以计算机为工具，配备专用软件辅助人们完成特定任务，以提高工作效率和工作质量为目标。比较典型的计算机辅助工程有如下几种。

（1）计算机辅助设计(CAD)技术

CAD 技术指综合地利用计算机的工程计算、逻辑判断和数据处理功能，并与人的经验和判断能力相结合，形成一个专门系统，用来进行各种图形设计与绘制，对所设计的部件、构件或系统进行综合分析与模拟仿真实验。它是近十几年来形成的一个重要的计算机应用领域。目前，在汽车、飞机、船舶、集成电路和大型自动控制系统的设计中，CAD 技术有着愈来愈重要的地位。

（2）计算机辅助制造(CAM)技术

CAM 技术指利用计算机对生产设备进行控制和管理，实现无图纸加工。

（3）计算机基础教育(CBE)

CBE 主要包括计算机辅助教学(CAI)、计算机辅助测试(CAT)和计算机管理教学(CMI)等。其中，CAI 技术是利用计算机模拟教师的教学行为进行授课，学生通过与计算机的交互进行学习并自测学习效果，是提高教学效率和教学质量的新途径。近年来，多媒体技术和网络技术的发展推动了 CBE 的发展，网上教学和现代远程教育已在许多学校开展。

（4）电子设计自动化(EDA)技术

利用计算机中安装的专用软件和接口设备及硬件描述语言开发可编程芯片，将软件进行固化，从而扩充硬件系统的功能的技术就是 EDA 技术，它能提高系统的可靠性和运行速度。

6.电子商务

电子商务是指通过计算机和网络进行商务活动，是在 Internet 与传统信息技术的丰富资源相结合的背景下应运而生的一种网上相互关联的动态商务活动。电子商务是在 1996 年开始的，起步虽然不长，但因其高效率、低成本、高收益和全球性等特点，很快受到各国政府和企业的广泛重视，有着广阔的发展前景。

目前，许多公司开始通过 Internet 进行商业交易，他们通过网络与顾客、批发商和供货商等联系，在网上进行业务往来。

7.娱乐

计算机已经走进千家万户，人们在工作之余可以使用计算机欣赏影视和音乐，进行游戏娱乐等。

1.2　数制与信息编码

1.2.1　数制的概念

数制即进位计数制，是计数的方法，即采用一组计数符号（称为数符或数码）的组合来表示任意一个数的方法。数制中的常用术语如下：

①数码：用不同的数字符号表示一种数制的数值，这些数字符号称为"数码"。

②基数：数制所使用的数码个数称为"基数"。

③权：某数制的每一位所具有的值称为"权"。

日常生活中经常要用到数制，通常以十进制进行计数。除了十进制以外，还有许多非十进制的计数方法，例如，60 分钟为 1 小时，是六十进制计数法；1 星期有 7 天，是七进制计数法。当然，在生活中还有各种各样的进位计数法。

计算机系统采用二进制的主要原因是电路设计简单、运算方便、可靠性高、逻辑性强。不论是哪一种数制，其计数和运算都有共同的规律和特点。

1.2.2　常用数制及数制转换

常用的数制有十进制、二进制、八进制和十六进制。数制的进位遵循"逢 N 进一"的规则，其中 N 是数制的基数。

1.常用数制

（1）十进制数

十进制数(Decimal)有 0,1,2,…,9 共 10 个数码，后缀是 D 或不加后缀，处在

不同位置上的数码所代表的值不同,按照"逢十进一"的规则计算。任何一个十进制数 N 都可以表示为:

$$N = D_{n-1} \times 10^{n-1} + D_{n-2} \times 10^{n-2} + \cdots + D_1 \times 10^1 + D_0 \times 10^0 + D_{-1} \times 10^{-1}$$
$$+ \cdots + D_{-m} \times 10^{-m}$$

其中,n 表示整数部分的位数,m 表示小数部分的位数,D_i 为十进制数码 $0 \sim 9$,10^i 为第 i 位权值,10 为十进制的基数。

例 1.1   十进制数 1235.68 可以表示为:

$$1235.68 = 1 \times 10^3 + 2 \times 10^2 + 3 \times 10^1 + 5 \times 10^0 + 6 \times 10^{-1} + 8 \times 10^{-2}$$

(2)二进制数

计算机中采用二进制(Binary)进行计数。二进制数只有 0,1 两个数码,后缀是 B,或者用 $(N)_2$ 的形式表示,按照"逢二进一"的规则计算。任何一个二进制数都可以表示为:

$$N = B_{n-1} \times 2^{n-1} + B_{n-2} \times 2^{n-2} + \cdots + B_1 \times 2^1 + B_0 \times 2^0 + B_{-1} \times 2^{-1}$$
$$+ \cdots + B_{-m} \times 2^{-m}$$

其中,n 表示整数部分的位数,m 表示小数部分的位数,B_i 为二进制数字 0、1,2^i 为第 i 位权值,2 为二进制的基数。

例 1.2   二进制数 $(1101.11)_2$ 可以表示为:

$$(1101.11)_2 = 1 \times 2^3 + 1 \times 2^2 + 0 \times 2^1 + 1 \times 2^0 + 1 \times 2^{-1} + 1 \times 2^{-2}$$

(3)八进制数

八进制数(Octal)有 $0,1,2,\cdots,7$ 共 8 个数码,后缀是 O,按照"逢八进一"的规则进行计算。任何一个八进制数 N 都可以表示为:

$$N = O_{n-1} \times 8^{n-1} + O_{n-2} \times 8^{n-2} + \cdots + O_1 \times 8^1 + O_0 \times 8^0 + O_{-1} \times 8^{-1}$$
$$+ \cdots + O_{-m} \times 8^{-m}$$

其中,n 表示整数部分的位数,m 表示小数部分的位数,O_i 为八进制数字 $0 \sim 7$,8^i 为第 i 位权值,8 为八进制的基数。

例 1.3   八进制 $(3276.43)_8$ 可表示为:

$$(3276.43)_8 = 3 \times 8^3 + 2 \times 8^2 + 7 \times 8^1 + 6 \times 8^0 + 4 \times 8^{-1} + 3 \times 8^{-2}$$

(4)十六进制数

十六进制数(Hexadecimal)有 $0,1,2,\cdots,9$,A,B,$\cdots$,F 共 16 个数码。A、B、C、D、E、F 这 6 个数码分别代表十进制数中的 10、11、12、13、14、15,后缀是 H,按照"逢十六进一"的规则进行计算。任何一个十六进制数 N 都可以表示为:

$$N = H_{n-1} \times 16^{n-1} + H_{n-2} \times 16^{n-2} + \cdots + H_1 \times 16^1 + H_0 \times 16^0 + H_{-1} \times 16^{-1}$$
$$+ \cdots + H_{-m} \times 16^{-m}$$

其中，n 表示整数部分的位数，m 表示小数部分的位数，H_i 为十六进制数码 $0 \sim 9$ 和 $A \sim F$，16^i 为第 i 位的权值，16 为十六进制的基数。

例 1.4 十六进制数 $(23A7.D5)_{16}$ 可以表示为：

$$(23A7.D5)_{16} = 2 \times 16^3 + 3 \times 16^2 + 10 \times 16^1 + 7 \times 16^0 + 13 \times 16^{-1} + 5 \times 16^{-2}$$

2. 数制之间的转换

（1）任意进制数转换为十进制数

任意进制数转换为十进制数的基本方法是按权展开相加求和，计算出数值，即可得到其对应的十进制数。

例 1.5 将二进制数 $(1101.11)_2$ 转换为十进制数。

$$(1101.11)_2 = 1 \times 2^3 + 1 \times 2^2 + 0 \times 2^1 + 1 \times 2^0 + 1 \times 2^{-1} + 1 \times 2^{-2} = 13.75$$

例 1.6 将十六进制数 $(A7.D)_{16}$ 转换为十进制数。

$$(A7.D)_{16} = 10 \times 16^1 + 7 \times 16^0 + 13 \times 16^{-1} = 167.8125$$

（2）十进制数转换为任意进制数

① 十进制数转换为二进制数。

十进制数转换为二进制数，可以将其整数部分和小数部分分别转换后再组合到一起。整数部分转换采用"除 2 取余，倒着写"的方法，小数部分采用"乘 2 取整，顺着写"的方法。

例 1.7 将 $(105.6875)_{10}$ 转换成二进制数。

整数部分：

$$
\begin{aligned}
105 \div 2 &= 52 \cdots\cdots 1 \\
52 \div 2 &= 26 \cdots\cdots 0 \\
26 \div 2 &= 13 \cdots\cdots 0 \\
13 \div 2 &= 6 \cdots\cdots 1 \\
6 \div 2 &= 3 \cdots\cdots 0 \\
3 \div 2 &= 1 \cdots\cdots 1 \\
1 \div 2 &= 0 \cdots\cdots 1
\end{aligned}
$$

小数部分：

$$
\begin{aligned}
0.6875 \times 2 &= 1.375 & 1 \\
0.375 \times 2 &= 0.75 & 0 \\
0.75 \times 2 &= 1.5 & 1 \\
0.5 \times 2 &= 1 & 1
\end{aligned}
$$

$105 = (1101001)_2$ $0.6875 = (0.1011)_2$

即 $105.6875 = (1101001.1011)_2$

注意：小数部分可以按照题目的要求保留若干位小数。

② 十进制数转换为十六进制数。

十进制数转换为十六进制数也可以将其整数部分和小数部分分别转换后再组合到一起。整数部分转换采用"除 16 取余，倒着写"的方法，小数部分采用"乘 16 取整，顺着写"的方法。

例 1.8 将十进制数 356.56 转换为十六进制数,小数部分保留 3 位。

整数部分:

$$356 \div 16 = 22 \cdots\cdots 4$$
$$22 \div 16 = 1 \ \cdots\cdots 6$$
$$1 \div 16 = 0 \ \cdots\cdots 1$$

$$356 = (164)_{16}$$

小数部分:

$$0.56 \times 16 = 8.96 \qquad 8$$
$$0.96 \times 16 = 15.36 \qquad 15$$
$$0.36 \times 16 = 5.76 \qquad 5$$
$$0.76 \times 16 = 12.16 \qquad 12$$

$$0.56 = (0.8F5)_{16}$$

即 $356.56 = (164.8F5)_{16}$

(3)二进制数与八进制数之间的转换

由于 1 位八进制数可以用 3 位二进制数表示,因此,二进制数转换成八进制数的方法是以小数点为基准,整数部分从右向左,每 3 位一组,最高位不足 3 位时,添 0 补足 3 位;小数部分从左向右,每 3 位一组,最低位不足 3 位时,添 0 补足 3 位。然后将各组的 3 位二进制数转换成八进制数。同理,八进制转换成二进制数可以"1 位拆 3 位"。

例 1.9 将二进制数 $(1101101.1101)_2$ 转换成八进制数;将八进制数 $(257.64)_8$ 转换成二进制数。

$$\underline{001}\ \underline{101}\ \underline{101}.\ \underline{110}\ \underline{100} \qquad (\ 2\quad 5\quad 7\ .\ 6\quad 4\ )_8$$
$$(\ 1\quad 5\quad 5\ .\ 6\quad 4\ )_8 \qquad \underline{010}\ \underline{101}\ \underline{111}.\ \underline{110}\ \underline{100}$$

所以 $(1101101.1101)_2 = (155.64)_8$ 所以 $(257.64)_8 = (10101111.1101)_2$

(4)二进制数与十六进制数之间的转换

由于 1 位十六进制数可以用 4 位二进制数表示,因此,二进制数转换成十六进制数的方法是以小数点为基准,整数部分从右向左,每 4 位一组,最高位不足 4 位时,添 0 补足 4 位;小数部分从左向右,每 4 位一组,最低位不足 4 位时,添 0 补足 4 位。然后将各组的 4 位二进制数转换成十六进制数。同理,十六进制转换成二进制数可以"1 位拆 4 位"。

例 1.10 将二进制数 $(10110011101.110001)_2$ 转换成十六进制数;将十六进制数 $(6A5C.3D)_{16}$ 转换成二进制数。

$$(\underline{0101}\ \underline{1001}\ \underline{1101}.\ \underline{1100}\ \underline{0100})_2$$
$$(\ 5\quad\quad 9\quad\quad D.\quad C\quad\quad 4\ )_{16}$$

所以 $(10110011101.110001)_2 = (59D.C4)_{16}$

$$(\ 6\quad\quad A\quad\quad 5\quad\quad C.\quad 3\quad\quad D)_{16}$$
$$(\underline{0110}\ \underline{1010}\ \underline{0101}\ \underline{1100}.\ \underline{0011}\ \underline{1101})_2$$

所以 $(6A5C.3D)_{16} = (110101001011100.00111101)_2$

1.2.3　常用的信息编码

1.数据的单位

在介绍数制与信息编码之前,先来看看计算机中的存储单位。

(1)位(bit)

位表示一位二进制信息,可存放一个 0 或 1。位是计算机中表示信息的最小单位。

(2)字节(Byte)

计算机中存储器的一个存储单元,由 8 位二进制数码组成。字节(B)是存储容量的基本单位,常用的单位如下。

KB:1KB=1024B=2^{10}B。　　　　MB:1MB=1024KB=2^{20}B。

GB:1GB=1024MB=2^{30}B。　　　　TB:1TB=1024GB=2^{40}B。

(3)字长

计算机进行数据处理时,一次存取、加工和传送的数据长度称为字长。一个字(Word)通常由一个或多个字节构成。计算机的字长决定了 CPU 一次操作所能处理的数据的长度。由此可见,计算机的字长越大,其性能越优越。

2.字符数据的编码

ASCII 码(American Standard Code for Information Interchange)是美国信息交换标准代码的简称。ASCII 码的字长为 1 个字节,有 7 位 ASCII 码和 8 位 ASCII 码两种。7 位 ASCII 码称为标准 ASCII 码(规定最高位为 0),可表示 128 个不同的字符。其中,95 个字符可以显示,包括大小写英文字母、数字、运算符号和标点符号等;另外 33 个字符是不可见的控制码,编码值为 0~31 和 127。例如,回车符(CR)的编码为 0001101(13)。8 位 ASCII 码称为扩充 ASCII 码。

表 1-1　7 位 ASCII 码表

高3位 / 低4位	000	001	010	011	100	101	110	111
0000	NUL	DEL	SP	0	@	P	`	p
0001	SOH	DC1	!	1	A	Q	a	q
0010	STX	DC2	"	2	B	R	b	r
0011	ETX	DC3	#	3	C	S	c	s
0100	EOT	DC4	$	4	D	T	d	t
0101	ENQ	NAK	%	5	E	U	e	u
0110	ACK	SYN	&	6	F	V	f	v
0111	BEL	ETB	'	7	G	W	g	w

高3位 低4位	000	001	010	011	100	101	110	111
1000	BS	CAN	(	8	H	X	h	x
1001	HT	EM	)	9	I	Y	i	y
1010	LF	SUB	*	:	J	Z	j	z
1011	VT	ESC	+	;	K	[	k	{
1100	FF	FS	,	<	L	\	l	|
1101	CR	GS	—	=	M	]	m	}
1110	SO	RS	.	>	N	ˆ	n	~
1111	SI	US	/	?	O	_	o	DEL

3. 数值型数据的编码

BCD(Binary-Coded Decimal)码用4位二进制数表示1位十进制数。例如，BCD码1000 0010 0110 1001按4位一组分别转换，结果是十进制数8269。BCD码中的每4位二进制代码是有权码，从左到右按高位到低位权依次是8、4、2、1。4位BCD码最小数是0000，最大数是1001。

4. 汉字编码

(1)输入码

键盘是计算机的主要输入设备之一，输入码就是用英文键盘输入汉字时的编码，也称"外码"。输入汉字一般有两种途径：一是由计算机自动识别汉字，要求计算机模拟人的智能；二是由人将相应的计算机编码用键盘输入计算机内。前者主要有手写输入、语音输入和扫描输入等。后者有区位码、全拼、五笔字型、微软拼音和智能ABC等。按照编码原理，汉字输入码可分为4类，即数码(无重码，如区位码、国标码和电报码等)、音码(如智能ABC、微软拼音、全拼和搜狗拼音输入法等)、形码(如五笔字型)，以及将汉字的音、形相结合的音形码(自然码)。

(2)国标码

1980年，我国制定了GB 2312-1980标准，颁布了一套用于汉字信息交换的代码，共收录汉字6763个，各种字母符号682个，合计7445个。其中，常用汉字(一级汉字)3755个，按拼音排序；二级汉字3008个，按偏旁部首排序。规定每一个汉字用2字节来存储，每个字节用7位码来表示，并在0000000～1111111之间变化。由于计算机存储器是用字节来存储信息的，而一个字节是8位，因此在国标码的低七位和高七位前面都补个0。

(3)区位码

在GB 2312-1980的编码方式中，国家标准将汉字和图形符号排列在一个94行94列的二维代码表中，每两个字节分别用两位十进制数编码，前面一个字节的编码为区码，后面一个字节的编码为位码，这就是区位码。例如，"保"字，它在二维代码表中位于第 17 区第 3 位,其区位码就是 1703。

国标码并不完全等同于区位码,它是由区位码转换而得到的。转换方法是:先将十进制区位码的区码和位码分别转换成十六进制的区码和位码,再将转换后的区码和位码分别加上 20H,就得到了国标码。例如,"保"的区位码为 1703D→1103H→1103H+2020H→3123H,国标码为 3123H。

(4)机内码

国标码是汉字信息交换的标准编码,但是因为其 2 个字节的最高位规定为 0,这样一个汉字的国标码就很容易被误认为是 2 个西文字符的 ASCII 码。于是,在计算机内部也就无法采用国标码。如此可以采用变形后的国标码,也就是将国标码的两个字节的高位由 0 改为 1,这就是机内码。

(5)汉字字形码

汉字信息在计算机中采用机内码,但输出时必须转换成字形码,因此对每一个汉字,都要有对应的字的模型储存在计算机内,这就是字库。构成汉字字形的方法有两种:向量(矢量)法和点阵法。用点阵表示字形时,汉字字形码一般指确定汉字字形的点阵代码。字形码也称字模码,它是汉字的输出形式。随着汉字字形点阵和格式的不同,汉字字形码也不同。常用的字形点阵有 16×16 点阵、24×24 点阵和 48×48 点阵等。字模点阵的信息占用存储空间较大,以 16×16 点阵为例,每个汉字占用 32 字节(16×16÷8=32)。因此,字模点阵只能用来构成"字库",而不能用于机内存储。字库中存储了每个汉字的点阵代码,当显示输出时才检索字库,输出字模点阵得到字形。

1.3 计算机系统的组成及工作过程

完整的计算机系统由硬件系统和软件系统两部分组成。硬件系统是计算机的"躯干",是基础,软件系统是建立在"躯干"上的"灵魂"。计算机系统的组成结构如图 1-7 所示。

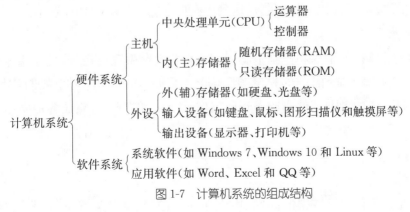

图 1-7 计算机系统的组成结构

在计算机系统中,硬件是软件赖以工作的物质基础,软件的正常工作是硬件发挥作用的唯一途径。计算机系统必须要配备完善的软件系统才能正常工作,发挥其硬件的各种功能。所以,软件与硬件一样,都是计算机工作必不可少的组成部分。计算机由用户来使用,用户与计算机系统的层次关系如图 1-8 所示。

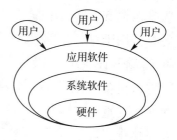

图 1-8　用户、软件和硬件的关系

1.3.1　冯·诺依曼计算机硬件体系结构

计算机从诞生至今,其体系结构基本没有发生变化,仍旧沿用"冯·诺依曼计算机"的体系结构。"冯·诺依曼计算机"的基本思想是存储程序控制,为实现存储程序的思想,计算机硬件由运算器、控制器、存储器、输入设备和输出设备五大部分组成,如图 1-9 所示。

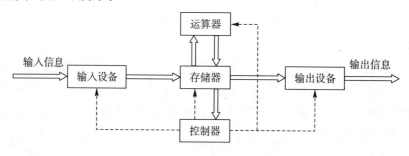

图 1-9　冯·诺依曼计算机模型

1. 运算器

运算器又称"算术逻辑单元"(Arithmetic Logic Unit,ALU),是计算机对数据进行加工处理的部件,也就是对二进制数码进行加、减、乘、除等算术运算,或进行与、或、非等基本逻辑运算,从而实现逻辑判断。运算器是在控制器的控制下实现算术逻辑运算功能,运算结果由控制器送到内存中。

2. 控制器

控制器是计算机的指挥和控制中心。它负责从内存中取出指令,确定指令类型,并对指令进行译码,按时间的先后顺序,向计算机的各个部件发出控制信号,使整个计算机系统的各个部件协调一致地工作,从而一步一步地完成各种操作。

控制器主要由指令寄存器、指令译码器、程序计数器、时序部件和操作控制电路等部件组成。

3. 存储器

存储器是计算机存储数据的部件,用于保存程序、数据和运算的结果。存储器包括数据寄存器和地址寄存器。数据寄存器用于暂存操作数据和运算结果,地址寄存器用于存放需要访问的存储单元的地址。

4.输入设备

输入设备负责把用户命令,包括程序和数据输入到计算机中,是人与计算机之间对话的重要工具。文字、图形、声音和图像等信息都要通过输入设备才能被计算机接受。常见的输入设备有键盘、鼠标、扫描仪和数码相机等。

5.输出设备

输出设备是将计算机运算或处理的结果转换成用户所需要的各种形式输出。常见的输出设备有显示器、打印机等。

1.3.2　计算机硬件系统部件

以微型计算机为例,它的硬件系统中常见的部件有 CPU、内存储器、外存储器、输入/输出设备和主板等,下面分别介绍这些部件。

1. CPU

CPU(Central Processing Unit, CPU),即中央处理器,它是一台计算机的运算核心和控制核心。其功能主要是解释计算机指令以及处理计算机软件中的数据。CPU 由运算器、控制器、寄存器、高速缓存及实现它们之间联系的数据、控制及状态的总线构成。作为整个系统的核心,CPU 也是整个系统最高的执行单元,因此,CPU 已成为决定电脑性能的核心部件。在微型计算机中,CPU 称为微处理器。微处理器的主要性能指标有以下几项:

图 1-10　微处理器　　　　　　　　　　图 1-11　内存条

① 字长:CPU 在单位时间内(同一时间)能一次处理的二进制的位数叫"字长"。人们通常所说的 16 位机、32 位机中的 16、32 指的是字长。一个字长 16 位的 CPU 一次能处理的二进制数的位数为 16 位,如果要处理更多位数的数据,就需要执行多次。显然,CPU 的字长越长,工作速度就越快,性能就越好,但同时它的内部结构就越复杂。

② 主频:也叫做工作频率,是表示 CPU 工作速度的重要指标。例如,人们常说的 Core i7(酷睿 i7)3.2 GHz,这个 3.2 GHz 就是 CPU 的主频。通常,在其他性能指标都相同的情况下,CPU 的主频越高,CPU 的运算速度就越快。

③ 地址总线的宽度:地址总线的宽度决定了 CPU 可以访问的物理地址空间,简单地说就是 CPU 到底能使用多大容量的内存。例如,地址总线宽度为 32 位的 CPU,最多可以直接访问的内存物理空间为 2^{32} bit,即4096 MB(4 GB)。

④ 数据总线的宽度:数据总线负责整个系统的数据传输,数据总线宽度决定了 CPU 与二级高速缓存、内存以及输入/输出设备之间一次数据传输的信息量。通常情况下,数据总线越宽,则数据传输速度越快。

2. 内存储器

内存储器简称为"内存",也称为"主存",是计算机中重要的部件之一,其作用是暂时存放 CPU 中正在运行的程序或数据。内存是 CPU 能直接访问的存储空间,计算机中所有程序的运行都是在内存中进行的,它是与 CPU 进行沟通的桥梁。目前,微型计算机的内存一般是采用大规模集成电路工艺制成的半导体存储器,这类存储器具有密度大、体积小、重量轻和存取速度快等优点。

(1)内存的分类

微型计算机内存一般又可分为两类:随机存储器(Random Access Memory,RAM)和只读存储器(Read Only Memory,ROM)。

①随机存储器(RAM):RAM 具有两大特点,一是可读可写性,也就是既可以从中读取数据,也可以写入数据;二是数据易失性,即当机器电源关闭时,存储于其中的数据就会丢失。根据数据存储原理不同,RAM 又可分为动态 RAM(Dynamic RAM,DRAM)和静态 RAM(Static RAM,SRAM)两种。动态 RAM 采用 MOS 管的栅极电容存储数据,由于电容会放电,因而存储的信息会逐渐丢失。为保持所存储的数据,必须周期性地对其进行刷新(对电容充电),这就是动态的含义。微型计算机中的内存条即是动态 RAM。静态 RAM 的存取速度更快,但成本较高。目前,微型计算机中一般会包含少量的静态 RAM,通常用于高速缓冲存储器。

②只读存储器(ROM):ROM 的两大特点是只读性和非易失性。在制造 ROM 时,数据或程序就被存入其中并永久保存。这些信息只能读出,不能写入(只读性),即使机器断电,这些数据也不会丢失(非易失性)。ROM 一般用于存放计算机的基本程序和数据,如微型计算机中的 BIOS(基本输入输出系统)。

(2)内存的主要性能指标

内存的主要性能指标有以下两项:

①容量:内存容量是决定微型计算机性能的一个重要标志,是指存储器所能容纳的二进制数据量,常用来描述存储容量的单位还有 B(字节)、KB(千字节)、MB(兆字节)、GB(吉字节)、TB(太字节)、PB 和 EB 等。

② 存取速度：内存的存取速度是决定微型计算机性能的另一个重要指标，内存的存取速度以存储器的访问时间来衡量。访问时间指存储器从接收到数据读（写）地址开始，到对该地址相对应的存储单元进行数据读（写）结束所用的时间。内存的存取速度比外存的存取速度快，比 CPU 的存取速度慢。

3. 外存储器

外存储器用来存储暂时不被使用的程序或数据，当需要使用这些程序或数据时，必须先把它们从外存储器传输到内存储器才能被处理器处理。常见的外存储器有硬盘、光盘、U 盘和移动硬盘等。

（1）硬盘

硬盘是微型计算机中最重要的外部存储设备，如图 1-12 所示。从内部结构上看，硬盘是由一个或多个盘片、硬盘驱动器和接口组成，盘片外覆盖有磁性材料，被永久性地密封固定在硬盘驱动中。硬盘工作

图 1-12　硬盘的外观和内部结构

时，驱动电机带动盘片做高速圆周旋转运动，磁头在传动臂的带动下做径向往复运动，从而可以访问硬盘的每一个存储单元。

硬盘的主要性能指标有以下两项：

① 容量：硬盘容量是衡量硬盘数据存储多少的标志，硬盘的存储容量要比内存储器大得多，目前，市场上常见的硬盘容量一般为几百 GB 到几 TB。

② 转速：硬盘转速是指硬盘主轴电机的转速，单位是转/分（rad/min）。硬盘数据的读取或写入是通过硬盘主轴的机械转动而带动硬盘盘片的转动来实现的，因此，硬盘转速是决定硬盘数据传输速率的关键因素。从理论上讲，转速越快，硬盘的数据传输速率越快，但过高的转速会导致发热量增大、控制困难等问题。

（2）光盘

光盘是利用激光原理进行数据读写的存储介质。光盘的存储结构单元比磁介质单元要小很多，在同样大小的面积上可容纳更大的信息量。

从光盘数据读写角度来分，用于计算机的光盘可分为 3 类，即只读光盘，一次性写入光盘和可擦写光盘。

从光盘数据信息存储格式来分，光盘可分为 CD-DA（Compact Disc-Digital Audio，激光唱片）、CD-ROM（CD-Read Only Memory，只读 CD 光盘）、VCD（Video CD，电影光盘）、CD-R（CD-Recordable，可写光盘）、CD-RW（CD-Rewritable，可擦写光盘）和 DVD（Digital Versatile Disc，通用数字光盘）等几种类型。如图 1-13 所示。

光盘数据的读取是通过光盘驱动器使光盘转动读取的,因此,光盘数据传输速率是由光盘驱动器驱动光盘的转动速度决定的。最初的光盘驱动器驱动光盘的转速称为单倍数,其数据读取速率是 150 KB/s,随着光盘的普及和技术的发展,光盘转速越来越快,通常用单倍数光驱的"几倍"来形容光驱的读取速率,如 8 倍速光驱,其读取速率应为 8×150 KB/s=1200 KB/s,其他以此类推。

(3)U 盘

U 盘是结合 USB 接口和闪存(Flash Memory)技术的方便携带、外观精美的移动存储器,如图 1-14 所示。U 盘具有可多次擦写、读取速度快、体积小、重量轻、无需外接电源、即插即用、防磁、防震和防潮等优点。

(4)移动硬盘

移动硬盘实质上就是采用 USB 接口或 IEEE-1394 接口与计算机连接的硬盘。和传统的硬盘相比,移动硬盘的特色之处是轻便易携带,它也因此而得名。如图 1-15 所示。

图 1-13　光盘　　　　　图 1-14　U 盘　　　　　图 1-15　移动硬盘

4.输入设备

输入设备是将用户的程序、数据和命令输入到计算机内存储器的设备,常见的输入设备有键盘、鼠标和扫描仪等,如图 1-16、图 1-17 和图 1-18 所示。扫描仪是一种捕获影像的装置,可将影像转换为计算机可以显示、编辑、存储和输出的数字格式。扫描仪的应用范围广泛,常用于日常办公,如把照片、纸质文件等通过扫描输入到数据库软件或文字处理软件中存储等。

图 1-16　键盘　　　　　图 1-17　鼠标　　　　　图 1-18　扫描仪

5.输出设备

常见的输出设备有显示器、打印机等。

(1)显示器

显示器是微型计算机最常用的输出设备,它可以将计算机处理的结果及用户需要了解的信息显示出来,也可以将键盘输入的信息直接显示出来,是人机对话的主要工具。显示器主要有:CRT 显示器(即阴极射线管显示器)和 LCD 显示器

（即液晶显示器）两种类型,如图 1-19 和图 1-20 所示。

图 1-19　CRT 显示器　　　　　　　图 1-20　LCD 显示器

LCD 显示器的特点是体积小、图像清晰、不存在画面闪烁问题,已淘汰了耗能高的 CRT 显示器。

（2）打印机

打印机（Printer）是把文字或图形在纸上输出,供阅读和保存的计算机外部设备。一般微型计算机使用的打印机有点阵式打印机（见图 1-21）、喷墨打印机（见图 1-22）和激光打印机（见图 1-23）3 种。

图 1-21　点阵式打印机　　　图 1-22　喷墨打印机　　　图 1-23　激光打印机

① 点阵式打印机:又称针式打印机,它运用击打式打印机的原理,通过使用一组小针作为打印头来产生精确的点,通过不同的点来组成所需的汉子和图形。所以,点阵式打印机的打印质量主要取决于打印头中打印针的个数,一般使用的有 9 针、16 针和 24 针。现在点阵式打印机已很少使用,只用在一些低成本、低要求的设备中,如收银机。

② 喷墨打印机:喷墨打印机将墨水通过喷墨管喷射到打印纸上印字,是一种非击打式打印机。如果把红、绿、蓝三基色的墨水喷头安装在一台喷墨式打印机上,便可实现彩色打印。喷墨打印机的特点是噪声低、价格低、打印质量好。

③ 激光打印机:激光打印机是将激光扫描技术和电子照相技术相结合的打印输出设备,主要特点是速度快、分辨率高、无击打噪声,目前被广泛使用。

6. 主板

主板为微型计算机其他功能部件提供插槽、接口以及电路连接,将微型计算机的各硬件部件连接起来,形成完整的硬件系统。

主板(Main Board)由多层印制电路板和焊接在其上的 CPU 插槽、内存插槽、扩展插槽、外设接口(包括键盘接口、鼠标接口、串行口和并行口等)、CMOS 和 BIOS 控制芯片构成,如图 1-24 所示。

图 1-24 主板

扩展插槽主要有 PCI 插槽和 AGP 插槽,用于插入各种适配卡,如声卡、视频卡、传声卡和采集卡。扩展插槽除了保证计算机的基本功能外,还用来扩充计算机功能和升级计算机。

外设接口是计算机输入、输出的重要通道,它的性能好坏直接影响计算机的性能。接口一般位于主机箱的后部,主要的接口有串行口、并行口、键盘接口、鼠标接口、显示器接口和 USB 接口等。

就本质而言,计算机主板和普通家用电器,如电视机等的主板(线路板)是相同的,都属于印制电路板(Printed Circuit Board,PCB),即将实现微型计算机硬件连接的电路印制在一块绝缘的材料板上。但微型计算机的主板线路要复杂得多。

1.3.3 计算机软件系统

所谓软件是指为方便使用计算机和提高使用效率而组织的程序以及用于开发、使用和维护的有关文档。软件系统可分为系统软件和应用软件两大类。

1. 系统软件

系统软件由一组控制计算机系统并管理其资源的程序组成,其主要功能包括启动计算机,存储、加载和执行应用程序,对文件进行排序、检索,将程序语言翻译成机器语言等。实际上,系统软件为应用软件和用户提供了控制、访问硬件的手段,这些功能主要由操作系统完成。此外,编译系统和各种工具软件也属于此类,它们从另一方面辅助用户使用计算机。

(1)操作系统

操作系统(Operating System,OS)是管理、控制和监督计算机软、硬件资源协调运行的程序集合,由一系列具有不同控制和管理功能的程序组成,是直接运行在计算机硬件上的、最基本的系统软件,是系统软件的核心。操作系统能方便用户使用计算机,是用户和计算机的接口,比如用户输入一条简单的命令就能自动完成复杂的功能,这就是操作系统帮助的结果。操作系统的种类有以下几类:

① 单用户操作系统:单用户操作系统(Single User Operating System)的主要特征是计算机系统一次只支持运行一个用户程序。这类系统的最大缺点是计算机系统的资源不能充分利用,如早期的 DOS 和 Windows 操作系统。

② 批处理操作系统:批处理操作系统(Batch Processing Operating System)是 20 世纪 70 年代运行于大、中型计算机上的操作系统。批处理操作系统中多个程序或多个作业同时存在和运行,故也称为多任务操作系统。

③ 分时操作系统:分时操作系统(Time-Sharing Operating System)是在一台计算机周围挂上若干台远程终端,使每个用户都可以在各自的终端上以交互的方式控制作业运行。在分时操作系统的管理下,虽然各用户使用的是同一台计算机,但能给用户一种"独占计算机"的感觉。分时操作系统是多用户多任务操作系统,UNIX 是国际上最流行的分时操作系统。

④ 实时操作系统:某些应用领域要求计算机对数据能进行迅速处理。例如,在导弹的自动控制系统中,计算机必须对测量系统测得的数据及时、快速地进行处理和反应,以便达到控制的目的。对于这类实时处理过程,批处理系统或分时系统均无能为力,因此,产生了另一类操作系统——实时操作系统(Real Time Operating System)。

⑤ 网络操作系统:计算机网络是通过通信线路将地理上分散且独立的计算机联结起来的一种网络。有了计算机网络之后,用户可以突破地理条件的限制,方便地使用异地的计算机资源。提供网络通信和网络资源共享功能的操作系统称为网络操作系统(Network Operating System)。

(2)语言处理系统

计算机程序设计语言经历了由低级到高级的发展过程,可划分为三大类:机器语言、汇编语言和高级语言。机器语言是一种二进制代码语言,能被计算机直接识别和执行。汇编语言是使用一些助记符号编写的符号语言。机器语言与汇编语言都是低级语言,一般用于实时控制、实时处理领域中。高级语言能够脱离具体机型,达到程序通用的目的,而且比较接近自然语言,是面向应用、实现算法的语言。如果要在计算机上运行高级语言程序,就必须配备语言处理系统(简称翻译程序)。翻译程序本身是一组程序,不同的高级语言都有其相应的翻译程序。

对于高级语言来说,翻译的方法有两种。

一种称为"解释"。早期的 BASIC 源程序的执行都采用这种方式。它不保留目标程序代码,即不产生可执行文件。这种方式速度较慢,每次运行都要经过"解释",即边解释边执行。

另一种称为"编译"。它调用相应语言的编译程序,把源程序变成目标程序(以.OBJ 为扩展名),然后再连接程序,把目标程序与库文件连接形成可执行文件。尽管编译的过程复杂一些,但它所形成的可执行文件(以.exe 为扩展名)可以在操作系统中反复执行,速度较快。

对源程序进行解释和编译任务的程序分别称为编译程序和解释程序,如 FORTRAN、COBOL、PASCAL 和 C 等高级语言,使用时需有相应的编译程序;BASIC 等高级语言,使用时需用相应的解释程序。

(3)服务程序

服务程序能够提供一些常用的服务性功能,它们为用户开发程序和使用计算机提供了方便,微机上经常使用的诊断程序、调试程序和编辑程序均属此类。

(4)数据库管理系统

在信息社会中,社会和生产活动产生的信息很多,使人工管理难以应付,人们希望借助计算机对信息进行搜集、存储、处理和使用。数据库系统(Data Base System,DBS)就是在这种背景下产生和发展的。

数据库是指按照一定联系存储的数据集合,可实现多种应用共享。数据库管理系统(Data Base Management System,DBMS)则是指能够对数据库进行加工、管理的系统软件。其主要功能是建立、消除和维护数据库及对数据库中数据进行各种操作。数据库系统主要由数据库(DB)、数据库管理系统(DBMS)以及相应的应用程序组成。它不但能够存放大量的数据,更重要的是能迅速、自动地对数据进行检索、修改、统计、排序和合并等操作,以得到所需的信息。

2. 应用软件

为解决各类实际问题而设计的程序系统称为应用软件。从其服务对象的角度,应用软件可分为通用软件和专用软件两类。

(1)通用软件

这类软件通常是为解决某一类问题而设计的,而这类问题是很多人都会遇到和需要解决的,如文字处理、表格处理和电子演示等。

(2)专用软件

在市场上可以买到通用软件,但有些具有特殊功能和需求的软件是无法买到的,例如某个用户希望有一个程序能自动控制车床,同时也能将各种事务性工作集成起来统一管理。因为它对于一般用户是非常特殊的,所以,只能组织人力开发。当然开发出来的这种软件也只能专用于这种情况。

1.4　多媒体技术

1.4.1　多媒体的基本概念

1.多媒体及多媒体分类

多媒体指音频、视频、图像、文本等多种媒体信息及其相互关联的一种统称。多媒体(Multimedia)是不同的媒体,其表现形式不同,根据媒体信息的表现形式,可以将媒体分为5类。

① 感觉媒体:感觉媒体(Perception Media)指的是能够直接作用于人的器官,使人能够直接产生感觉的一类媒体,如作用于听觉器官的声音媒体,作用于视觉器官的图形和图像媒体,作用于嗅觉器官的气味媒体,作用于触觉器官的温度媒体以及同时作用于听觉和视觉器官的视频媒体。

② 表示媒体:表示媒体(Representation Medium)是为了能够有效地加工、处理和传输感觉媒体而构造出来的一类媒体,通常是计算机中对各种感觉媒体的编码,如各种字符的 ASCII 编码、图形图像编码、音频编码和视频编码等。

③ 显示媒体:显示媒体(Presentation Media)指的是感觉媒体和用于通信的电信号之间转换用的一类媒体,包括输入显示媒体和输出显示媒体。其中,输入显示媒体包括键盘、摄像机、话筒、扫描仪和鼠标等,输出显示媒体包括显示器、打印机和绘图仪等。

④ 存储媒体:存储媒体(Storage Media)指的是用于存放各种数字化的表示媒体的存储介质。常见的存储媒体包括移动硬盘、磁盘、光盘、U 盘和磁带等。

⑤ 传输媒体:传输媒体(Transmission Media)指的是将各种数字化的表示媒体从一个位置传递到另一个位置的物理传输介质。常见的传输媒体包括同轴电缆、双绞线、光纤、无线电波等。

2. 多媒体信息的特点

多媒体信息虽然类型多样,但仍可被表示成 0,1 字符串,只不过编码过程较为复杂。总的来说,具有以下特点:

① 数据量大:图形、图像、音频和视频等媒体元素需要很大的存储空间。例如,5 分钟标准质量的 PAL 视频信息需要大约 6.6 GB 的存储空间。面对如此巨大的存储要求,必须对多媒体信息进行压缩处理。

② 多数据流:某些多媒体信息在展示时表现为静态和连续信息的集成,例如,视频播放时就是静态的图像和连续的音频信息的集成。输入时,每一种信息又有一个独立的数据流;播放时,需要对这些数据流加以合成。各种类型的媒体信息可以存储在一起,也可单独进行存储。

③ 连续性:多媒体信息一般包含时间数据,具有连续性的特点。例如,音频、视频和动画都是与时间相关的。

④ 编码方式多样:多媒体信息由于处理的信息类型复杂,导致编码方式多样。例如,文本中的英文字符使用 ASCII 编码,中文字符使用汉字信息交换码、音频和图像,都是基于采样—量化—编码的过程进行编码的。

1.4.2　多媒体技术的应用

多媒体技术的发展大大促进了计算机的应用,极大地改善了人和计算机之间的用户界面,进一步提高了计算机的易用性和可用性。多媒体技术已经深入到社会生活的方方面面。

(1)计算机支持协同工作系统

计算机支持协同工作(Computer Supported Cooperation Work,CSCW)系统具有非常广泛的应用领域,它可以应用到远程医疗诊断系统、远程教育系统、远程协同编著系统、远程协同设计制造系统以及军事中的智慧和协同训练系统等。

(2)多媒体会议系统

多媒体会议系统是一种实时的分布式多媒体软件应用的实例,它是参与实时音频和视频的连续媒体,可以点对点通信,也可以多点对多点通信,而且还可以充分利用其他媒体信息。例如,图形标注、静态图像和文本等计算数据信息进行交流;对数字化的视频、音频、文本和数据等多媒体进行实时存储,利用计算机系统提供的良好的交互功能和管理功能,实现人与人之间"面对面"的虚拟会议环境,它集计算机的交互性、通信的分布性以及电视的真实性为一体,具有明显的优越性,是一种快速、高效、应用广泛的新型通信业务。

(3)视频点播系统

视频点播系统(Video On-Demand,VOD)可以根据用户要求播放节目,具有提供给单个用户对大范围的影片、游戏和信息等进行几乎同时访问的功能。用户和被访问的资料之间高度的交互性使它区别于传统的视频节目的接收方式。视频点播系统综合了多媒体数据压缩和解压缩技术、计算机通信技术和电视技术。

在 VOD 应用技术的支持和推动下,以网络在线视频、在线音乐、网上直播为主要项目的网上休闲娱乐、新闻传播等服务得到了迅猛发展,各大电视台、广播媒体和娱乐业公司纷纷推出其网上节目。虽然目前由于网络宽带的限制,视频传输的效果还不能达到人们预期的满意程度,但还是受到了越来越多用户的青睐。

(4)远程教育系统

根据一定的教学目标,在计算机上编制一系列的程序,设计和控制学习者的学习过程,使学习者通过使用该程序完成学习任务,这一系列计算机程序称为教育多媒体软件或称为计算机辅助教学(Computer Assist Instruction,CAI)。

网络远程教育模式依靠现代通信技术及多媒体技术的发展,大幅度地提高了教育传播的范围和时效,使教育传播不受时间、地点和气候的影响。CAI 的应用,使学生真正打破了明显的校园界限,改变了传统的"课堂教学"的概念,突破时空的限制,接受来自不同国家、不同教师的指导,可获得除文本以外更丰富、直观的多媒体教学信息,从而共享教学资源。它可以按学习者的思维方式来组织教学内容,也可以由学习者自行控制和检测,使传统的单向教学转为双向教学,实现远程教学中师生之间、学生与学生之间的双向交流。

(5)地理信息系统

地理信息系统(Geographic Information System,GIS)用于获取、处理、操作、应用地理空间信息,主要应用在测绘、资源环境等领域。与语音图像处理技术相比,地理信息系统技术的成熟相对较晚,软件应用的专业程度也相对较高,随着计算机技术的发展,地理信息系统技术逐步形成一种新兴产业。

(6)多媒体监控技术

将图像处理、声音处理和检索查询等多媒体技术综合应用到实时报警系统中,不但改善了原有的模拟报警系统,而且使监控系统更广泛地应用到工业生产、交通安全、银行安保和酒店管理等领域中。它能够及时发现异常情况,迅速报警,同时将报警信息存储到数据库中以备查询,并交互地综合图、文、声和动画等多种多媒体信息,使报警的表现形式更为生动、直观,人机界面更为友好。

1.4.3 常用的图像、音频和视频文件格式

1.常用的图像文件格式

① BMP 格式:BMP 是英文 Bitmap(位图)的简写,它是 Windows 操作系统中的标准图像文件格式,能够被多种 Windows 应用程序支持。BMP 位图格式应用广泛,其特点是包含的图像信息丰富,几乎不压缩,存储容量大。

② GIF 格式:GIF 是英文 Graphics Interchange Format(图形交换格式)的缩写。GIF 格式的特点是压缩比高,磁盘空间占用少,支持 2D 动画,支持透明区域。GIF 格式最多能用 256 色来表现物体,对于显示色彩复杂的图像的能力较弱,但由于 GIF 图像具有文件短小、下载速度快、可用许多具有同样大小的图像文件组成动画等优点,因此,在网络上得到广泛应用。

③ JPEG 格式:JPEG 格式采用有损压缩方式去除冗余数据,用最少的磁盘空间得到较好的图像质量。它的压缩算法有利于表现带有渐变色彩且没有清晰轮廓的图像,还允许用不同的压缩比例进行压缩。

④ TIFF 格式:TIFF(Tag Image File Format)是 Mac(Macintosh,苹果电脑)中广泛应用的图像格式,它由 Aldus 和微软联合开发,特点是图像格式复杂、存储信息多。TIFF 存储的图像细微层次的信息非常多,图像的质量高。

⑤ 其他常见图像格式:还有其他一些常见的图像格式,如 PSD 格式,它是 Photoshop 的专用格式;PNG(Portable Network Graphic),它是一种新兴的网络图像格式;CDR 格式是著名绘图软件 Corel DRAW 的专用图形文件格式;SWF(Shockwave Format)是 Flash 制作专用格式,SWF 格式的作品以其高清晰度的画质和小巧的体积,成为网页动画和网页图片设计制作的主流,目前已成为网上

动画的事实标准;SVG(Scalable Vector Graphic)格式也是目前比较流行的图像文件格式,为可缩放的矢量图形,它比 JPEG 和 GIF 格式的文件小很多。

2. 常用的音频文件格式

① WAV 格式:WAV 是 Windows 默认的多媒体音频格式,应用非常广泛,其缺点是所需存储空间较大,不适合长时间纪录。

② MIDI 格式:MIDI 是乐器数字化接口(Musical Instrument Digital Interface)的缩写,它是一个国际通用的标准接口,允许数字合成器和其他设备进行数据交换。MIDI 文件不包含任何声音信息,它实际上纪录的是在音乐播放中的什么时间段用什么音色发多长的音等数据,而真正用来发出声音的是音源,所以,相同的 MIDI 文件在不同的设备上播放结果会完全不一样,这是 MIDI 的基本特点。

③ MP3 格式:MP3 全称 MPEG1 Layer 3,它依靠编码技术将音频数据进行压缩,这种压缩会有损失,一部分超出人耳听觉范围的高音和低音信号会被忽略。目前,Internet 上的音乐格式以 MP3 最为常见,它用极小的失真换来较高的压缩比。在用电脑音响播放时,大部分用户很难区分 MP3 与 CD 的音质效果。

④ 其他常见的音频格式:还有一些其他较为常见的音频格式,如 WMA(Windows Media Audio)格式,在网络带宽较窄的情况下,收听效果也较为理想;RA 格式是 Real Media 的一种,在网速有限的前提下,能够提供一般音质的在线试听;MP4 格式是使用 MPEGI-2 AAC 技术的一种商品的名称,是一种带有版权限制的音乐格式,安全性高,但兼容性较差。

3. 常用的视频文件格式

① AVI 格式:AVI 英文全称为 Audio Video Interleaved,即音频视频交错格式,它可以将视频和音频交织在一起进行同步播放。AVI 格式的优点是图像质量好、可跨平台使用,缺点是体积大、压缩标准不统一、经常会遇到无法兼容的问题。

② MPEG 格式:MPEG 英文全称为 Moving Picture Expert Group(运动图像专家组),是运动图像压缩算法的国际标准。目前使用的 MPEG 格式大多为 MPEG-4 标准,它力求使用最少的数据获得最好的图像质量。

③ RM 格式:RM 是 Networks 公司制定的音频视频压缩规范 Real Media 的缩写,它可以根据不同的网络传输速率制定出不同的压缩比率,从而实现在低速率的网络上进行影像数据实时传送和播放,还可以实现在线播放。

④ RMVB 格式:这是一种由 RM 视频格式升级的新视频格式,它在保证平均压缩比的基础上合理利用比特率资源,在保证静止画面质量的前提下,大幅提高运动图像的画面质量,从而在图像质量和文件大小之间达到一定的平衡。

⑤ 其他常见视频格式:还有一些常见视频格式,如 DV(Digital Video Format)格式,这是由索尼等多家厂商联合提出的一种家用数字视频格式,目前大多数数

码摄像机都使用这种格式;DivX 格式是由 MPEG-4 衍生的另一种视频编码(压缩)标准,其画质与 DVD 基本一致,但体积只有 DVD 的几分之一;MOV 格式是美国 Apple 公司开发的一种视频格式,具有较完美的视频清晰度,支持 Windows 系统;WMF(Windows Media Video)格式由微软推出,采用独立编码方式,可以直接在网上实时观看视频节目。

习 题 1

一、单选题

1. 下列叙述中,不属于电子计算机特点的是_____。
   A. 运算速度快　　　　　　　　　B. 计算精度高
   C. 高度自动化　　　　　　　　　D. 高度智能的自主思维

2. 下列十进制数中,_____与二进制数 10110 等值。
   A. 21　　　　　B. 22　　　　　C. 23　　　　　D. 24

3. 计算机存储器中 1 KB 表示_____个字节。
   A. 1000　　　　B. 1012　　　　C. 1024　　　　D. 1048

4. 64 位微型机中的"64"是指_____。
   A. 机器字长　　　B. 机器型号　　　C. 内存容量　　　D. 显示器规格

5. ASCII 码是_____。
   A. 国际标准信息交换码　　　　　B. 欧洲标准信息交换码
   C. 中国国家标准信息交换码　　　D. 美国标准信息交换码

6. 关于随机存储器(RAM)功能的叙述,_____是正确的。
   A. 只能读,不能写　　　　　　　B. 断电后信息不消失
   C. 读写速度比硬盘快　　　　　　D. 能直接与 CPU 交换信息

7. 下列各种进制的数据中,最大的数是_____。
   A. 101100B　　　B. 53O　　　　C. 20H　　　　D. 42D

8. 软件系统包括_____。
   A. 操作系统和应用软件　　　　　B. 系统软件和应用软件
   C. 系统软件和游戏软件　　　　　D. 通用计算机软件和专用计算机软件

9. 下列关于多媒体技术的叙述中,错误的是_____。
   A. 将各种媒体(文字、图形、动画、图像、视频)以数字化的方式集成在一起
   B. 多媒体技术已成为声、文、图等媒体信息在计算机系统中综合应用的代名词
   C. 多媒体技术与计算机技术的融合发展出一个多学科交叉、跨行业的新领域
   D. 多媒体技术就是能用来观看 DVD 电影的技术

10. 下列属于视频文件的是_____。

    A. ABC. MP4   B. ABC. MP3   C. ABC. DOC   D. ABC. BMP

二、填空题

1. 按传递信息的种类,微型计算机系统总线通常分为三种:数据总线、地址总线和_____。

2. 十进制数 168 的二进制编码是_____;八进制编码是_____;十六进制编码是_____。

3. 世界上公认的第一台通用电子计算机诞生于_____年。

4. 程序设计语言一般分为机器语言、_____和_____三种。

5. 一个 24×24 点阵的汉字占用空间为 72 个字节,那么一个 36×36 点阵的汉字将占用_____个字节的空间。

6. 电子计算机的发展按其所采用的逻辑器件可分为 4 个阶段,即_____、_____、集成电路计算机、大规模和超大规模集成电路计算机。

7. U 盘的存储体由_____材料制成。

8. 英文缩写"IT"的含义是_____,"CAD"是指_____。

9. CPU 不能直接访问的存储器是_____。

10. 媒体一般分为五类,即_____、_____、_____、_____、_____。

三、简答题

1. 简述计算机的基本工作原理。

2. 简述计算机程序设计语言分类及特点。

3. 简述 CPU 的性能指标。

4. 简述微型计算机的硬件组成。

5. 简述图像、音频和视频格式文件的种类及特点。

Windows 7 操作系统

本章讲述 Windows 7 操作系统的基本原理和操作,主要包括操作系统的概述、Windows 7 的界面、文件系统和控制面板等内容。

2.1 操作系统概述

计算机软件系统包括系统软件与应用软件,操作系统属于系统软件,是所有软件的核心。它负责控制、管理计算机的所有软件、硬件资源,是唯一直接和硬件系统打交道的软件,是整个软件系统的基础部分,同时还为计算机用户提供良好的界面。因此,操作系统直接面对所有硬件、软件和用户,它是协调计算机各组成部分之间、人机之间关系的重要系统软件。

2.1.1 操作系统概念

操作系统是计算机系统最重要的系统软件,它是一些程序模块的集合,管理和控制计算机系统中的硬件和软件资源,合理地组织计算机工作流程,以便有效地利用这些资源为用户提供一个功能强大、使用方便和可扩展的工作环境,从而在计算机与用户之间起到接口作用。

2.1.2 操作系统功能

操作系统的宗旨是提高系统资源的利用率,方便用户。因此,它的主要任务就是管理系统中的各种资源。这些资源大体包括四大类,分别是处理器管理、存储器管理、设备管理和文件管理。普通用户使用操作系统是把操作系统当作一个资源管理者,有效地控制各种硬件资源,组织自己的数据,完成自己的工作并和其他人共享资源。对于程序员来讲,操作系统提供了一个与计算机硬件等价的扩展或虚拟的计算平台,操作系统提供给程序员的工具除了系统命令、界面操作之外,还有系统调用,程序员可以避开许多具体的硬件细节,提高程序开发效率,改善程序移植特性。

2.1.3 操作系统分类

从 20 世纪 50 年代中期出现第一个简单的批处理操作系统开始,操作系统始

30

终是系统软件的核心。经过多年的迅速发展,操作系统多种多样,功能也相差很大,能够适应各种不同的应用需求和硬件配置。操作系统主要有两种分类方法。

1. 按结构和功能分类

按结构和功能分类,操作系统一般分为批处理操作系统、分时操作系统、实时操作系统、网络操作系统和分布式操作系统等。特点见表2-1。

表2-1 操作系统按结构和功能分类

操作系统	特点
批处理操作系统	将用户提交的作业组成一批作业,在操作系统的管理下逐个执行每个作业,将运行结果交给用户
分时操作系统	用户以交互的方式向操作系统提出命令请求,系统采用时间片轮转方式处理用户的请求。分时操作系统将CPU划分为若干个时间片,并且以时间片为单位轮流为每个终端用户服务
实时操作系统	计算机能够及时响应事件的请求,在规定的时间内完成处理,具有高度可靠性
网络操作系统	按照网络协议开发的操作系统,具有网络管理、通信、安全、资源共享和网络应用等功能
分布式操作系统	分布式操作系统任务使多台计算机并行计算,协调一致地完成工作

2. 按用户数量分类

按用户数量分类,操作系统一般分为单用户操作系统与多用户操作系统。见表2-2。

表2-2 操作系统按用户数量分类

操作系统	特点
单用户单任务	在计算机系统内,一次只能运行一个用户程序,独占计算机整个资源
单用户多任务	在计算机系统内,可以同时运行一个用户的多个程序
多用户多任务	在计算机系统内,可以有多个用户同时运行多个不同程序

2.1.4 常用操作系统

1. DOS

磁盘操作系统(Disk Operating System,DOS)是一种单用户单任务操作系统。DOS采用命令的交互方式,用户必须输入各种命令来操作计算机。DOS已经基本被Windows操作系统取代。

2. Windows操作系统

Windows操作系统是美国微软公司开发的图形用户界面的操作系统。它采用了GUI图形化操作模式,比命令行方式的DOS操作系统更为人性化。Windows操作系统是目前世界上使用最广泛的操作系统。

3. UNIX 操作系统

UNIX 是一个强大的多用户多任务操作系统,支持多种处理器架构,于 1969 年由 AT&T 的贝尔实验室开发。它具有系统开放性、易于理解和易于扩充的特点,是可以运行在微型机、工作站、大型机和巨型机上的稳定可靠的操作系统。

4. Linux 操作系统

Linux 是由芬兰赫尔辛基大学计算机科学系的 Linus Torvalds 于 1991 年编写完成的一个操作系统内核,是一种自由和开放源码的操作系统。它可安装在各种计算机硬件设备中,如手机、平板电脑、路由器、视频游戏控制台、台式计算机、大型机和超级计算机等。

5. Mac OS

Mac OS 是美国苹果公司开发的在苹果系列机(Macintosh)上运行的操作系统,又称为苹果操作系统,其特点是内存占用少、支持多平台兼容。

2.2 Windows 7 界面与常用操作

2.2.1 Windows 7 操作系统概述

Windows 7 是微软公司推出的最新一代具备完美 64 位支持的操作系统。它通过实用的新功能和改进,以全新的架构使硬件的性能得到充分发挥,可以更快更可靠地帮助用户完成日常任务,让计算机的使用变得更加轻松简单。

Windows 7 主要有 6 个版本:Windows 7 Starter(初级版)、Windows 7 Home Basic(家庭普通版)、Windows 7 Home Premium(家庭高级版)、Windows 7 Professional(专业版)、Windows 7 Enterprise(企业版)和 Windows 7 Ultimate(旗舰版)。其中,Windows 7 Ultimate 包含以上版本的所有功能。Windows 7 家庭高级版和 Windows 7 专业版是两大主力版本,前者面向家庭用户,后者针对商业用户。只有家庭普通版、家庭高级版、专业版和旗舰版会出现在零售市场上,且家庭普通版仅供应给发展中国家和地区。而初级版提供给 OEM 厂商预装在上网本上,企业版则只通过批量授权提供给大企业客户,在功能上和旗舰版几乎完全相同。另外,32 位版本和 64 位版本在外观和功能上没有多大区别,只是内存管理上有所不同,64 位版本支持最高 192 GB 内存,而 32 位版本只能支持最大 4 GB 内存。目前所有新的 CPU 都是 64 位兼容的,可以使用 64 位版本。

为了完整地介绍 Windows 7 的功能,本章介绍的内容都基于 Windows 7 旗舰版。

1. Windows 7 运行的基本环境

Windows 7 具有强大的功能,如果要充分发挥 Windows 7 的性能,就需要硬件环境达到系统的基本要求,才能成功安装并运行。目前所有中等以上的 Intel 处理器或 AMD 处理器都能满足 Windows 7 的基本要求,但是如果要很好地发挥 Windows 7 的性能,至少需要满足以下最低配置。

① 处理器:1 GHz 以上的 32 位或 64 位处理器。

② 内存:1 GB 内存(基于 32 位)或 2 GB 内存(基于 64 位)。

③ 硬盘空间:16 GB 可用硬盘空间(基于 32 位)或 20 GB 可用硬盘空间(基于 64位)。

④ 显卡:支持 DirectX 9 的图形设备,128 MB 的显存。

⑤ 光驱:DVD R/W。

2. 安装模式

Windows 7 系统的安装模式分为全新安装和升级安装。

① 全新安装。全新安装是对没有安装任何操作系统的计算机而言的。首先将 Windows 7 安装光盘放入光驱中,计算机将自动运行安装程序。用户按照屏幕的提示信息进行操作,即可完成安装过程。

② 升级安装。如果计算机中已经安装了 Windows Vista 等系统,可以升级安装 Windows 7。安装之前,启动系统,使用具有管理员权限的账户登录,然后将 Windows 7 安装光盘放入光驱,系统会自动运行并弹出安装界面,用户只需按照屏幕提示步骤进行安装,即可完成系统升级。

2.2.2 Windows 7 的启动与退出

1. Windows7 的启动

当 Windows 7 安装完成后,就可以启动运行了,启动 Windows 7 操作系统的步骤如下:

①打开计算机开机电源按钮。操作系统自动启动,显示选择用户界面。

②单击需要登录的用户名,进入 Windows 7 系统。如果用户没有设置登录密码,可以直接登录系统;如果设置了密码,输入正确密码后按 Enter,即可完成系统登录。

2. Windows 7 的退出

在退出 Windows 7 操作系统之前,需要先关闭所有已经打开或正在运行的程序。具体操作如下:

单击"开始"按钮,在菜单中选择"关机"命令按钮,关闭计算机。也可以单击"关机"命令按钮右侧三角形按钮,打开子菜单,选择其他选项,如图 2-1 所示。

各命令选项功能如下：

①"切换用户"：可以在当前用户保持登录的情况下，用另外一个用户账户的身份登录，实现在系统中多个用户工作状态下互相切换。

②"注销"：可以注销当前用户，使用另一个用户账户的身份登录。

③"锁定"：显示欢迎界面，如果设置了密码，当想再次登录系统时，就必须输入正确的密码才能使用。

④"重新启动"：系统将重新启动计算机。

⑤"睡眠"：将内存中当前工作的进程和页面转存到硬盘上，然后关闭除了内存之外的其他所有硬件的电源。

图 2-1　关机选项

2.2.3　Windows 7 桌面

1. Windows 7 桌面

Windows 7 桌面是打开计算机并登录后看到的屏幕区域，是组织和管理计算机资源的一种有效方式。Windows 7 桌面包括桌面背景、桌面图标和任务栏，如图 2-2 所示。

图 2-2　Windows 7 桌面

桌面背景是屏幕上的主体部分显示的图像,起到美化屏幕的作用;桌面图标是由一些图标和文字组成的,这些图标代表某一个工具、程序或文件等;任务栏通常位于桌面的底部,显示正在运行的程序和时间等信息,此外还包含"开始"按钮,通过开始按钮可以访问程序、文件夹和计算机管理设置等。

2. Windows 7 桌面图标

桌面图标是代表文件、文件夹、程序和其他项目的启动按钮。首次启动Windows 7时,桌面上只保留了"回收站"图标。用户可以通过右击桌面,选择"个性化"菜单命令进行桌面图标的重新配置,如"计算机""控制面板""网络"等。

3. Windows 7 小工具

如果用户使用过 Windows Vista,那么对它的"Windows 边栏"功能必定印象深刻,其中的小工具一定会令用户爱不释手。Windows 7 不再使用边栏,但仍然支持桌面小工具程序。若要添加桌面小工具,则可用鼠标右键单击桌面,在弹出的快捷菜单中单击"小工具"命令,打开小工具的管理界面,如图 2-3 所示。

图 2-3　小工具管理窗口

小工具管理界面显示 Windows 7 自带了 9 个小工具。选中某个小工具后,可以单击"显示详细信息"来查看该工具的具体信息,获悉它的用途、版本和版权等。如果用户希望添加某个小工具,并把它放置到桌面上,那么,有两种方法:一是直接将其拖曳到桌面上;二是在小工具管理界面中双击目标小工具,将其添加到桌面。

如果要关闭桌面显示的某个小工具,可用鼠标右键单击小工具,在弹出的快捷菜单中单击"关闭小工具"命令,也可单击小工具图标右边的"关闭"按钮,将它从桌面移除。

4. Aero 视觉体验

Aero 视觉体验包括精致的动画效果和透明的玻璃窗口。Aero 包括与众不同的直观样式,将轻型透明的窗口外观与强大的图形高级功能结合在一起,具有真实的、令人震撼的透视感和开阔的用户界面效果。如图 2-4 所示。

图 2-4　Aero 效果设置

5.任务栏

任务栏位于桌面底部,有 5 个主要组成部分:"开始"按钮、"快速启动"工具栏、"应用程序"按钮、通知区域和显示桌面,如图 2-5 所示。

图 2-5　Windows 7 任务栏

①"开始"按钮:用于打开"开始"菜单,集成了系统的所有功能,几乎所有的操作都可以从这里开始。

②"快速启动"工具栏:"快速启动"工具栏紧邻"开始"菜单。默认情况下包括 IE 浏览器、Windows 7 资源管理器和 Windows Media Player 等 3 个小图标。单击"快速启动"工具栏中的图标,可以快速启动相应的程序。

③"应用程序"按钮:显示已打开的程序和文件,并可在它们之间做快速切换。

④通知区域:该区域包括一个时钟和一组图标。这些图标表示计算机上某程序的状态或提供访问特定设置的途径。将鼠标指向特定图标时,会看到该图标的名称或某个设置的状态。例如,鼠标指向"网络"图标将显示是否连接到网络、连接速度以及信号强度等信息。单击通知区域中的图标,通常会打开与其相关的程序或设置。例如,单击"音量"图标会打开"音量控件"。在一段时间内不使用的图标,Windows 7 会将其隐藏在通知区域中。若图标变为隐藏,则单击"显示隐藏的图标"按钮可临时显示隐藏的图标。

⑤"显示桌面"按钮:该按钮位于任务栏最右侧,单击该按钮,可以快速显示桌面。

用户可以根据自己的需要自定义任务栏。右击"任务栏"空白处,选择"属性"选项,设置对话框,如图 2-6 所示。

图 2-6　任务栏与开始菜单设置

6. "开始"菜单

"开始"菜单是计算机程序、文件夹和设置的主门户。使用"开始"菜单可以启动应用程序,打开常用的文件夹,搜索程序和文件,调整计算机设置、获取有关 Windows 操作系统的帮助信息,关闭计算机等。

"开始"菜单的组成。单击任务栏左侧的"开始"按钮,或者按下键盘上的 Windows 徽标键,可以打开"开始"菜单。"开始"菜单由常用程序区、固定菜单区以及搜索文本框 3 个部分组成,如图 2-7 所示。

① 常用程序区:左边的窗格为常用程序区,显示了计算机上常用程序的一个列表,当定位在"所有程序"命令上时,可以显示本机系统安装程序的完整列表。

② 固定操作区:右边窗格为固定列表操作区,提供对常用文件夹、文件、设置和功能的访问,关闭计算机选项也在此操作区。

③ 搜索文本框:左下角是搜索文本框,通过键入搜索项可以在计算机上查找程序和文件,也可以作为快速运行程序的一个便捷入口。

"开始"菜单最常使用的功能是启动计算机上安装的程序。单击常用程序区中的程序可以启动程序。如果在常用程序区中没有需要的已安装程序,可单击"所有程序"按钮进行查找。左边窗格会按字母顺序显示程序的长列表,后跟文件夹列表。单击其中一个程序图标即可启动对应的程序。而文件夹中是更多的程序。例如,单击"附件"会显示存储在该文件夹中的程序列表,可单击任一程序将其启动。若要返回刚打开"开始"菜单时看到的程序,则可单击菜单底部的"返回"按钮。

图 2-7　Windows 7 开始菜单

　　"开始"菜单中的常用程序列表会随着时间的推移发生变化,出现这种情况有两种原因:一是安装新程序时,新程序会添加到"所有程序"列表中,二是"开始"菜单会检测最常用的程序,并将其置于常用程序区中以便快速访问。

　　"开始"菜单的右边固定操作区窗格中包含用户经常使用的 Windows 操作设置入口,其功能介绍如下。

　　① 个人文件夹:打开个人文件夹。例如,若当前用户是 Administrator,则该文件夹的名称为 Administrator。此文件夹还包含特定于用户的文件,其中包括"我的文档""我的音乐""我的图片"和"我的视频"等文件夹。

　　② 文档:打开"文档库",用户可以在这里访问和打开文本文件、电子表格、演示文稿以及其他类型的文档。

　　③ 图片:打开"图片库",用户可以在这里访问和查看数字图片及图形文件。

　　④ 音乐:打开"音乐库",用户可以在这里访问和播放音乐及其他音频文件。

　　⑤ 游戏:打开"游戏"文件夹,用户可以在这里访问计算机上的所有游戏。

　　⑥ 计算机:打开计算机窗口,用户可以在这里访问磁盘驱动器、光驱及可移动存储等连接到计算机的硬件设备。

⑦ 控制面板:是用户管理计算机的窗口,用户可以在这里自定义计算机的外观和功能,安装或卸载程序,设置网络连接和管理用户帐户等。

⑧ 设备和打印机:用户可以打开一个窗口,查看有关打印机、鼠标和计算机上安装的其他设备的信息。

⑨ 默认程序:打开"设备和打印机"窗口,用户可以在这里选择要让 Windows 默认使用的程序。

⑩ 帮助和支持:打开"Windows 帮助和支持"窗口,用户可以在这里浏览和搜索有关使用 Windows 和计算机的帮助主题。

⑪ "关机"按钮:单击"关机"按钮关闭计算机。单击"关机"按钮右边的箭头会弹出一个带有其他选项的菜单,可用来切换用户、注销、重新启动或让计算机进入睡眠或休眠状态。

7. 跳转列表

跳转列表(Jump List)可以帮助用户快速访问常用的文档、图片、音乐或网站。使用"开始"菜单上的"跳转列表"可以快速访问用户最常用的项目,操作步骤如下:

①单击"开始",指向靠近"开始"菜单顶部的某个锁定的程序或最近使用的程序,然后指向或单击该程序旁边的箭头。

②打开该程序的"跳转列表",然后单击某个项目,如图 2-8 所示。

图 2-8 开始菜单与任务栏中跳转列表

　　使用任务栏上的"跳转列表"可以快速访问用户最常用的项目。用户在跳转列表中看到的内容完全取决于程序本身。例如,在 Word 的跳转列表中显示最近打开的 Word 文档。跳转列表常用操作:在任务栏上,右键单击 Word 程序的按钮,打开程序的"跳转列表",然后单击相应的文档。

　　将项目锁定到"跳转列表"或从"跳转列表"中解锁操作的:

　　① 打开程序的"跳转列表",指向某个项目,单击右侧的图钉图标,即可将该项目"锁定到此跳转列表"。

　　② 打开程序的"跳转列表",指向某个已被锁定的项目,单击右侧的图钉图标,即可将该项目"从锁定列表解锁"。

2.2.4　Windows 7 的窗口操作

　　在 Windows 7 中,应用程序、文件或文件夹被打开时,都会以窗口的形式出现在桌面上。窗口可以分为 3 种类型:应用程序窗口、文档窗口和对话框窗口。

　　1.应用程序窗口的基本组成

　　虽然每个打开窗口的具体内容不尽相同,但是窗口都具有相似的基本组成部分。如图 2-9 所示是一个典型的应用程序窗口,其组成如下所述:

图 2-9　Windows 7 中的窗口

　　① 导航窗格:使用导航窗格可以访问库、文件夹、搜索结果,甚至可以访问整个网络。使用"收藏夹"可以打开最常用的文件夹和搜索;使用"库"可以访问各种库。用户还可以展开"计算机"文件夹,浏览文件夹和文件。

　　② "后退"和"前进"按钮:使用"后退"按钮和"前进"按钮可以导航至已打开的其他文件夹或库,而无需关闭当前窗口。这些按钮可以与地址栏一起使用,例如,使用地址栏更改文件夹后,可以使用"后退"按钮返回到上一级。

　　③ 库窗格:仅当用户在某个库中时,库窗格才会出现。库在 Windows 7 中是

专用的虚拟视图,用于收集硬盘中不同位置的文件,逻辑上将其显示为一个集合,而无需移动这些分散文件的存储位置。

④ 菜单栏:系统默认状态下 Windows 7 菜单栏是隐藏的,按下 Alt 键可以在工具栏的上方显示菜单栏,菜单中的命令称为菜单命令或菜单项。菜单项可以执行一个命令,也可以弹出另外一个菜单;或者弹出一个对话框。常见菜单的类型有以下几种:

a. 下拉式菜单:如图 2-10 中位于窗口内的菜单,单击菜单栏内的菜单项,便可将该项的下拉菜单打开。

b. 级联菜单:在下拉菜单项的右端如果有一个向右的箭头,表明指向这个菜单项还可以弹出另外一个称为"子菜单"的菜单,在图 2-10 中,把鼠标指针单击"排列方式"菜单项,得到的菜单就是一个级联菜单。

c. 快捷菜单:将鼠标指针移动到某个对象的上面,单击鼠标右键就会弹出一个与之对应的快捷菜单,其中包括与该对象在当前状态下相关联的一些常用操作命令。

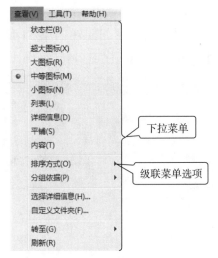

图 2-10 菜单分类

菜单的约定:

a. 菜单项为灰色:表明该项菜单项在当前状态下无效。

b. 菜单项后有"..."标志:单击后将弹出一个对话框。

c. 菜单项后有"▶"标志:单击此处将弹出下一级菜单,即子菜单。

d. 快捷键:显示在菜单项后的组合键,比如"Ctrl+C",按下快捷键即可执行该菜单项命令而无需打开菜单。

e. 菜单项前标有"√":表明此项被选中,再一次单击即取消选中。

2. 窗口的操作

(1)移动窗口

若要移动窗口,则将鼠标指向窗口的标题栏,然后拖动到桌面的任何位置即可。

(2)缩放窗口

常用操作有以下 4 种。

① 要使窗口填满整个屏幕,在 Windows 7 中除了单击"最大化"按钮或双击该窗口的标题栏方法之外,拖动窗口到屏幕顶端,松开鼠标也可实现窗口最大化。

② 要将最大化的窗口还原到以前大小,则单击"还原"按钮,或双击窗口的标题栏。还可以将窗口从屏幕顶端拖离,即可还原窗口。

③ 单击"最小化"按钮,窗口会从桌面上消失,在任务栏上显示为按钮,单击任务栏上该程序的图标时,可以将窗口还原到原来的位置。

④ 将鼠标指向窗口的任意边框或 4 个角,当鼠标指针变成双箭头时,拖动边框可以横向或纵向缩小或放大窗口,拖动四角可以等比例缩小或放大窗口。

(3)关闭窗口

关闭窗口即结束程序运行,若要关闭窗口,则单击"关闭"按钮。如果同时打开多个应用程序,如何来管理这些打开的程序,正确合理地操作任务栏上的图标是关键。

(4)跟踪某个窗口

如果打开了多个程序或文件,可以将打开窗口快速堆叠在桌面上。由于窗口经常相互覆盖或者占据整个屏幕,因此,很难完整看到其他窗口中的内容,这种情况下使用任务栏会很方便。无论何时打开程序、文件夹或文件,Windows 都会在任务栏上创建对应的按钮。其中突出显示的窗口是活动的"当前窗口"按钮,单击任务栏上对应按钮是多窗口之间进行切换的主要方式之一。

(5)查看所打开窗口的预览

Aero 桌面体验还为打开的窗口提供了任务栏预览。所有打开的窗口都由任务栏按钮表示。如果有若干个打开的窗口(例如,Web 浏览器打开了若干个网页),系统会自动将同一程序中的打开窗口分组到一个任务栏按钮。可以通过鼠标指针指向任务栏按钮查看该按钮代表的窗口缩略图预览,如图 2-11 所示。

图 2-11　任务栏中缩略图

使用 Aero 桌面预览打开窗口的操作步骤如下：

先指向任务栏上的程序按钮,再指向缩略图。此时所有其他的打开窗口都会临时淡出,以显示指向的相应窗口,鼠标指向其他缩略图以预览其他窗口,将鼠标移开缩略图即可还原桌面视图。Windows 7 中还提供 Aero Flip 3D 效果预览已打开的窗口。使用 Flip 3D 可以快速预览所有打开的窗口而无需单击任务栏。Flip 3D 在一个"堆栈"中显示所有已打开的窗口。在堆栈顶部将看到一个打开的窗口。若在各窗口之间切换,可以浏览"堆栈"。效果如图 2-12 所示。

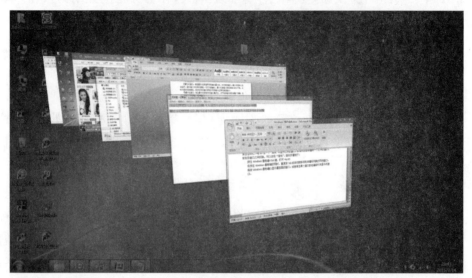

图 2-12　窗口 3D 切换效果

按住 Windows 徽标键＋Tab 键,打开 Flip 3D,在按住 Windows 徽标键的同时,重复按 Tab 或滚动鼠标滚轮来循环切换打开的窗口。释放 Windows 徽标键以显示最前面的窗口,或者单击某个窗口的任意部分来显示该窗口。

(6)Aero peek 特效

Aero peek 是 Windows 7 系统的新特效。在任务栏右方靠近时钟有一块透明的矩形区域,当鼠标移过这块区域时,所有打开的窗口都变得透明且立刻最小化,只剩下一个框架。也可通过"Windows 徽标键＋空格"组合键实现。若要再次显示原窗口,只需将鼠标移开"显示桌面"按钮。

2.2.5　鼠标和键盘的操作

在 Windows 7 操作环境中,鼠标和键盘是最常用的输入设备。

1.鼠标

(1)鼠标的操作

①移动:也称指向,是将鼠标指针定位到要操作的对象上面。

②单击：点击左键一次，一般用于选择对象，少数情况下也可打开对象。

③右击：点击右键一次，弹出对象的快捷菜单。

④双击：快速点击两次左键，一般用于打开对象，包括运行应用程序。

⑤拖动：也称"拖曳"或"拖拽"，按住鼠标左键不放，移动到某一位置后放开。此操作多用于移动对象、选择区域或改变对象的大小等。

⑥滚动：对于带有滚轮的鼠标，滑动滚轮可浏览内容。此外，大多数情况下，按住 Ctrl 键滚动可实现对象的缩放。

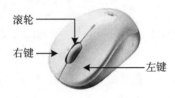

图 2-13　鼠标

说明：对于左撇子，可通过控制面板"硬件和声音"设置下鼠标属性设置左右键的反转。

(2)鼠标指针的形状及含义

鼠标指针形状用于标志其所处的位置或状态，其形状及含义有以下几种：

① ▷：用于正常选择。

② ▷?：用于帮助选择。

③ ▷⌛：表明任务在后台运行，前台仍然可以接受用户的操作。

④ ⌛：表示系统忙，不接受用户的任何操作。

⑤ ╋：用于精确定位。

⑥ Ⅰ：用于文字选择或表明鼠标在文本区域。

⑦ ↕、↔、↖、↗：用来改变对象的大小。

⑧ ✛：用来移动对象。

⑨ ⊘：禁止用户操作。

⑩ ☝：超链接标志。

2. 键盘

(1)键盘的分区

①功能键区：

a. 取消键 ESC：多用于取消操作。

b. 功能键 F1～F12：程序设计者赋予的功能，如 F1 键多用于系统的帮助。

②主键盘区:包括字符键(字母、数字和符号)和控制键(Ctrl、Alt 等)。

图 2-14 主键盘(基本键键盘)

a. 回车键 Enter:用于执行命令。在编辑时,按此键换行。

b. 空格键 Space:产生一个空格。

c. 大写锁定键 Caps Lock:按下此键(指示灯亮)则为大写字母输入状态。

d. 上档键 Shift:按住 Shift 键输入双符键的上面字符,也可用于大小写字母的反转输入。

e. 退格键 Backspace:删除光标左边的一个字符。

f. 控制键 Ctrl:配合其他键实现特殊功能,可作为快捷键。

g. Windows 徽标键:配合其他键实现某些特殊功能,如配合字母 E 键可打开"计算机"窗口,单按此键可打开开始菜单。

h. 换档键 Alt:配合其他键实现某些特殊功能,如 Alt＋Tab 切换窗口,单按此键可激活菜单。

i. 快捷键:按此键可打开快捷菜单,相当于单击鼠标右键。

说明:在编辑区闪动的竖线称为光标,用来标明当前操作的位置(即插入点的位置)。

③编辑键区:实现编辑功能。

a. Insert:用于插入/改写状态的切换。

b. Delete:一般用于删除选中的对象。在编辑中,按此键可删除光标后面的一个字符或选中的对象。

其他键用于翻页和移动光标。

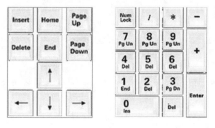

图 2-15 编辑键和数字键

④数字键区：兼具编辑键和数字键的功能，按数字锁定键 Num Lock(指示灯亮时为数字功能)，则为数字输入状态。

(2)键盘指法的手指分工

键盘指法的手指分工如图 2-16 所示：

图 2-16　键盘指法手指分工

有些常用命令既可以用鼠标在菜单中选择命令来执行，也可以按下某些组合键来执行，这种组合键称为"快捷键"。利用快捷键可以提高工作效率。常用的快捷键及相应动作见表 2-3。

表 2-3　常用的快捷键

快捷键	动作含义	快捷键	动作含义
F1	打开帮助	Ctrl+C	复制
F2	重命名文件或文件夹	Ctrl+X	剪切
F3	搜索文件或文件夹	Ctrl+V	粘贴
F5	刷新当前窗口	Ctrl+Z	撤消
Delete	删除	Ctrl+A	全选
Shift+Delete	永久删除，不进入回收站	Alt+F4	关闭当前项目或者退出当前程序
Ctrl+Esc	打开"开始"菜单	Alt+Tab	在打开的窗口之间切换
Windows	打开或关闭"开始"菜单	Ctrl+Space	中英文输入切换
Windows+D	显示桌面	Ctrl+Alt+Delete	打开 Windows 任务管理器

2.2.6　Windows 7 的中文输入法

中文输入法是利用英文键盘向计算机输入汉字的一种输入方案。安装 Windows 7 时，默认安装有中文简体—美式键盘输入法，同时也允许用户根据自身需要安装其他汉字输入法或已有输入法。

1.输入法切换

方法 1：单击任务栏上的输入法指示器 ⌨ 进行选择。

方法 2：按"Ctrl+Shift"键在各种输入法间进行切换。

2.中英文方式切换

方法1:用鼠标在输入法列表中选择"中文(中国)"为英文方式,其他为中文方式。

方法2:默认情况下,按快捷键"Ctrl+Space"键。

说明:有些输入法提供专门的中英文切换键,如Shift键等,具体可参见其提示或帮助。

(1)输入法工具栏

提供输入法各种状态的切换,如图2-17所示为"搜狗"输入法工具栏。

图2-17 搜狗输入法工具栏

(2)全角与半角切换

单击输入法工具栏上的全半角切换按钮,或按快捷键"Shift+Space"。

说明:

① 半角字符:即英文字符,在内存中占用一个字节,其标志为 。

② 全角字符:此时输入的字符在内存中占据两个字节,显示宽度为半角字符的两倍,Windows将其视为汉字进行处理,其标志为 。

(3)中英文标点符号切换

单击输入法工具栏上的中英文标点切换按钮,或按快捷键"Ctrl+."。中英文标点符号的对应关系如表2-4所示。

表2-4 中英文标点符号对照表

英文标点符号	中文标点符号	英文标点符号	中文标点符号
.	。	<	《
,	,	>	》
:	:	?	?
'	' '	\	、
"	" "	...	......

说明:

① 英文没有左右引号,第一次按为左引号,再按为右引号。

② 上述所列适用于大多数场合,但有些输入法可能有自己的规定,具体可查看其帮助。

(4)软键盘

利用软键盘可输入用输入法无法输入或不易输入的符号,某些情况下还可代替实际键盘。单击软键盘按钮 ,即可打开或关闭软键盘;右击该按钮,即可打开软键盘符号选择菜单(参见图 2-18)。

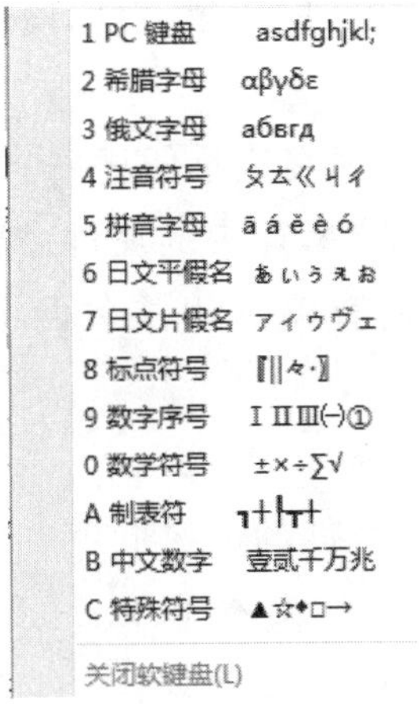

1 PC 键盘	asdfghjkl;
2 希腊字母	αβγδε
3 俄文字母	абвгд
4 注音符号	ㄆㄊㄍㄐㄟ
5 拼音字母	āáěèó
6 日文平假名	あいうえお
7 日文片假名	アイウヴェ
8 标点符号	〖‖々·〗
9 数字序号	ⅠⅡⅢ㈠①
0 数学符号	±×÷∑√
A 制表符	┐┟┠┯
B 中文数字	壹贰千万兆
C 特殊符号	▲☆◆□→

关闭软键盘(L)

图 2-18　软键盘的符号选择

要输入汉字,首先要将键盘置于小写状态,其次切换到任一汉字输入法,如搜狗中文输入法等。

2.3　Windows 7 的文件(夹)管理

在 Windows 7 中,计算机中的信息大都是以文件的形式组织和管理的,"计算机"或"资源管理器"是 Windows 7 提供的文件(夹)的重要工具,它可以实现文件(夹)的浏览、复制、移动和删除等操作。

2.3.1　Windows 7 的文件系统

1.文件

(1)文件的定义

文件是具有名称(文件名)的存储在外存中的一组相关信息的集合。文件是计算机系统组织存储数据的基本单位,操作系统也是通过文件名对文件进行存取的。

(2)文件名的组成

文件名由主文件名和扩展名组成,形式为主文件名.扩展名。

(3)文件命名规则

可使用中英文字符、数字、下划线及其他一些符号为文件命名。

说明:

① 文件名中不可使用的字符:\、/、:、*、?、"、<、>、|。

② 文件名不区分字母大小写。

③ 在 Windows 7 中,文件名最长可达 255 个字符(不分中英文)。

④ 在同一位置(即同一文件夹内)不允许重名。

（4）文件名的搜索

通配符用于表达具有某种特征的一批文件，使用星号"＊"或者问号"?"作为通配符。

"＊"可表示任意多个字符；"?"可表示任意一个字符。

例如，"A＊.＊"代表所有以 A 开头的文件；"＊.TXT"代表所有扩展名为 TXT 的文件；"A?.DOC"代表所有以 A 开头的两个字符而扩展名为 DOC 的文件；"＊.＊"代表所有文件。

（5）文件的类型

通过文件扩展名，在不打开文件的情况下用户和系统可获知文件的类型，以便对文件进行管理。常见文件类型有 COM、EXE、TXT、DOC、BMP、WAV、MP3、MPG、PPT 和 HTM 等。

2.文件夹

计算机的外存上一般存储有许多文件，为了便于管理，Windows 采用树型结构（如图 2-19 所示）对文件进行分组和归类。树型结构中的结点称为文件夹，其中既有文件，又有其他文件夹（称为子文件夹）。

每个文件夹都有一个名称，其命名规则及注意事项与文件相同。

图 2-19　文件夹的树型结构

3.驱动器（盘符）

驱动器是读写磁盘、光盘信息的设备，有软盘驱动器、硬盘驱动器和光盘驱动器等。在 Windows 系统中，每个驱动器用一个字母来标识，这种标识称为盘符，例如 K 表示 U 盘驱动器，C 表示硬盘驱动器系统盘等。

4.路径

路径用来描述文件(夹)所在的具体位置，即文件(夹)存放在哪个盘、哪个文件夹中,以及文件夹的层次。

① 绝对路径:从最高一级文件夹(根文件夹或根目录)到文件(夹)所在位置的路径。

② 相对路径:从当前文件夹到文件(夹)所在位置的路径。

2.3.2　资源管理器

资源管理器是 Windows 系统提供的用来查看和管理计算机上软、硬件资源的强有力的工具。使用资源管理器可以对文件(夹)进行诸如浏览、移动、复制、删除、重命名和打开等操作。

1.打开资源管理器

打开资源管理器,如图 2-20 所示,有以下几种方法:

方法 1:双击桌面上的"计算机"。

方法 2:右击任务栏上的"开始"按钮,选择"资源管理器"。

方法 3:使用快捷键"Win+E"。

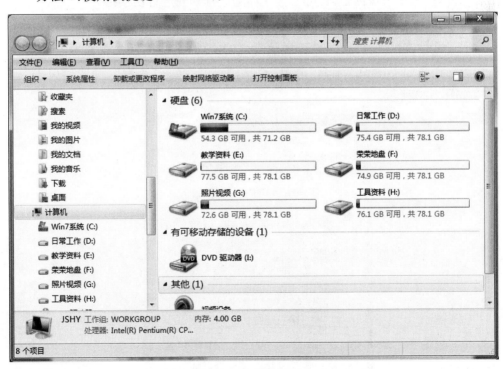

图 2-20　资源管理器窗口

2.资源管理器的使用

内容的显示方式:单击"查看"菜单,可以设置缩略图、平铺、图标、列表和详细信息等显示方式。在"详细信息"显示方式下,可查看对象的名称、类型、大小和日期等信息,如图 2-21 所示。

图 2-21 "详细信息"显示方式

改变排列方式有以下几种方式:

方法 1:从"查看"菜单中选择。

方法 2:在内容窗格空白处右击,在弹出的菜单中进行选择。

方法 3:在"详细信息"显示方式下,直接单击其上方的标题即可,如图 2-21 所示。此外,反复单击该标题,还可在升序和降序排列间进行切换。

3.文件夹选项

通过文件夹选项,可设置是否显示隐藏的文件(夹),以及是否显示文件的扩展名等。操作如下:单击"工具"菜单→"文件夹选项"→"查看",设置后单击"确定",如图 2-22 所示。

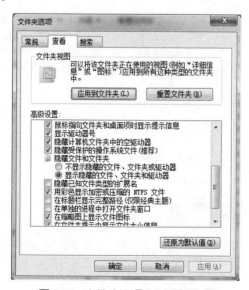

图 2-22 文件夹选项之"查看"选项

4.对象的选定

由于 Windows 环境下的相关操作都是针对选定的对象的,因此在操作前应先进行选择。

① 选择单个对象:直接单击要选定的对象。

② 选择连续多个对象

方法 1:单击第一个,按住 Shift 键,再单击最后一个。

方法 2:通过鼠标的拖动进行圈定。

③ 选择任意对象:按住 Ctrl 键进行单击或圈定。

④ 选择全部对象:单击"编辑"菜单→"全选"或按快捷键"Ctrl+A"。

说明:在文件夹窗格(左窗格)中,单击既是选择也是打开,作为选择操作时只能选定一个对象。

2.3.3 文件(夹)管理

1.新建文件夹

文件夹的创建比较简单,打开资源管理器后,按照以下步骤操作即可。

① 选定位置(可以是根文件夹或子文件夹)。

② 单击"文件"菜单→"新建"→"文件夹"。

③ 新建的文件夹默认名称为"新建文件夹"(此时可以对其进行重命名),然后单击其他位置或按回车键即完成文件夹的创建,如图 2-23 所示。

说明:对于步骤②,右击目标位置空白处也可打开"新建"对话框。

2.新建文档

方法 1:利用应用程序新建文档。当启动某个应用程序,如 Word、Excel、PowerPoint、记事本和写字板等,则会自动新建一个新的文档。

方法 2:直接创建文档。步骤同创建文件夹,只要在"新建"菜单中选择一种文件类型即可,如图 2-24 所示。

图 2-23　创建文件夹

图 2-24　可以直接创建
的文档类型

3.重命名文件（夹）

打开资源管理器，选定要重命名的文件或文件夹，按以下方法对其进行重命名。

方法1：单击"文件"菜单→"重命名"，随后直接输入新的文件名，如图2-25所示。

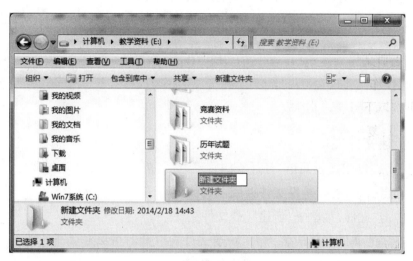

图2-25 重命名文件（夹）

方法2：再一次单击名称即可输入新的名称。

方法3：按F2键后直接输入新的名称。

方法4：右击选中的文件(夹)→"重命名"，然后输入名称即可。

说明：一般情况下，一次只能对一个文件或文件夹进行重命名，若选定多个文件(夹)则可实现按序号重命名。对于文档，打开后还可利用"另存为"对其进行重命名。

4.移动文件（夹）

打开资源管理器，选定要移动的文件或文件夹后，再按以下方法进行操作。

方法1：剪切—粘贴法

① 剪切：单击"编辑"菜单→"剪切"，或右击选中的对象→"剪切"，或按快捷键"Ctrl＋X"。

② 打开目标位置。

③ 粘贴：单击"编辑"菜单→"粘贴"，或右击选中的对象→"粘贴"，或按快捷键"Ctrl＋V"。

方法2：鼠标拖拽法

① 直接将选定的对象拖拽到目标位置即可。

说明：拖拽到其他盘时为复制；按住Shift拖拽，无论拖拽到哪个盘均为移动。

②按住鼠标右键将选定的对象拖拽到目标位置后,从弹出的菜单中选择"移动到当前位置",如图 2-26 所示。

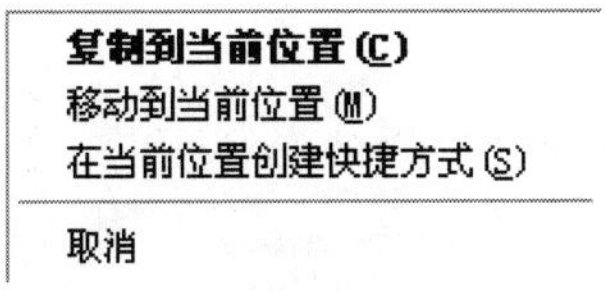

复制到当前位置(C)
移动到当前位置(M)
在当前位置创建快捷方式(S)

取消

图 2-26　鼠标右键拖拽弹出的菜单

5.复制文件(夹)

复制操作与移动操作基本类似,打开资源管理器后,选定要移动的文件或文件夹,再按以下方法进行操作。

方法 1:复制一粘贴法

① 复制:单击"编辑"菜单→"复制",或右击选中的对象→"复制",或按快捷键"Ctrl+C"。

② 打开目标位置。

③ 粘贴:单击"编辑"菜单→"粘贴",或右击选中的对象→"粘贴",或按快捷键"Ctrl+V"。

方法 2:鼠标拖拽法

① 按住 Ctrl 键将选定的对象拖拽到目标位置即可。

② 按住鼠标右键将选定的对象拖拽到目标位置后,从弹出的菜单中选择"复制到当前位置"。

说明:剪切和复制是将选定的对象存入剪贴板,而粘贴是将剪贴板中的内容复制到目标位置。

方法 3:发送法

可将选定的对象发送到"我的文档"或其他移动存储设备。鼠标右击选定的对象→"发送到"→选择要发送的目标设备,如图 2-27 所示。

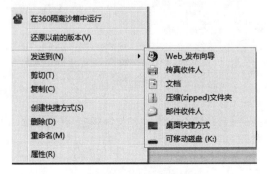

图 2-27　发送到菜单

说明:① 在移动和复制时,若目标位置已有同名对象存在,系统将提示用户是否替换,如图 2-28 所示。

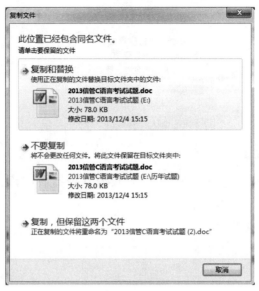

图 2-28　替换提示

② 在移动和复制时,通过鼠标指针的形状可获知所做的操作是移动、复制还是禁止,如图 2-29 所示。

图 2-29　拖拽时鼠标指针形状

6.删除文件(夹)

先选定欲删除的对象,然后按以下方法进行。

方法 1:利用"文件"菜单中的"删除",或快捷菜单中的"删除",或直接按 Delete(Del)键,或按"Ctrl+D"快捷键,之后会弹出确认删除对话框,选择"是"即可将其放入回收站,如图 2-30 所示。

图 2-30　删除确认对话框

　　说明:对于重命名、移动、复制和删除等操作,单击"编辑"菜单中的第一项"撤消"或按快捷键"Ctrl+Z",可撤消最近一次进行的操作。

　　回收站是 Windows 在硬盘(移动硬盘)或其他大容量存储设备上开辟的空间(默认为总容量的 10%,可通过回收站的属性重新设置),用来存储被删除的文件和文件夹。用户既可以使用"回收站"恢复被误删除的文件和文件夹,也可以清空"回收站"以释放更多的磁盘空间。回收站记录了被删除对象的名称、位置和日期等信息,如图 2-31 所示。

图 2-31　回收站窗口

　　① 还原、恢复文件(夹):从桌面或资源管理器中打开回收站,选中要还原的对象,选择"文件"菜单或快捷菜单中的"还原",即可将其还原到被删除的位置。

　　② 删除回收站的文件(夹)、清空回收站:删除只是删除选定的对象,而清空则是全部删除,这种删除是彻底删除,以后就不能恢复了。

　　回收站采用先进先出的管理方式,若回收站空间已满,当后续的文件(夹)放入回收站时,最早的文件(夹)将被删除,不可恢复;U 盘和网络驱动器中的文件删除没有回收站选项;超过回收站容量的文件则直接被删除;在删除时,若同时按下 Shift 键,则不是将删除的文件(夹)放入回收站,而是彻底删除。

　　7. 创建快捷方式

　　快捷方式是 Windows 提供的一种快速启动程序、打开文件(夹)和对象的方法。快捷方式可以和 Windows 系统中的任意对象相链接,打开快捷方式则意味着打开了对应的对象,而删除快捷方式却不会影响其所链接的对象的存在。通过在桌面上创建指向对象的快捷方式,用户可方便快捷地访问该对象。

　　事实上,"开始"菜单中的内容都是对象的快捷方式。

　　快捷方式的图标上有个弯曲的箭头 ,该箭头表明这是一个快捷方式,而普通图标则没有这样一个箭头,如图 2-32 所示。

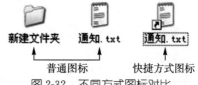

新建文件夹　通知.txt　通知.txt

　　　　↑　　　↑　　　　　↑

　　　　普通图标　　　　快捷方式图标

图 2-32　不同方式图标对比

创建快捷方式一般有以下几种方法:

方法 1:发送到桌面。选定对象,单击被选区域将弹出快捷菜单,选择"发送到"中的"桌面快捷方式"即可在桌面上创建其快捷方式。

方法 2:用鼠标拖拽。按"Ctrl+Shift"键或 Alt 键拖拽选定的对象到目标位置,则在目标位置创建其快捷方式。拖拽时鼠标指针改变为 形状。

方法 3:用鼠标右键拖拽。用鼠标右键拖拽选定的对象到目标位置,从弹出的快捷菜单中选择"在当前位置创建快捷方式"即可。

8. 搜索文件 (夹)

计算机中存放的文件(夹)非常多,如果忘记了存放位置,则可使用系统提供的搜索功能进行查找。通过文件(夹)的名称、日期、内容、类型和大小,可以准确、快速地对计算机的文件(夹)进行定位。操作方法是:打开"资源管理器",单击需要搜索定位的盘符,在右上角的搜索栏中直接输入要搜索的内容,即可完成搜索任务,如图 2-33 所示。

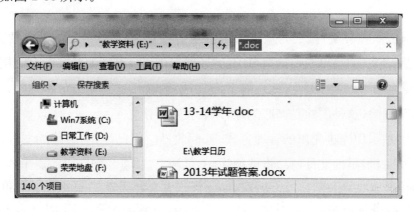

图 2-33　Windows 7 搜索窗口

搜索可将分布在不同位置但具有相同特征的文件(夹)集中显示在一起,便于成批操作(例如复制、删除等)。

搜索不仅可以搜索文件或文件夹,单击"其他搜索选项"还可搜索网络上的计算机和用户,甚至 Internet 上的信息(要求计算机正常接入 Internet)。

9. 查看、修改文件 (夹) 属性

文件属性包括名称、类型、位置、大小和创建时间等;文件夹属性包括名称、类型、位置、容量(所含文件及文件夹个数及文件大小总和)和创建时间等。右击选

定对象区域即弹出如图 2-34 所示的对话框。

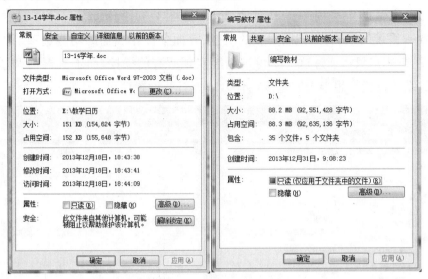

图 2-34　文件及文件夹属性对话框

此外,"只读"属性禁止对文件内容进行修改(但可另存),常用于保护文件;"隐藏"属性可将其隐藏,常用于标记重要文件。

2.4　Windows 7 的控制面板与 God Mode

Windows 7 的控制面板是操作系统提供的一个系统工具,通过它可以设置计算机的软硬件资源的配置,满足个性化的需求。

打开控制面板,一是在"资源管理器"窗口中打开,二是从"开始"菜单中打开。打开后的控制面板窗口如图 2-35 所示。

图 2-35　控制面板窗口

上帝模式,即"God Mode",或称为"完全控制面板"。God Mode 是 Windows 7 系统中隐藏的一个简单的文件夹窗口,如图 2-36 所示,它包含了几乎所有 Windows 系统的设置,如控制面板的功能、界面个性化和辅助功能选项等方面的控制设置,用户只需通过这一个窗口就能实现所有的操控,而不必再为调整一个小小的系统设置细想半天究竟该在什么地方打开设置窗口。

图 2-36　God Mode 模式设置

上帝模式的开启方法:首先在桌面上创建一个新文件夹,然后将这个新文件夹重命名为"God Mode.{ED7BA470-8E54-465E-825C-99712043E01C}"(不含引号),回车即可。

双击打开 God Mode 窗口,可以看到这里包括了方方面面的系统设置选项和工具,而且每一个项目所对应的功能都一目了然,使用起来非常方便。

2.4.1 显示属性

1.桌面主题
桌面主题是指系统配置好的具有不同风格的操作界面,包括桌面背景、活动窗口的颜色和显示字体的大小等。

2.桌面设置
桌面设置主要是指桌面背景颜色和图片的设置。用户既可以用不同颜色,又可以用不同图片作为桌面背景,设置主题,如图 2-37 所示。

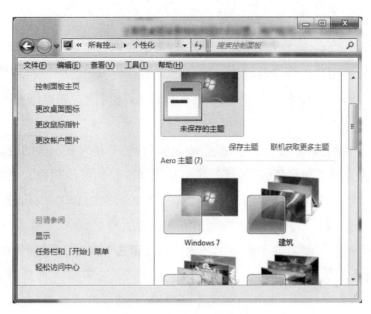

图 2-37　桌面背景及主题设置窗口

3. 屏幕保护程序

屏幕保护程序简称屏保,其作用有两个,一是保护显示器的使用寿命,二是阻止未经授权的用户使用计算机。

屏幕保护程序大多用于屏幕上不断变化的动态图形,避免显示器局部过度损耗,从而延长显示器的使用寿命。在设定的等待时间内,如果用户没有进行任何操作,计算机将启动屏幕保护程序。如果用户设置了登录密码,不知道密码的用户则无法使用计算机。

此外,通过"电源"选项设置,可以设定系统待机、关闭显示器和硬盘,达到节能和延长显示器寿命的目的,如图 2-38 所示。

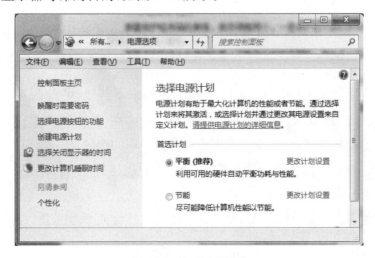

图 2-38　电源选项设定

4. 外观

外观是指桌面、窗口、按钮、图标、字体、菜单和色彩搭配等,除了系统提供的外观外,也允许用户进行修改设置。默认的外观为"Windows 7 样式",尽管允许用户进行更改,但若设置不当,不仅影响视觉效果,还可能造成操作上的不便。

5. 设置

"设置"主要是对屏幕分辨率、颜色质量、刷新频率和双显示器的设置。

① 屏幕分辨率和颜色数:屏幕分辨率是指屏幕长和宽排列像素点的多少,如早期的 800×600、1024×768 等,以及较新的 1440×900、1600×900 或更高的分辨率。其中,1440×900 中 1440 指水平方向的像素点数,900 指垂直方向的像素点数。屏幕分辨率越高,显示图像的质量和可视范围就越高。屏幕分辨率的高低与显卡性能有密切关系,同时也需要显示器的支持。分辨率并不是越高越好,太高的分辨率可能造成显示器不支持而不能显示,或造成视觉效果较差,所以,应设置成最佳分辨率。分辨率的调整可通过拖拽分辨率滑块来设置,如图 2-39 所示。

图 2-39　分辨率、DPI 及刷新频率的调整

② 屏幕字体大小:如果屏幕项目太小,看起来不舒服,可以在不改变分辨率的情况下,通过"高级"选项调整 DPI(Dot Per Inch,点/英寸来改变字体的大小。

③ 屏幕刷新频率:即屏幕上的图像每秒钟出现的次数,单位是赫兹(Hz)。刷新频率越高,屏幕上图像闪烁感就越小,稳定性也就越高,但太高的刷新频率可能导致无法显示或硬件的损坏。

④ 双显示器设置:Windows 7 允许一块显卡连接两个显示器,以扩展屏幕显示范围。

2.4.2　日期和时间

通过控制面板中的"日期和时间"或双击任务栏右端的时钟,均可打开日期时间设置对话框。或者可在开机时通过 BIOS 程序进行设置。

图 2-40　日期时间设置对话框

2.4.3　应用程序安装与删除

1. 添加程序

添加程序,即安装应用程序,可运行软件包中的 setup. exe 或者 install. exe 可进行程序安装。

2. 删除程序

删除程序,即卸载程序。运行于 Windows 环境下的程序,在安装时不仅要将其自身复制到相应文件夹中,还会向系统文件夹复制必要的支撑文件及对系统进行相关设置。如果简单地删除安装文件,在系统中会残留相关支持文件和设置信息,久而久之会在系统中留下大量垃圾,影响系统的性能并占用外存空间。

(1)利用 Windows 的"卸载或更改程序"

打开控制面板,选择"程序与功能",进入"卸载或更改程序"窗口,双击列表中要删除的程序,即可启动卸载程序,如图 2-41 所示。

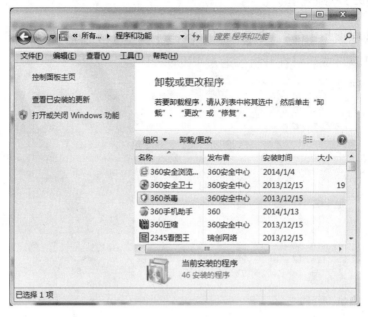

图 2-41　删除程序

(2)利用软件自带的"卸载程序"

以卸载系统已安装程序"同方知网"为例,单击"开始"按钮,选择"所有程序",打开"同方知网"文件夹,单击"卸载 CAJViewer 7.0",如图 2-42 所示,即可启动软件自带的卸载程序,按照提示信息,即可完成程序卸载。

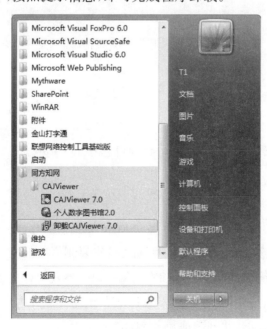

图 2-42　软件自带卸载程序

2.4.4 任务管理器

任务管理器是 Windows 提供的一个强有力的工具,通过它可以查看和强行关闭运行中的程序和进程;可实现系统的待机、关闭、注销、切换用户和重启等。可用以下两种方法打开任务管理器:

方法 1:右击任务栏空白处,选择"启动任务管理器"。

方法 2:使用快捷键"Ctrl+Shift+ESC"。

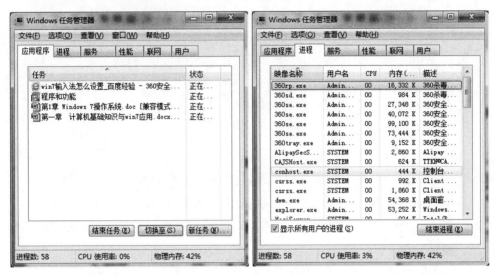

图 2-43 任务管理器窗口

说明: 对于没有响应的程序或进程,可利用任务管理器强行关闭,但可能会丢失相关数据信息。

习 题 2

一、单选题

1.能够提供即时信息及可轻松访问常用工具的桌面图标元素是_____。

    A. 快捷方式   B. 桌面小工具   C. 任务栏   D. 桌面背景

2.操作系统为用户提供了操作界面,其主要功能是_____。

    A. 用户可以直接进行网络通信

    B. 用户可以进行各种多媒体对象的欣赏

    C. 用户可以直接进行程序设计、调试和运行

    D. 用户可以用某种方式和命令启动、控制和操作计算机

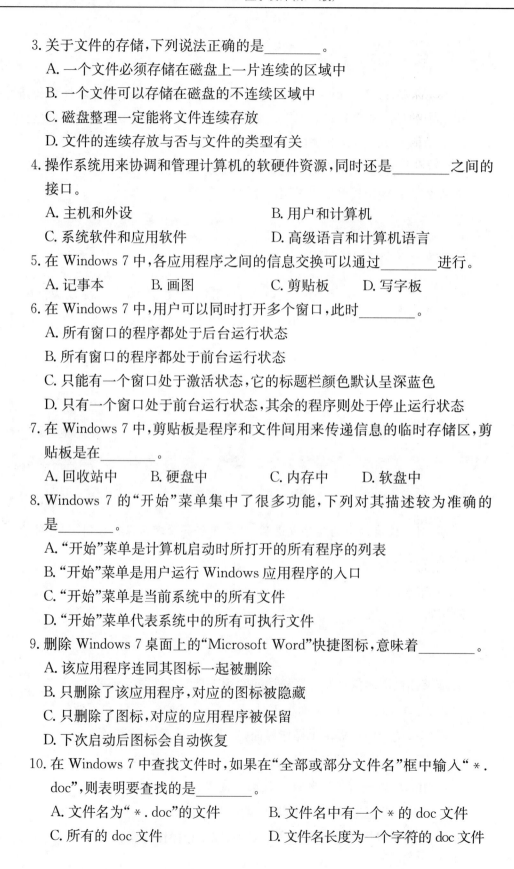

3. 关于文件的存储,下列说法正确的是_____。

    A. 一个文件必须存储在磁盘上一片连续的区域中

    B. 一个文件可以存储在磁盘的不连续区域中

    C. 磁盘整理一定能将文件连续存放

    D. 文件的连续存放与否与文件的类型有关

4. 操作系统用来协调和管理计算机的软硬件资源,同时还是_____之间的接口。

    A. 主机和外设   B. 用户和计算机

    C. 系统软件和应用软件   D. 高级语言和计算机语言

5. 在 Windows 7 中,各应用程序之间的信息交换可以通过_____进行。

    A. 记事本   B. 画图   C. 剪贴板   D. 写字板

6. 在 Windows 7 中,用户可以同时打开多个窗口,此时_____。

    A. 所有窗口的程序都处于后台运行状态

    B. 所有窗口的程序都处于前台运行状态

    C. 只能有一个窗口处于激活状态,它的标题栏颜色默认呈深蓝色

    D. 只有一个窗口处于前台运行状态,其余的程序则处于停止运行状态

7. 在 Windows 7 中,剪贴板是程序和文件间用来传递信息的临时存储区,剪贴板是在_____。

    A. 回收站中   B. 硬盘中   C. 内存中   D. 软盘中

8. Windows 7 的"开始"菜单集中了很多功能,下列对其描述较为准确的是_____。

    A. "开始"菜单是计算机启动时所打开的所有程序的列表

    B. "开始"菜单是用户运行 Windows 应用程序的入口

    C. "开始"菜单是当前系统中的所有文件

    D. "开始"菜单代表系统中的所有可执行文件

9. 删除 Windows 7 桌面上的"Microsoft Word"快捷图标,意味着_____。

    A. 该应用程序连同其图标一起被删除

    B. 只删除了该应用程序,对应的图标被隐藏

    C. 只删除了图标,对应的应用程序被保留

    D. 下次启动后图标会自动恢复

10. 在 Windows 7 中查找文件时,如果在"全部或部分文件名"框中输入"＊.doc",则表明要查找的是_____。

    A. 文件名为"＊.doc"的文件   B. 文件名中有一个＊的 doc 文件

    C. 所有的 doc 文件   D. 文件名长度为一个字符的 doc 文件

11. 在 Windows 中,当一个文档被关闭后,该文档将_____。

    A. 保存在外存中   B. 保存在内存中

    C. 保存在剪贴板中   D. 保存在回收站中

12. 在 Windows 7 中,不同驱动器之间复制文件时可使用的鼠标操作是_____。

    A. 拖曳   B. Shift＋拖曳   C. Alt＋拖曳   D. Ctrl＋P

13. 如果要彻底删除系统中已安装的应用软件,最正确的方法是_____。

    A. 直接找到该文件或文件夹进行删除操作

    B. 用控制面板中"添加/删除程序"或软件自带的卸载程序完成

    C. 删除该文件及快捷图标

    D. 对磁盘进行碎片整理操作

14. 在 Windows 7 中,可以通过下列_____进行系统硬件配置。

    A. 控制面板   B. 回收站   C. 附件   D. 系统监视器

15. 在 Windows 7 的控制面板中,通过_____组件,可以查询这台计算机的名称。

    A. 日期和时间   B. 系统   C. 显示   D. 自动更新

二、填空题

1. 目前最常用的 3 种操作系统有_____、_____、_____ 。

2. 文件名通常由_____和_____ 两部分构成,其中_____ 能反映文件类型。

3. Windows 7 中默认的 4 个库分别是_____、_____、_____ 和_____ 。

4. 用通配符表示所有扩展名为 doc 的文件,其表示方法为_____ 。

5. 剪贴板是_____,其中可以存入的内容类型有_____ 。

三、简答题

1. 简述操作系统的作用。

2. 简述在资源管理器中选择不连续文件和文件夹的方法。

3. 列举鼠标的主要操作,以及各种操作的方法与含义。

Visual Basic 概述

Visual Basic 是一种可视化的程序设计语言,可用于开发 Windows 环境下的各类应用程序。本章是学习 Visual Basic 程序设计的入门章节,主要介绍 Visual Basic 的发展过程、主要特点和集成开发环境,并通过创建一个简单的 Windows 应用程序,让读者对 Visual Basic 有一个初步的了解。

3.1 Visual Basic 简介

3.1.1 Visual Basic 的发展过程

20 世纪 60 年代中期,美国达特茅斯学院约翰·凯梅尼(J. Kemeny)和托马斯·卡茨(Thomas E. Kurtz)认为,像 FORTRAN(世界上最早出现的计算机高级程序设计语言)那样的语言是为专业人员设计的,无法普及。于是,他们在简化 FORTRAN 的基础上,于 1964 年研制出一种"初学者通用符号指令代码"(Beginner's All-purpose Symbolic Instruction Code),简称 BASIC。这个时期的 BASIC 主要应用于小型机,以编译方式执行。1975 年,比尔·盖茨把它移植到个人计算机(Personal Computer,PC)上。

20 世纪 80 年代中期,美国国家标准化协会(ANSI)根据结构化程序设计的思想,提出了一个新的 BASIC 标准草案。结构化程序设计方法按照模块划分,以提高程序的可读性、易维护性、可调性和可扩充性为目标。在结构化的程序设计中,只允许三种基本的程序结构形式,它们是顺序结构、分支结构和循环结构,这三种基本结构的共同特点是只允许有一个入口和一个出口。

1985 年,BASIC 的两位创始人推出的 True BASIC,对 BASIC 语言进行了重大改进和发展,它严格遵循 ANSI BASIC,不仅完全适应结构化和模块化程序设计的要求,而且保留了 BASIC 语言的优点——易学易懂,程序易编易调试。

1991 年 4 月,Visual Basic 1.0 for Windows 版本发布,这在当时引起了很大的轰动,许多专家把 Visual Basic 的出现当作是软件开发史上一个具有划时代意义的事件。Visual BASIC 意为"可视的 BASIC",即图形用户界面(GUI)的 BASIC,它是用于 Windows 系统开发的应用软件,可以设计出具有良好用户界面的应用程序。

1998 年 6 月 15 日，Microsoft 公司推出 Visual BASIC 6.0 版本之后，又推出 Visual Basic 6.0 中文版。作为 Microsoft Visual Studio 6.0 工具套件之一，Visual Basic 6.0 提供了图形化、ODBC 实现整合资料浏览工具平台，提供了与 Oracle 和 SQL Server 的数据库链接工具。

2001 年，VB. NET 发布。VB. Net 不是简单的版本升级，而是能适应网络技术发展需要的新一代 Visual Basic，已演化成为完全的面向对象的程序设计语言。2005 年 11 月 7 日，VB. NET 2005(v8.0)发布。它可以直接设计出 Windows XP 风格的界面，但是其编写的程序占用内存较多。

3.1.2　Visual Basic 的特点

Visual Basic 是一种可视化的、面向对象和事件驱动的高级程序设计语言，可用于开发 Windows 环境下的各类应用程序，简单易学、功能强大，主要有以下特点：

1. 易学易用、功能强大的集成开发环境

传统高级语言编程一般都要经过 3 个步骤，即写程序、编译和测试，其中每一步往往还需要调用专门的处理程序。而 Visual Basic 的集成开发环境集用户界面设计、代码编写、调试运行和编译打包等多种功能于一体，使用灵活方便。且 Visual Basic 支持自动语法检查、代码分色显示、对象方法及属性的在线提示帮助，提供的多种调试窗口（如监视窗口、立即窗口和对象浏览窗口等）更是为设计人员调试和检测程序带来极大方便。

2. 面向对象的可视化的程序设计工具

在 Visual Basic 6.0 中，应用面向对象的程序设计方法（OOP），把程序和数据封装起来视为一个对象，每个对象都是可视的。对象来源于经过调试可以直接使用的对象类，这些对象存放在集成环境左侧的工具箱中，以图标的形式提供给编程人员。程序员在设计时只需用现有工具根据界面设计要求，直接在屏幕上"画"出窗口，并为每个对象设置属性。这种能够轻易实现的"所见即所得"的设计模式极大地方便了编程人员，提高了设计效率。

3. 事件驱动的编程机制

传统的面向过程的应用程序是按事先设计的流程运行的。Visual Basic 采用事件驱动的编程机制，代码不是按照预定的路径执行，而是在响应不同的事件时执行不同的代码。例如，命令按钮是编程过程中常用的对象，用鼠标单击命令按钮时，产生一个鼠标单击事件（Click），同时系统会自动调用执行 Click 事件过程，从而实现事件驱动的功能。可以说，整个 Visual Basic 应用程序是由许多彼此相互独立的事件过程构成的，这些事件过程的执行与否及执行顺序都取决于用户的操作。

4. 结构化的程序设计语言

Visual Basic 继承了 Basic 语言的所有优点,具有丰富的数据类型、众多的内部函数、简单易懂的语句,较强的数值运算和字符串处理能力;结构化的控制语句和模块化的程序设计机制;程序结构清晰,易于调试和维护。

5. 强大的数据库功能

Visual Basic 具有强大的数据库管理功能,用户可以访问和使用多种数据库系统,如 Access、FoxPro 等;Visual Basic 提供了开放式数据连接(ODBC),用户可以通过直接访问或建立连接的方式使用并操作后台大型数据库,如 SQL Server、Oracle 等。另外,Visual Basic 的 ADO(Active Database Object)数据库访问技术不仅易于使用,而且占用内存少,访问速度更快。

除了上述 5 大功能特点外,Visual Basic 6.0 还具有动态数据交换(DDE)、对象连接与嵌入(OLE)、Internet 组件和向导、Web 类库、远程数据对象(RDO)、远程数据控件(RDC)和联机帮助等功能。用户使用 Visual Basic 6.0 可轻松开发集多媒体、数据库和网络等多种应用为一体的 Windows 应用程序。

3.1.3 Visual Basic 6.0 的 3 种版本

Visual Basic 6.0 包括 3 种版本,即学习版、专业版和企业版。这 3 种版本是在相同的基础上建立起来的,满足不同层次的用户需要。

学习版:(Learning Edition)是 Visual Basic 6.0 的基础版本,可使用一组工具来创建功能完备的 Windows 应用程序,它包括所有的内部控件、网格控件及数据绑定等控件。

专业版:(Professional Edition)除了具有学习版的全部功能外,还包括 Active X和 Internet 控件开发工具之类的高级特性,适用于计算机专业开发人员。

企业版:(Enterprise Edition)除了具有专业版的全部功能外,还具有自动化管理、数据库、管理工具和 Microsoft Visual Source soft 面向工程版的控制系统等,适用于企业用户开发分布式应用程序。

本书以 Visual Basic 6.0 中文企业版为例。

3.2 Visual Basic 6.0 的安装、启动与退出

3.2.1 Visual Basic 6.0 的安装

Visual Basic 6.0 的安装与其他 Windows 应用程序类似,将带有 Visual Basic 6.0 的 CD 盘片放入光驱,执行该盘片中的 SETUP.EXE,然后按照屏幕提示操作

即可，具体步骤如下。

①　将 Visual Basic 6.0 的安装光盘放入光驱，在"资源管理器"或"计算机"中执行安装光盘上的 SETUP.EXE 程序，运行后显示出"Visual Basic 6.0 中文企业版安装向导"对话框，如图 3-1 所示。

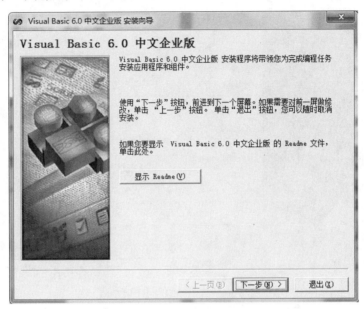

图 3-1　"Visual Basic 6.0 中文企业版安装向导"对话框

②　在图 3-1 所示的对话框中，单击"下一步"按钮，则打开"最终用户许可协议"对话框，如图 3-2 所示。

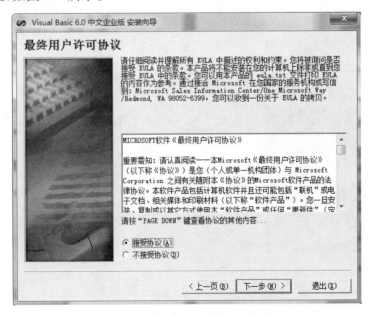

图 3-2　"最终用户许可协议"对话框

③ 选定单选按钮"接受协议",单击"下一步"按钮。此时打开"产品号和用户 ID"对话框,如图 3-3 所示。

图 3-3 "产品号和用户 ID"对话框

④ 输入产品的 ID 号、姓名、公司名称后,单击"下一步"按钮,打开"选择安装程序"对话框,如图 3-4 所示。

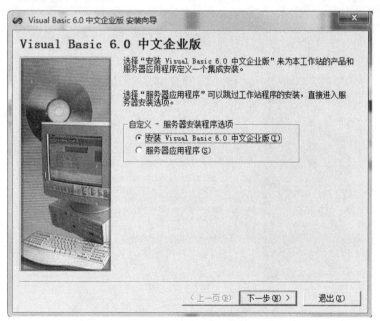

图 3-4 "选择安装程序"对话框

⑤ 在图 3-4 中选择"安装 Visual Basic 6.0 中文企业版（Ⅰ）"，单击"下一步"按钮，打开"选择公用安装文件夹"对话框，如图 3-5 所示。

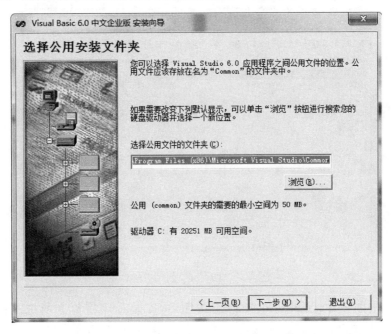

图 3-5　"选择公用安装文件夹"对话框

⑥ 选择安装路径，单击"下一步"按钮，打开"选择安装类型"对话框，如图 3-6 所示。

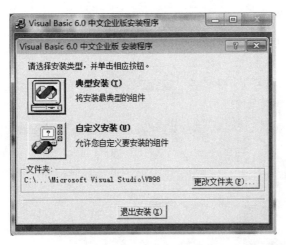

图 3-6　"选择安装类型"对话框

⑦ 在"选择安装类型"对话框中，安装程序为用户提供了两种选择："典型安装"和"自定义安装"。前者将安装最典型的组件，安装过程无需用户干预。若用户选择了"自定义安装"，则系统会打开"自定义安装"对话框，如图 3-7 所示，用户

可以有选择地安装需要的组件。

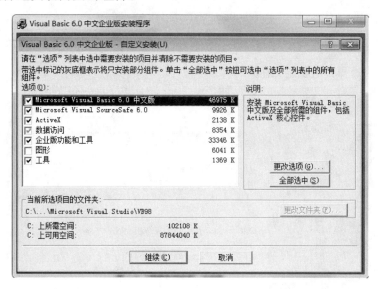

图 3-7　"自定义安装"对话框

⑧ 单击图 3-7 对话框中的"继续"按钮后,安装程序将复制所选文件到硬盘中,复制结束后将重新启动计算机完成 Visual Basic 6.0 的安装。

⑨ 计算机重新启动后,安装程序将自动打开"安装 MSDN"对话框,如图 3-8 所示。MSDN Library 是开发人员的重要参考资料,包含了容量约 1 GB 的编程技术资料,包括示例代码、文档、技术文章、Microsoft 开发人员知识库及开发程序时需要的其他资料等。

图 3-8　"安装 MSDN"对话框

3.2.2　Visual Basic 6.0 的启动与退出

1. Visual Basic 6.0 的启动

Visual Basic 6.0 的启动方式主要有 2 种。

① 选择"开始"→"所有程序"→"Microsoft Visual Basic 6.0 中文版"启动编程环境。

② 使用桌面快捷方式。如果没有建立桌面快捷方式,可进入 Visual Basic 6.0 安装目录,右击可执行程序(Visual Basic 6.exe),从弹出的快捷菜单中选择"发送到"→"桌面快捷方式"命令,则桌面上会出现相应的快捷方式图标,以后只需双击该快捷图标即可启动 Visual Basic 6.0。

在成功启动 Visual Basic 6.0 之后,屏幕上会显示一个"新建工程"对话框,如图 3-9 所示。

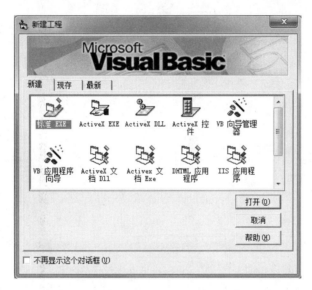

图 3-9　"新建工程"对话框

"新建工程"对话框中有 3 个标签,单击它们可打开相应的选项卡。

① 新建:创建新的 Visual Basic 6.0 应用程序工程。该选项卡中有若干个工程类型,默认情况下选标准 EXE,用于创建一个标准的 EXE 文件。

② 现存:选择和打开现有的工程。

③ 最新:列出最近使用过的工程。

如果不希望 Visual Basic 6.0 每次启动时都出现该对话框,可以选择该对话框下方的"不再显示这个对话框"复选框,那么,以后每次启动集成开发环境时,会自动创建一个类型为"标准 EXE"的工程。

2. Visual Basic 6.0 的退出

打开 Visual Basic 6.0 的"文件"菜单,选择其中的"退出"菜单项或者单击集成开发环境标题栏右侧的"关闭"按钮,即可退出 Visual Basic 6.0。

3.3 集 成 开 发 环 境

Visual Basic 6.0 集成开发环境(Integrated Development Environment,IDE)是集界面设计、代码编写和调试、编译程序和运行程序于一体的工作环境。

3.3.1 Visual Basic 集成开发环境简介

在启动 Visual Basic 6.0 后显示的"新建工程"对话框中,单击"打开"按钮后就进入 Visual Basic 6.0 集成开发环境,如图 3-10 所示。

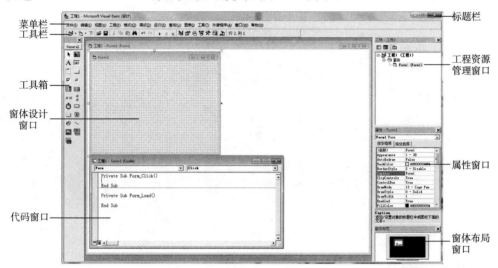

图 3-10 Visual Basic 6.0 集成开发环境

3.3.2 主窗口

主窗口位于整个开发环境的顶部,由标题栏、菜单栏和工具栏组成。

1. 标题栏

标题栏是 Visual Basic 集成环境窗口顶部的水平条,标题栏显示的是当前操作的工程名称和 Visual Basic 的工作模式,在 Visual Basic 中有 3 种工作模式,分别是"设计""运行"和"中断"。

2. 菜单栏

Visual Basic 6.0 菜单栏包括 13 个菜单(即文件、编辑、视图、工程、格式、调试、运行、查询、图表、工具、外接程序、窗口和帮助),每个菜单的功能如表 3-1 所示。

表 3-1　**Visual Basic 6.0 菜单栏**

菜单名称	功能
文件	包括文件的打开、删除、保存和加入窗体以及生成执行文件等功能
编辑	提供剪切、复制、粘贴、撤销和删除等编辑功能
视图	显示或隐藏各种视图,用于查看集成环境下的程序源代码和控件
工程	包括将窗体、模块加入当前工程等功能
格式	对界面设计的辅助控制,如控件对齐方式、间距的设置等
调试	提供对程序代码进行调试的各种方法
运行	执行、中断和停止程序
查询	实现与数据库有关的查询
图表	实现与图表有关的操作
工具	主要包括三方面的功能:对集成开发环境进行定制、向程序代码中添加过程、激活应用程序的菜单编辑器
外接程序	主要包括两方面的功能:Visual Basic 6.0 环境下的数据库管理器、外部程序管理器窗口
窗口	设置 Visual Basic 6.0 子窗口在主窗口中的排列方式
帮助	提供 Visual Basic 的联机帮助

3. 工具栏

工具栏以图标形式提供了部分常用菜单项的功能。如果想运行某一命令,只需要单击相应的按钮即可。当鼠标移动到某个按钮上时,系统会自动显示该按钮的名称和功能。显示或隐藏工具栏可以选择"视图"菜单的"工具栏"命令,或用鼠标在标准工具栏处单击右键,然后选取所需的工具栏。

表 3-2 列出了"标准"工具栏中除常用编辑工具之外的一些图标的作用。

表 3-2　**"标准"工具栏**

图标	名称	功能
	添加工程	用于添加一个新的工程到工程组中,单击其右侧下拉箭头将弹出一个下拉菜单,可以从中选择想添加的工程类型
	添加窗体	向当前工程添加一个新的窗体、模块或自定义的 ActiveX 控件
	菜单编辑器	启动菜单编辑器进行菜单编辑
	启动	开始运行程序
	中断	中断当前运行的工程,进入中断模式
	结束	结束运行当前的工程,返回设计模式
	工程资源管理器	打开"工程资源管理器"窗口
	属性窗口	打开"属性"窗口
	窗体布局窗口	打开"窗体布局"窗口
	对象浏览器	打开"对象浏览器"窗口
	工具箱	打开"工具箱"窗口
	数据视图窗口	打开"数据视图"窗口
	可视化部件管理器	打开"可视化部件管理器"窗口

3.3.3 窗体窗口

窗体(Form)是设计应用程序时放置其他控件的容器,是显示图形、图像和文本等数据的载体。一个程序可以拥有多个窗体窗口,每个窗体窗口必须有唯一的窗体名字,建立窗体时默认名字为 Form1、Form2……

处于"设计"状态的窗体由网格点构成,网格点方便用户对控件进行定位,改变网格点间距的方法是:选择"工具"菜单的"选项"命令,在"通用"标签的"窗体设置网格"中输入"高度"和"宽度"。当程序运行时,窗体的网格不显示。

3.3.4 属性窗口

属性(Property)用于描述 Visual Basic 窗体和控件的某些特征,如标题、大小、位置和颜色等。属性窗口结构如图 3-11 所示,主要由以下几个部分组成:

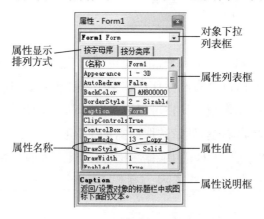

图 3-11 属性窗口

① 对象下拉列表框:显示当前窗体及窗体中全部对象的名称。

② 属性显示排列方式:按照字母顺序或者按分类顺序。

③ 属性列表框:分为两栏,左边一栏显示属性名称,右边一栏显示对应属性的当前值。

④ 属性说明框:当在属性列表框选取某属性时,在该区显示所选属性的名称和功能。

3.3.5 工程资源管理器窗口

在 Visual Basic 中,把开发一个应用程序视为一项工程,用创建工程的方法来创建一个应用程序,用工程资源管理器来管理一个工程。

工程资源管理器窗口显示了组成这个工程的所有文件,如图 3-12 所示。工程资源管理器中的文件可以分为 6 类,即窗体文件(.frm)、程序模块文件(.bas)、类模块文件(.cls)、工程文件(.vbp)、工程组文件(.vbg)和资源文件(.res)。

图 3-12　工程资源管理器窗口

（1）工程文件和工程组文件

工程文件的扩展名为.vbp,每个工程对应一个工程文件。

（2）窗体文件

窗体文件的扩展名为.frm,一个应用程序至少包含一个窗体文件。窗体文件存储用户界面、各控件的属性及程序代码等。

（3）标准模块文件

标准模块文件的扩展名为.bas,也称其为程序模块文件。该文件存储所有模块级变量和用户自定义的通用过程,可以被不同窗体的程序调用。标准模块是一个纯代码性质的文件,它不属于任何窗体,主要在大型应用程序中使用。

注意:在工程资源管理器窗口中,括号内是工程、窗体和标准模块的存盘文件名,括号左边表示此工程、窗体和标准模块的名称(即 Name 属性,在程序的代码中使用)。有扩展名的表示文件已保存过,无扩展名的表示当前文件还未保存。

3.3.6　代码编辑器窗口

用户图形界面设计完毕后,第二阶段的工作是针对要响应用户操作的对象编写程序代码,如图 3-13 所示。代码窗口一般是隐藏的,可以通过选择"视图"→"代码窗口"命令激活,也可以通过单击"工程资源管理器"窗口中的"查看代码"按钮激活,还可以直接双击"窗体设计器"窗口中任意对象激活代码窗口。

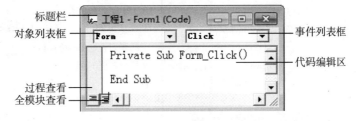

图 3-13　代码窗口

例 3.1　设计一个 Visual Basic 应用程序,单击窗体后显示蓝色"Visual Basic 欢迎您"。其步骤如下:

① 双击窗体打开代码编辑窗口,在窗体的载入(Load)事件中编写代码,设置窗体文字的颜色,如图 3-14 所示。

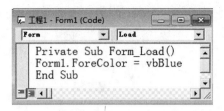

图 3-14　Load 事件过程代码的编写

② 单击右边事件列表框,选择 Click 事件,在过程中编写代码,如图 3-15 所示。

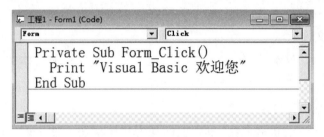

图 3-15　Click 事件过程代码的编写

代码编写完毕后,按热键 F5 或按"启动"按钮 ▶ 运行应用程序。若要结束程序的运行,可单击工具栏上的"终止运行"按钮 ■ 或直接单击窗体右上角的 ✕ 按钮。

3.3.7　工具箱

标准工具箱窗口由 21 个被绘制成按钮形式的图标构成,窗口中有 20 个标准控件,如图 3-16 所示。

图 3-16　标准工具箱窗口

注意：

① 指针不是控件,仅用于移动窗体和控件,或调整它们的大小。用户可以通过选择"工程"菜单的"部件"命令,装入 Windows 中已注册的其他控件到工具箱。

② Visual Basic 6.0 集成开发环境的用户界面中所有窗口都是浮动的,用户可以移动其位置、改变其大小等。若浮动窗口被关闭,用户可从"视图"菜单中执行相应命令,再次打开窗口。

3.4　创建 Visual Basic 应用程序的过程

前面简单介绍了 Visual Basic 集成开发环境及各个窗口的作用,下面通过一个实例来说明 Visual Basic 应用程序的建立过程。用 Visual Basic 开发应用程序一般有如下几个步骤：

① 建立用户界面。

② 设置对象属性。

③ 编写事件驱动的程序代码。

④ 运行和调试程序。

⑤ 保存工程和窗体。

⑥ 生成可执行程序。

例 3.2　设计一个 Visual Basic 应用程序,当用户界面上单击"显示"按钮后,窗体上显示"VB 欢迎您",单击"隐藏"按钮时,将隐藏显示的文字。窗体如图 3-17 所示。

图 3-17　例 3.2 程序运行界面

① 设计用户界面。在窗体添加 3 个控件对象：1 个标签(Label)、2 个命令按钮(CommandButton)。标签用来显示信息,不能进行数据的输入;命令按钮用来执行有关操作。

② 设置控件对象属性。本例中各控件对象的有关属性设置如表 3-3 所示,设置后的用户界面如图 3-18 所示。

表 3-3　对象属性设置

控件名(Name)	相关属性
Form1	Caption：Form1
Label1	Caption：VB 欢迎您
Label1	Visible：False
Command1	Caption：显示
Command2	Caption：隐藏

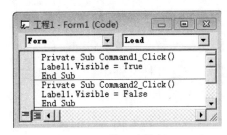

图 3-18　代码编辑窗口

　　注意:若窗体上各控件的字体、字号等属性要设置成相同的值,不要逐个设置,只要在建立控件前将窗体的字体、字号等属性设置好,以后建立的控件都会将该属性值作为默认值。

　　③ 编写程序代码。界面设计完,就要考虑用什么事件来激活对象所需的操作。Visual Basic 6.0 的编程机制是事件驱动,所以,在编写代码前必须选择好对象和事件。代码编辑窗口上部有两个下拉列表,左边列出了该窗体的所有对象(包括窗体),右边列出了与左边选中对象相关的所有事件。当分别选中对象及事件后,系统自动将选定的事件过程框架显示到代码编辑窗中。本例的事件代码如图 3-18 所示。

　　④ 运行调试程序。单击工具栏上的启动按钮或按 F5 键运行调试程序。

　　Visual Basic 6.0 程序通常会先编译,检查是否存在语法错误。当存在语法错误时,则显示错误提示信息,提示用户进行修改。图 3-19 即将上述代码中对象名"Label1"错写为"Lable1"时 Visual Basic 6.0 弹出的错误提示窗口。它给出了错误类型并提示用户进行调试。操作时单击"调试"按钮,系统会自动将光标定位到出错的语句行,如图 3-20 所示。

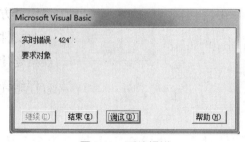

图 3-19　系统报错

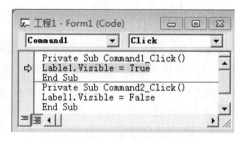

图 3-20　按"调试"后,系统
定位在出错位置

　　对于初学者而言,程序很少能一次运行通过,难免会出现这样或那样的错误,因此,初学者应学会如何发现错误并改正错误。

　　⑤ 保存工程和窗体。程序应该在创建完成后投入运行前将其保存到磁盘上,以免意外丢失。在 VB 中,应用程序以工程文件的形式保存在磁盘上。一个工程文件涉及多种文件类型,如窗体文件.frm、标准模块文件.bas 和工程文件.vbp。在这 3 种文件中,工程文件和窗体文件是必不可少的两种文件。保存文件有先后次序,即先保存窗体文件、标准模块文件等,最后再保存工程文件。这里只介绍窗体文件和工程文件的保存。

　　a.保存窗体文件。执行"文件"→"保存 Form1"命令或直接单击工具栏上的"保存"按钮,则自动打开"文件另存为"对话框,输入保存的文件名,选择保存的路径,如图 3-21 所示。

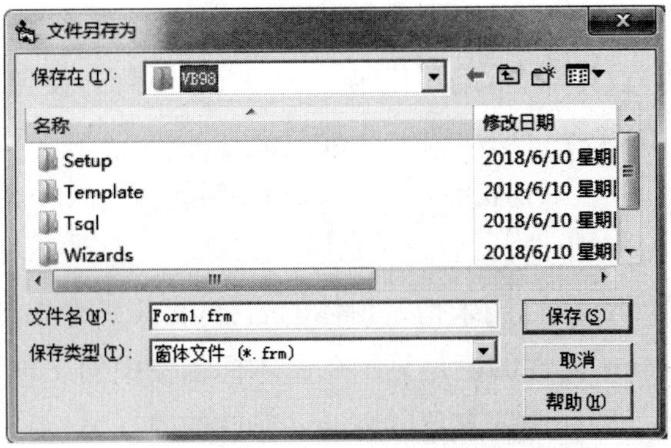

图 3-21　"文件另存为"对话框

b. 保存工程文件。与保存窗体文件类似,执行"文件"→"工程另存为"命令,在打开的"工程另存为"对话框中,选择保存的位置,输入文件名。需要注意的是,工程文件保存的仅仅是该工程所需的所有文件的一个列表,并不保存用户图形界面和程序代码。因此,保存工程时,不能只保存工程文件,而忽略了对窗体文件的保存。

⑥ 生成可执行文件。Visual Basic 程序的执行方式有两种:解释方式和编译方式。在 Visual Basic 集成开发环境中运行程序是以解释方式运行的,只是对源文件逐句进行翻译和执行。这种方式便于程序的调试和修改,但运行速度慢。如果要使程序脱离 Visual Basic 集成开发环境,就直接在 Windows 下运行,必须将源程序编译为二进制的可执行文件,这可以通过"文件"→"生成文件名. exe"命令实现。

习 题 3

一、选择题

1. 在下列选择项中,_____不是 Visual Basic 可能的状态。

　　A. 设计状态　　　　B. 运行状态　　　　C. 工程状态　　　　D. 中断状态

2. 下列关于保存工程的说法,正确的是_____。

　　A. 保存工程时只保存工程文件即可

　　B. 保存工程时只保存窗体文件即可

　　C. 先保存工程文件,再保存窗体文件

　　D. 先保存窗体文件,再保存工程文件

3. 窗体 Form1 的名称属性值为 Myform,它的 Load 事件过程名是_____。

　　A. Form1_Load　　　B. Form_Load　　　C. Me_Load　　　　D. Myform_Load

4. Visual Basic 可视化编程有三个基本步骤,这三步依次是_____。

    A. 创建工程,建立窗体,建立对象　　　　B. 创建工程,设计界面,保存工程

    C. 建立窗体,设计对象,编写代码　　　　D. 设计界面,设置属性,编写代码

5. 代码窗口中的注释行使用的标注符号是_____。

    A. 单引号　　　　　B. 双引号　　　　　C. 斜线　　　　　D. 星形号

6. 以下叙述中正确的是_____。

    A. 窗体的 Name 属性用来指定窗体的名称,标识一个窗体

    B. 窗体的 Name 属性的值是显示在窗体标题栏中的文本

    C. 可以在运行期间改变对象的 Name 属性的值

    D. 对象的 Name 属性值可以为空

7. 在 Visual Basic 中最基本的对象是_____,它既是应用程序的基石,也是其他控件的容器。

    A. 文本框　　　　　B. 命令按钮　　　　C. 窗体　　　　　D. 标签

8. 以下叙述中错误的是_____。

    A. 一个工程可以包括多种类型的文件

    B. Visual Basic 应用程序既能以编译方式执行,也能以解释方式执行

    C. 程序运行后,在内存中只能驻留一个窗体

    D. 对于事件驱动型应用程序,每次运行时的执行顺序可以不一样

二、填空题

1. Visual Basic 6.0 用于开发_____环境下的应用程序。

2. Visual Basic 6.0 采用的是_____驱动的编程机制。

3. 在 Visual Basic 6.0 集成开发环境中,选择"运行"→"启动"命令或按下_____功能键,都可以运行工程。

4. 在 Visual Basic 6.0 的工程中,工程文件的扩展名是_____,窗体文件的扩展名是_____,标准模块文件的扩展名是_____。

5. Visual Basic 6.0 对象的 Name 属性是字符串类型,它是对象的_____。

6. 在 Visual Basic 6.0 集成开发环境中,建立第一个窗体的默认名称是_____。

7. Visual Basic 6.0 程序执行时等待事件的发生,当对象上发生事件后,执行相应的事件过程,这便是采用_____的方法。

8. MSDN 是 Visual Basic 6.0 的_____系统。

9. 在 Visual Basic 6.0 集成开发环境中,要修改窗体的标题,需设置对象的_____属性。

10. 用 Visual Basic 6.0 设计的应用程序,保存后窗体文件的扩展名是_____。

三、简答题

1. Visual Basic 6.0 有什么特点？

2. Visual Basic 6.0 有哪几个版本？

3. Visual Basic 6.0 集成开发环境有哪些部分组成？每个部分的主要功能是什么？

4. Visual Basic 6.0 的"工具箱"窗口中的常用控件有哪些？

5. Visual Basic 6.0 的常用工具栏共有多少个功能按钮？每个功能按钮的作用是什么？

6. Visual Basic 开发应用程序的方法和步骤是什么？

7. Visual Basic 6.0 源代码出现红字说明什么？

四、操作题

1. 设计一个窗体,窗体的标题为"Visual Basic 程序设计",运行程序时,单击窗体使窗体的标题变为"学习 Visual Basic 程序设计"。

2. 设计一个窗体并编程实现：程序开始运行时,窗体上的文本框显示："欢迎使用 Visual Basic 程序"；当用户单击窗体时,文本框显示"你单击了窗体"；用户双击窗体时,文本框显示"你双击了窗体"；单击"退出"按钮,终止程序运行。

Visual Basic 可视化编程基础

Visual Basic 引入面向对象的编程理念,采用"事件驱动"的编程机制,为用户提供可视化编程界面和大量的控件对象。其应用程序的大多数功能可通过可视化界面和可视化编程工具来实现。本章主要介绍面向对象的一些基本概念、窗体和几个常用控件,并讲解界面设计的基本方法和步骤。

4.1 可视化编程的基本概念

4.1.1 对象的概念

对象是具有某些特性和功能的具体事物的抽象。客观世界是由对象组成的,每一个实体都是一个对象。例如,一台电脑、一本书、一部手机和一个杯子等都是对象。每个对象都有自己的特征、行为和发生在该对象上的一些活动。例如,以"学生"为对象,该对象具有学号、姓名、身高、体重和年龄等特征,具有上课、上网和走路等行为,外界会作用于该对象各种活动,如下雨、上课铃响等。

在 Visual Basic 中,对象是一组代码和数据的集合。常用的对象有窗体、工具箱中的各种控件、菜单和应用程序的部件等,其中,窗体和控件是最常见的对象。将对象的特征称为属性,对象的行为称为方法,对象的活动称为事件。对象是构成程序的基本成分和核心部件,属性、方法和事件构成了对象的三个要素。

4.1.2 对象的三要素

1.对象的属性

每个对象都包含一组描述其特征的数据,这就是对象的属性。在 Visual Basic 中,每个对象都有自己的属性,这些属性是可以描述对象特征的参数。常见的属性有 Name(名称)、Caption(标题)、Height(高度)和 Width(宽度)等。设置对象的属性可通过以下两种方法:

① 在设计阶段,选中某个对象,在属性窗口中直接设置其属性。

② 在程序代码中通过赋值语句设置对象属性,其格式为:

对象名.属性名=属性值

例如,要使按钮 Command1 的标题改为"确定",可以直接选中 Command1,设

置 Caption 属性,也可以通过在代码窗口中添加一行语句来实现:

　　　Command1.Caption="确定"

2. 对象的事件

事件(Event)是由 Visual Basic 系统预先设置好的,能够被对象识别的动作。一个对象可以有一个或多个事件,事件可以由用户或系统触发。当事件被触发时,对象将对事件作出响应,通过执行事件过程来完成操作。在 Visual Basic 中,能够被对象识别的常见动作有单击(Click)事件、双击(DblClick)事件、装载(Load)事件和获取焦点(GotFocus)事件等,不同的对象能识别不同的事件。

当在对象上发生了事件后,应用程序就要处理这个事件,处理的步骤称为事件过程。事件过程是一段独立的程序代码,对象检测到某个特定事件时执行这些代码。一个对象可以响应一个或多个事件,因此,可以使用一个或多个事件过程对用户或系统的事件作出响应。

Visual Basic 事件过程的一般格式如下:

Private Sub 对象名_事件名()

　　　…　　　　　　　　　　　　　　　　'事件过程代码

End Sub

其中,Sub 是定义过程开始的语句,End Sub 是定义过程结束的语句,关键字 Private 表示该过程是私有的。

注意:对象名与对象的 Name 属性的值一致。

下面是一个命令按钮的事件过程,作用是退出当前窗体。

Private Sub Command1_Click()

　　　End

End Sub

3. 对象的方法

方法是附属于对象的行为和动作。在 Visual Basic 中,方法实际上是为程序设计人员提供的一种特殊的过程或函数,用来完成一定的操作或实现一定的功能。这些通用的过程和函数已被系统编写好并封装起来,作为方法供用户直接调用。

对象方法的调用格式如下:

　　　[对象名.]方法名[参数名表]

若省略了对象,表示为当前对象,一般为窗体。

例如,在窗体中打印"Hello,Visual Basic "字样,窗体可通过调用 Print 方法来完成打印操作:

　　　Form1.Print "Hello,Visual Basic"

注意:对象的属性和事件过程都是可以重新设置或修改的,而方法的内容却是固定不能修改的,用户只能通过对象来调用方法。每一种对象所能调用的方法是不完全相同的。

4.2　窗　体

窗体是 Visual Basic 中的主要对象,是程序界面设计的基础,创建一个应用程序的第一步就是创建用户界面。窗体是所有控件的容器,用户所需的各种控件必须添加到窗体上。窗体具有自己的属性、事件和方法。

4.2.1　属性

1.基本属性

窗体的基本属性有 Name、Caption、Left、Top、Height、Width、Visible、Enabled、Font、ForeColor 和 BackColor 等,这些属性也是大部分控件都具有的通用属性。

(1) Name

名称属性,所有的对象都具有该属性。在代码窗口中通过该属性来引用、操作具体的对象。在创建控件时,系统会为控件提供一个默认名称,程序设计者可根据需要修改该属性值。例如,第一个窗体的默认名称是 Form1。

(2) Caption

标题属性,决定窗体标题栏上显示的文本内容。

(3) Font

字体属性组,用于设置窗体中文本显示时使用的字体。具体包含 FontName 属性(指示字体名称)、FontSize 属性(指示字体大小)、FontBold 属性(指示是否粗体)、FontItalic 属性(指示是否斜体)、FontStrikeThru 属性(指示是否添加删除线)和 FontUnderLine 属性(指示是否带下划线)等。

(4) BackColor

背景色属性,返回或设置窗体的背景颜色。用户可以在调色板中直接选取所需颜色,在 Visual Basic 中主要使用 RGB 函数或 QBColor 函数来设置颜色。例如,将窗体的背景色设为红色,可以用下面两种方法:

Form1. BackColor＝RGB(255,0,0)

Form1. BackColor＝vbRed

(5) ForeColor

定义文本或图形的前景颜色,其设置方法与 BackColor 相同。

（6）Enabled

决定窗体（控件）是否响应用户事件，其取值为 True（默认值）或 False。

True：允许用户操作，并对操作作出响应。

False：禁止用户操作，呈灰色。

（7）Visible

设置程序运行时窗体是否可见。Visible 值为 True 时，表示程序运行时窗体可见，其值为 False 时，表示程序运行时窗体不可见。

（8）Left、Top

这两个属性决定窗体的左上角的位置。

（9）Height、Width

这两个属性决定窗体的初始高度和宽度。

2. 外观属性

（1）BorderStyle 属性

返回/设置窗体的边框风格，取值范围为 0～5，默认值为 2。

（2）ControlBox 属性

用于确定窗体是否有控制菜单。当属性值为 True 时，显示控制菜单；当属性值为 False 时，不显示控制菜单。

（3）Icon 属性

设置窗体控制菜单的图标。通常把该属性设置为 .ico 格式的图标文件。

（4）MaxButton、MinButton 属性

这两个属性用来控制窗体运行时右上角的最大化按钮（MaxButton）和最小化按钮（MinButton）是否显示。当属性值为 True 时，显示最大化和最小化按钮；当属性值为 False 时，不显示最大化和最小化按钮。

（5）MDIChild 属性

设置窗体是否含有另一个 MDI 子窗体。当属性值为 True 时，含有另一个 MDI 子窗体；当属性值为 False 时，不包含另一个 MDI 子窗体。

（6）Moveable 属性

决定程序运行时窗体是否能够移动。当属性值为 True 时，窗体在运行时可以移动；当属性值为 False 时，窗体在运行时位置固定。

（7）Picture 属性

设置在窗体上显示的图片文件。本属性可以设置多种格式的图形文件，包括 .bmp、.gif、.jpg、.bmp、.wmf 和 .ico 等格式的文件。

（8）WindowState 属性

设置窗体在执行时以什么状态显示。

0——正常窗口状态,有窗口边界(默认值)。

1——最小化状态,以图标方式运行。

2——最大化状态,无边框,充满整个屏幕。

说明:不是一个对象的所有属性都可以在"属性"对话框中设置,有的属性只能在代码中设置,有的属性只能在"属性"对话框设置。

4.2.2 窗体的事件

与窗体有关的事件较多,最常用的事件有 Load(装入)、Click(单击)、DblClick(双击)、Unload(卸载)和 Active(活动)等。

1. Load 事件

当窗体装载到内存时会自动触发 Load 事件。对控件的初始化处理通常放在本事件中。

2. Click 事件

程序运行后,当单击窗体本身的某个位置时,触发 Click 事件,执行窗体的 Form_Click 事件过程。

3. Unload 事件

该事件的功能和 Load 事件功能相反,它指从内存中卸载指定的窗体。

4. Active 事件

当窗体变成活动窗体时(窗体进入可见状态),就会触发 Active 事件。

例 4.1 设计窗体,窗体名为 myfirstform,窗体标题为"我的第一个 VB 窗体",窗体背景色为蓝色,高、宽分别为 1500 和 4000。当单击窗体时,显示:"欢迎您!"。运行结果如图 4-1 所示。

图 4-1 例 4.1 运行界面

步骤:单击窗体,在属性窗口设置"(名称)"属性值为"myfirstform"。打开代码编辑窗口,分别编写 Load 事件代码和 Click 事件代码:

```
Private Sub Form_Load()
    Caption="我的第一个 VB 窗体"
    BackColor=vb Blue
    Height=1500
    Width=4000
End Sub
Private Sub Form_Click()
    Print "欢迎您!"
End Sub
```

4.2.3　窗体的方法

窗体中常用的方法有以下几种：

1. Print 方法

该方法用于在窗体上显示文本字符串和表达式的值，也可在其他图形对象或打印机上输出信息。

调用格式：[对象.]Print[表达式][, | ;]

其中，"对象"为窗体或图片框，若省略则默认为当前窗体。

例 4.2　在窗体上使用 Print 方法，在窗体的单击事件中写入如下代码，比较不同的分隔符对输出内容的影响。

```
Private Sub Form_Click()
    a=10；b=11.23
    Print"a=";a,"b=";b
    Print"a=";a,Tab(17);"b=";b        '从第17列打印输出b
    Print"a=";a,Spc(17);"b=";b        '输出a的值后，插入17个空格，输出b=
    Print                             '空一行
    Print"a=";a,"b=";b
    Print Tab(17);"a=";a,"b=";b       '从第17列开始打印输出
    Print Spc(17);"a=";a,"b=";b       '从第18列开始打印输出，Spc()是产生空格
                                      '的函数
End Sub
```

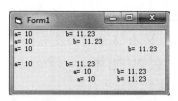

图 4-2　Print 方法的使用

2. Cls 方法

Cls 方法用于清除运行时在窗体或图片框中显示的文本或图形。

调用格式：[对象.]Cls

窗体中使用 Picture 属性设置的背景位图和放置在窗体上的控件不受 Cls 方法影响。

例 4.3　在窗体上添加一个图片框 Picture1 时，可以编写以下事件过程：

```
Private Sub Form_Click()
    Print "清除方法练习"           '在窗体上输出文字
    Picture1.Print "画图"          '在图片框中显示文字
End Sub
```

然后在窗体上添加一个命令按钮 Command1,并编写以下事件过程:

```
Private Sub Command1_Click()
    Form1. Cls                     '清除窗体上的文字和图形
    Picture1. Cls                  '清除图片框中的文字和图形
End Sub
```

3. Move 方法

Move 方法用于移动窗体或控件,并可以改变其大小。

调用格式:[对象.]Move 左边距离[,上边距离[,宽度[,高度]]]

其中,对象可以是窗体以及除菜单以外的所有可视化控件,若省略对象,则默认为当前窗体。左边距离、上边距离、宽度、高度均为数值,以 Twip 为单位。例如,

```
Private Sub Form_Click()
    Move Left-20,Top+40,Width-50,Height-30
End Sub
```

4. Show 方法

该方法兼有装入和显示窗体两种功能。如果调用 Show 方法时指定的窗体没有装载,Visual Basic 将自动装载该窗体。

调用格式:[对象.] Show

5. Hide 方法

该方法用于将窗体暂时隐藏起来,但并不从内存中卸载。

调用格式:[对象.] Hide

注意:若 Show 方法或者 Hide 方法前面没有指明对象,则默认指当前窗体。

例如,运行下面的代码,在单击窗体后将隐藏窗体并显示提示信息,选择"确定"后又显示刚才隐藏的窗体。

程序代码如下:

```
Private Sub Form_Click()
    Form1. Hide
    MsgBox "按下确定重新显示窗体"
    Form1. Show
End Sub
```

例 4.4 设计一个程序,完成以下功能:

① 在属性窗口中把窗体设置成无最大化按钮和最小化按钮。

② 窗体装入时,标题栏显示"装入窗体",对窗体上显示的字体、字号和背景色进行设置。

③ 单击窗体时,标题栏显示"鼠标单击",窗体显示一幅图片。

④ 双击窗体时,标题栏显示"鼠标双击",去除窗体的图片,并在窗体上输出"结束使用 VB"。

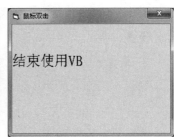

（a）Load事件运行效果　　　（b）Click事件运行效果　　　（c）DblClick事件运行效果

图 4-3　例 4.4 的运行界面

程序代码如下:

```
Private Sub Form_Load()
    Form1. Caption="装入窗体"
    Form1. BackColor=vbYellow
    Form1. Font="楷体_GB2312"
    Form1. FontSize=20
End Sub


Private Sub Form_Click()
    Form1. Picture=LoadPicture(App. Path +"\timg2. jpg")
    Form1. Caption="鼠标单击"
End Sub


Private Sub Form_DblClick()
    Form1. Picture=LoadPicture("")
    Form1. Caption="鼠标双击"
    Form1. Print
    Form1. Print
    Form1. Print "结束使用 VB"
End Sub
```

说明:

① LoadPicture 是一个函数,用于将指定的图片文件调入内存。调用格式为:

[对象.] Picture= LoadPicture("文件名")

对象是指窗体、图片框和图像框等,默认为窗体。括号中双引号中的内容是图形文件名(一般应写完整路径)。如果双引号中为空,则表示对象不加载图片。

② App. Path 表示加载的图片文件与应用程序在同一个文件夹中,若运行时无该文件,系统会显示"文件未找到",用户可以将所需文件复制到应用程序所在的文件夹。

③ 属性或方法前省略了对象,表示默认该属性或方法作用于当前窗体对象。

4.3 标 签

标签(Label)控件用于显示静态文本信息,只能用 Caption 属性设置或修改,不能直接编辑。因此,在解决具体问题时,如果只需要在窗体上显示信息而不需要输入信息,最好使用标签控件,其原因在于,标签控件只能在规定的位置显示信息。

4.3.1 主要属性

标签的基本属性有 Name、Caption、Left、Top、Height、Width、Visible、Enabled、Font、ForeColor 和 BackColor 等,与窗体的使用相同。除了上述属性外,标签控件的常用属性还有以下几个:

1. Alignment 属性

用于设置 Caption 属性中文本的对齐方式。

0—Left Justify:左对齐。

1—Right Justify:右对齐。

2—Center:居中对齐。

2. BackStyle 属性

用于确定标签的背景是否透明。

0—Transparent:透明,标签后的背景和图形可见。

1—Opaque:不透明,标签后的背景和图形不可见,默认设置为1。

3. AutoSize 和 WordWrap 属性

AutoSize 属性决定控件是否可以自动调整大小。当取值为 True 时,表示随着 Caption 内容的多少自动调整控件大小,文本不换行;当取值为 False 时,表示标签的尺寸不能自动调整,超出尺寸范围的内容不予显示。

WordWrap 属性用于设置当标签在水平方向上不能容纳标签中的全部文本时是否换行显示。当 AutoSize 属性为 True 时,且 WordWrap 属性值也为 True 时,标签中的内容可以换行。

4. BorderStyle 属性

设置标签边框的样式。

0—None：无边框。

1—Fixed Single：有边框。

4.3.2　常用方法

1. Refresh 方法

刷新标签中的文字内容，使标签对象中显示最新的 Caption 属性值。

2. Move 方法

移动标签。如：

Label1. Move left[,Top,Width,Height]

4.3.3　事件

标签可以响应的事件有单击（Click）、双击（Dblclick）和改变（Change）等。但实际上，标签仅起到在窗体上显示文字的作用，因此，一般不需要编写事件过程。

例 4.5　在窗体中放置一个标签对象，设置标签的 Caption 属性为"标签示例"，字体为红色、楷体、16 号字，标签的其他属性为单线边框，背景色为黄色，水平对齐为居中对齐，当每次单击窗体时，该标签同时向右和向下分别移动 20 像素。运行后界面如图 4-4 所示。

图 4-4　例 4.5 运行界面

使用 Move 方法完成移动标签的功能，代码如下：

Private Sub Form_Click()

　　Label1. Move Label1. Left＋20，Label1. Top＋20

End Sub

4.4　文　本　框

文本框（TextBox）主要用于编辑文本信息，是 Visual Basic 中应用最多的控件之一，它既可以用于输出或显示信息，也可以用于输入或编辑文本。

4.4.1　常用属性

1. Text 属性

用于设置或显示文本框中的文本内容，是文本框的主要属性。当文本内容改变时，Text 属性值也会随之改变。

注意：文本框没有 Caption 属性，而是利用 Text 属性来设置文本信息。

2. MultiLine 属性

设置文本框是否可以接受多行文本,取逻辑值。值为 True 时,表示可以接受多行文本;值为 False 时,表示在文本框中只能接受单行文本。

3. ScrollBar 属性

确定文本框是否有水平或垂直滚动条。

0—None:无滚动条。

1—Horizontal:只使用水平滚动条。

2—Vertical:只使用垂直滚动条。

3—Both:在文本框中,同时添加两种滚动条。

注意:ScrollBar 属性生效的前提是设置 MultiLine 属性为 True。

4. MaxLength 属性

设置文本框中能够容纳的最大字符数,默认值为 0,表示无字符长度限制。

5. PassWordChar 属性

设置文本框中文本的替代符。在做密码输入的处理时,通常要将此属性设置为"＊"。

注意:该属性的值只能是一个字符;设置了该属性值后,不会影响 Text 属性值,只会影响 Text 属性值的显示方式。

6. Locked 属性

用于指定文本框的内容是否可以编辑。默认值为 False,表示可以编辑;当属性值设置为 True 时,文本框中的文本为只读。

7. SelLength 属性

返回或设置文本框中被选定的文本的字符个数。当在文本框中选择文本时,该属性值会随着选择字符的多少而改变。

8. SelText 属性

返回或设置选定的文本内容。如果在程序中设置了 SelText 属性,则用该值代替文本框中选中的文本。

9. SelStart 属性

返回或设置所选文本的起始位置。当 SelStart 属性设置为 0 时,表示选择的起始位置是第一个字符,1 表示从第二个字符开始选择。

注意:SelLength、SelText 和 SelStart 属性只能通过程序代码设置。

4.4.2 常用事件

1. Change 事件

当用户在文本框中输入新的信息,或者在程序中将 Text 属性设置为新值的时候,触发该事件。由于每次向文本框输入一个字符就会引发一次该事件,因此,建议尽量少用该事件。

2. KeyPress 事件

当进行信息输入时,按下后松开一个产生 ASCII 码的按键时引发该事件,此事件会返回一个 KeyAscii 参数,因此,通过该事件可以判断用户按了什么键。KeyPress 事件中最常用的是判断输入是否为回车符(KeyAscii 的值为 13),通常表示文本的输入结束。

3. LostFocus 事件

此事件在对象失去焦点时触发。通常用于检查用户在文本框中输入的内容或指定文本框失去焦点后所做的事情。

4. GotFocus 事件

GotFocus 事件与 LostFocus 事件相反,在一个对象获得焦点时触发。

例 4.6　在窗体上添加 3 个文本框,窗体及窗体上的 3 个文本框的属性设置如表 4-1 所示。程序运行后,在第 1 个文本框中输入内容,第 2 个文本框会同步显示;单击窗体,会将第 1 个文本框中输入的前 10 个字符复制到第 3 个文本框中。程序运行后在 Text1 中输入"人之为学,有难易乎? 学之,则难者亦易矣;不学,则易者亦难矣。"单击窗体后运行界面如图 4-5 所示。

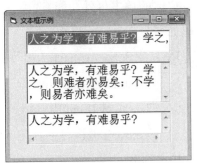

图 4-5　例题 4.6 运行界面

表 4-1　属性设置

对象名称	属性名	属性值	说明
Form1	Caption	文本框示例	
Text1	Text	Text1	单行,无滚动条
	Fontsize	16	
	Multiline	False	
Text2	Text	Text2	多行,垂直滚动条
	Multiline	True	
	Scrollbars	2	
	Fontsize	16	
Text3	Text	Text3	多行,垂直和水平滚动条
	Multiline	True	
	Scrollbars	3	
	Fontsize	16	

窗体的 Load 事件清空三个文本框,代码如下:

```
Private Sub Form_Load()
    Text1. Text=""
    Text2. Text=""
    Text3. Text=""
End Sub
```

Text1 的 Change 事件功能:将在 Text1 中输入的内容复制到 Text2 中,代码如下:

```
Private Sub Text1_Change()
    Text2. Text=Text1. Text
End Sub
```

窗体的单击事件功能:选中 Text1 中的前 10 个字符,并且复制到 Text3 中,代码如下:

```
Private Sub Form_Click()
    Text1. SelStart=0
    Text1. SelLength=10
    Text3. Text=Text1. SelText
End Sub
```

4.4.3 方法

文本框常使用 SetFocus 方法获得焦点。格式如下:

［对象.］SetFocus

4.5 命令按钮

命令按钮(CommandButton)控件主要用于接收用户的指令,完成指定的操作。完成什么样的操作取决于命令按钮的 Click 事件代码。

4.5.1 常用属性

命令按钮的常用属性有 Caption、Default、Cancel、Style、Picture、ToolTipText 等。

1. Caption 属性

设置命令按钮上显示的文字。在设置 Caption 属性时,如果某个字母前面加上"&",那么在程序运行时标题中的该字母即带有下划线,这一字母就成为访问键(热键),当用户按下 Alt+该快捷键时,其作用与通过鼠标单击该按钮相同。例如,当某个命令按钮的 Caption 属性设置为"退出(&Q)"时,字母 Q 就是热键,程序运行时会显示"退出(Q)",只要按下 Alt+Q 便可激活该按钮。

2. Default 属性

当值为 True 时,能响应 Enter 键。此时不管窗体上的哪个控件有焦点,只要用户按 Enter 键,就相当于单击此默认命令按钮。窗体中只能有一个命令按钮的 Default 属性值为 True。

3. Cancel 属性

该属性用于指出命令按钮是否为窗体的"取消"按钮,当值为 True 时,表示能响应 Esc 键。即当用户按 Esc 键时触发该命令按钮的 Click 事件,否则不触发该事件。

4. Style 属性

在命令按钮的 Caption 属性中,不仅可以设置显示的文字,还可以设置显示的图形。通过 Style 属性来设置命令按钮控件的显示类型和行为,属性值可取 0 或 1。

0—Standard(默认):标准的,按钮上不能显示图形。

1—Graphical:图形的,按钮上可以显示图形,也可以显示文字。

5. Picture 属性

该属性用于返回或设置控件中要显示的图片。使用该属性时必须把 Style 属性值设为 1。

6. ToolTipText 属性

当按钮是图形时,可以通过 ToolTipText 属性为按钮添加文字提示。

4.5.2　常用方法

SetFocus 方法:使命令按钮获得焦点,对于获得焦点的按钮,程序运行时按 Enter 键等同于用鼠标单击本按钮。

4.5.3　常用事件

命令按钮最重要的事件是单击事件 Click,单击命令按钮时将触发该事件。

例 4.7　设计一个华氏温度与摄氏温度相互转换的程序,运行界面如图 4-6 所示。属性设置见表 4-2。

表 4-2　例 4.7 属性设置

对象名	属性	属性值
Form1	Caption	温度转换
Label1	Name	Label1
	Caption	华氏温度
Label2	Name	Label2
	Caption	摄氏温度
Command1	Name	Command1
	Caption	华氏转
Command2	Name	Command2
	Caption	摄氏转

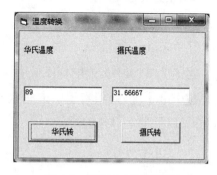

图 4-6　例题 4.7 运行界面

编程代码如下：

```
Private Sub Command1_Click()
    Dim c As Single
    Dim f As Single
    f＝Val(Text1. Text)
    c＝5/9 * (f－32)
    Text2. Text＝c
End Sub


Private Sub Command2_Click()
    Text1. Text＝9/5 * Val(Text2. Text) ＋32
End Sub
```

4.6　图形控件与方法

在应用程序中添加图形，可以使操作界面更加美观、更加友好。Visual Basic 提供了丰富的图形功能，通过图形控件和图形方法，可以快速地完成各种图形的绘制和文字输出等操作。Visual Basic 提供了两种绘图方式，一是使用图形控件，如 Line 控件和 Shape 控件；二是使用绘图方法，如 Line 方法、Circle 方法和 Pset 方法等。

4.6.1　图形控件

Visual Basic 的图形控件主要有两个，它们是画线控件 Line 和形状控件

Shape。这两个控件可以在窗体和图片框中绘制图形,但不支持任何事件。

画线控件 Line 可以画一条直线,其最主要的属性是 BorderWidth 和 BorderStyle,它们分别决定所画线段的宽度和形状。另外,两个坐标点(X1,Y1)和(X2,Y2)确定了两个端点的位置。

形状控件 Shape 可以用于画矩形、正方形、椭圆、圆、圆角矩形和圆角正方形 6 种几何形状。把形状控件放到窗体或图片框中时显示为一个矩形,可以通过它的 Shape 属性(取值范围为 0~5)确定其几何形状。形状控件的 FillStyle 属性和 FillColor 属性分别控制其填充图案和颜色。

例 4.8　利用画线控件和形状控件设计一个指针式秒表,如图 4-7 所示,程序启动后,单击窗体上的"开始"按钮,表的指针开始转动,每秒动一下,一分钟转一圈。指针转动时,命令按钮的标题变为"暂停",如果此时再单击命令按钮,指针停止转动,命令按钮的标题又变为"继续";再单击按钮,指针又开始转动。

(1) 建立一项新工程

在窗体上添加一个形状控件 Shape1 作为表盘,一个画线控件 Line1 作为表的指针,再添加一个计时器控件 Timer1 和一个命令按钮 Command1,按表 4-3 设置有关属性值。

表 4-3　属性设置

对象名	属性	属性值	说明
Form1	Caption	时钟	
Shape1	Shape	3-Circle	
	BorderWidth	2	线宽
Line1	BorderWidth	2	线宽
Timer1	Interval	1000	
	Enabled	False	
Command1	Name	开始	

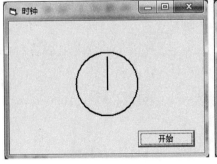 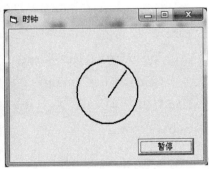

图 4-7　例题 4.8 的运行界面

（2）编写程序代码

① 在代码窗口的通用声明区声明符号常量和窗体级变量。

Const pi＝3.1415926

Dim x0 As Single，y0 As Single

Dim r As Single，t As Integer

② 编写窗体的 load 事件过程代码：

```
Private Sub Form_Load()
    r＝Shape1.Width/2
    x0＝Shape1.Left ＋r
    y0＝Shape1.Top ＋r
    Line1.X1＝x0
    Line1.Y1＝y0
    Line1.X2＝Line1.X1
    Line1.Y2＝Line1.Y1－r ＋100
End Sub
```

③ 编写计时器的 Timer 事件过程代码：

```
Private Sub Timer1_Timer()
    t＝t ＋1
    Line1.X2＝x0 ＋(r－100) ∗ Sin(pi ∗ t/30)
    Line1.Y2＝y0－(r－100) ∗ Cos(pi ∗ t/30)
End Sub
```

④ 编写命令按钮 Command1 的单击事件过程代码：

```
Private Sub Command1_Click()
    If Command1.Caption＝"暂停" Then
        Timer1.Enabled＝False
        Command1.Caption＝"继续"
    Else
        Timer1.Enabled＝True
        Command1.Caption＝"暂停"
    End If
End Sub
```

4.6.2 图形的坐标系统

每一个图形操作都要使用绘图区或容器的坐标系统。坐标系统是一个二维网格,可定义屏幕上、窗体中或其他容器中的位置。

容器的默认坐标系统由容器左上角(0,0)坐标开始。沿坐标轴定义位置的测量单位,统称为刻度。在 Visual Basic 中,坐标系统的每个轴都有自己的刻度。坐标轴的方向、起点和坐标系统的刻度,都是可以改变的。

1. 坐标单位

坐标单位即坐标的刻度,默认的坐标系统以 twip 为单位。设置对象的 ScaleMode 属性可以改变坐标系统的单位,例如,可以采用像素或毫米为单位。下面的语句代码将窗体的坐标单位改为毫米:

> ScaleMode＝vbMillimeters

2. 自定义坐标系

Visual Basic 默认的坐标系统与我们习惯的笛卡尔坐标系不一致,要使所绘制的图形与笛卡尔坐标系一致,就需要重新定义对象的坐标系。Scale 方法是建立用户坐标系的最简便方法,其语法格式如下:

> [＜对象名＞.] Scale(x1,y1)－(x2,y2)

其中,对象可以是窗体、图片框或打印机。(x1,y1)设置对象的左上角坐标,(x2,y2)设置对象的右下角坐标。使用 Scale 方法将对象在 x 方向上分为 x2－x1 等份,在 y 方向上分为 y2－y1 等份。使用 Scale 方法将自动设置 ScaleMode 属性为 0(自定义坐标系统)。

例 4.9　在 Form_Paint 事件中通过 Scale 方法定义窗体 Form1 的坐标系,将坐标原点平移到窗体中央,即 Y 轴的正向向上,使它与笛卡尔坐标系一致。

要使窗体坐标系和笛卡尔坐标系一致,坐标原点在窗体中央,显示 4 个象限,只需要指定窗体对象的左上角坐标值(xleft,ytop),和右下角的坐标值(xright,ybottom),使 xleft＝－xright,ytop＝－xbottom。

程序代码如下:

```
Private Sub Form_Paint()
        Form1. Scale (－400, 300)－(400, －300)    '对象名 Form1 可省略
        Line (－400, 0)－(400, 0)                  '画 X 轴
        Line (0, 300)－(0, －300)                  '画 Y 轴
        CurrentX＝0：CurrentY＝0：Print 0          '标记坐标原点
        CurrentX＝380：CurrentY＝30：Print "X"     '标记 X 轴
        CurrentX＝10：CurrentY＝280：Print "Y"     '标记 Y 轴
End Sub
```

程序执行后的效果如图 4-8 所示。

图 4-8　例 4.9 运行效果图

4.6.3　常用图形方法

1. Line 方法

Line 方法用于画直线和矩形,其语法格式如下:

[对象名.]Line[[step](x1,y1)]—[step](x2,y2)[,颜色][,B[F]]

说明:

① "对象名"是指窗体、图片框或打印机,默认为当前窗体;

② (x1,y1)为线段的起点坐标或矩形的左上角坐标;

③ (x2,y2)为线段的终点坐标或矩形的右下角坐标;

④ Step 表示采用当前作图位置的相对值;

⑤ Color 表示所画图形的颜色;

⑥ B 表示画矩形;

⑦ F 必须和 B 同时出现,表示矩形的填充颜色。

例如,下面的程序用 Line 方法在窗体上画出如图 4-9 所示的图形。

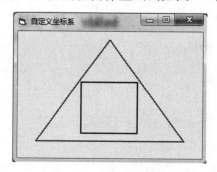

图 4-9　Line 方法示例

```
Private Sub Form_Click()
    Scale (0, 15)—(20, 0)              '设置用户坐标系
    DrawWidth=2                        '设置线段宽度
    Line (2, 2)—(18, 2), vbRed
```

Line −(10，14)，vbRed

Line −(2，2)，vbRed 　　　　　　　　　　'画红色三角形

Line (7，3)−(13，9)，vbBlue，B 　　　'画蓝色矩形

End Sub

2. Circle 方法

Circle 方法用于画圆、椭圆、圆弧和扇形,其语法格式如下:

[对象名.]Circle [step](x,y),半径[,[颜色][起始点][,[终站点][,长短轴比率]]]

说明:

① 对象指示 Circle 在何处产生结果,可以是窗体或图形框或打印机,默认为当前窗体。

② (x,y)为圆心坐标,关键字 step 表示采用当前作图位置的相对值。

③ 圆弧和扇形通过起始点、终止点控制,采用逆时针方向绘弧。起始点、终止点以弧度为单位,取值在 $0\sim2\pi$ 之间。当在起始点、终止点前加一负号时,表示画出圆心到圆弧的径向线。参数前出现的负号并不能改变绘图时坐标系中的旋转方向,该旋转方向总是从起始点按逆时针方向画到终止点。

④ 椭圆通过长短轴比率控制,默认值为 1 时,画出的是圆。

⑤ 使用时,如果想省略参数,分隔的逗号不能省略。

图 4-10 所示的是用 Circle 方法绘制的图形,代码如下:

Circle (1500，1000)，500 　　　　　　　　　　'圆

Circle (4000，1000)，500，，−1，−5.1 　　　'扇形

Circle (1500，2500)，500，，，，2 　　　　　'椭圆

Circle (4000，2500)，500，，−2，0.7 　　　'圆弧

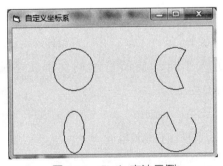

图 4-10　Circle 方法示例

3. PSet 方法

PSet 方法用于在窗体或图片框的指定位置(x,y)按规定的颜色画点,其语法格式如下:

[对象名.] PSet[Step](x,y)[,颜色]

其中,(x,y)是必需的一对单精度浮点数,用于指定所画点的坐标位置。

习 题 4

一、选择题

1. 下列关于 Visual Basic 编程的说法中,不正确的是_____。

A. 事件是能被对象识别的动作

B. 方法指示对象的行为

C. 属性是描述对象特征的数据

D. Visual Basic 程序采用的是面向过程的编程机制

2. 在 Visual Basic 中,最基本的对象是_____,它是应用程序的基石,是其他控件的容器。

A. 标签　　　　B. 文本框　　　　C. 命令按钮　　　　D. 窗体

3. 下列选项中,_____属性可以设置窗体标题栏显示的内容。

A. Text　　　B. Caption　　　C. BackStyle　　　D. BackColor

4. 下列选项中,_____方法可以将窗体隐藏起来。

A. Load　　　B. UnLoad　　　C. Hide　　　D. Show

5. 要使窗体在运行时不可改变窗体的大小和没有最大化、最小化按钮,可以设置窗体的_____属性。

A. MaxButton　　B. MinButton　　C. BorderStyle　　D. Width

6. 要改变 Label1 控件中的文字颜色,可以设置 Label1 控件的_____属性。

A. FontColor　　B. ForeColor　　C. BackColor　　D. FillColor

7. 要使某控件在程序运行时不显示,应设置_____属性。

A. Visible　　B. Enabled　　C. Default　　D. BackColor

8. 当程序运行时,系统自动执行启动窗体的_____事件过程。

A. UnLoad　　B. Load　　C. GotFocus　　D. Click

9. 要使标签控件的大小自动与所显示的文本相适应,应设置标签控件的_____属性的值为 True。

A. AutoSize　　B. Alignment　　C. FontSize　　D. Enabled

10. 不论是何控件,共同具有的属性是_____。

A. Caption　　B. Name　　C. Text　　D. ForeColor

11. 在命令按钮的 Click 事件中,有程序代码如下:

Label1. Caption="Text1. Text"

则 Label1、Caption 、"Text1. Text"分别表示_____。

A. 对象、事件、方法　　　　B. 对象、方法、属性

C. 对象、属性、值　　　　D. 属性、对象、值

12. 为使文本框显示滚动条,必须首先设置的属性是_____。

    A. AutoSize   B. Alignment   C. Multiline   D. ScrollBars

13. 下列选项中,文本框没有_____属性。

    A. Backcolor   B. Alignment   C. Text   D. Caption

14. 如果在窗体上创建了文本框对象 Text1,可以通过_____事件获得输入键的 ASCII 码值。

    A. LostFocus   B. GotFocus   C. Change   D. KeyPress

15. 若要使文本框称为只读文本框,则应设置_____属性值为 True。

    A. Lock   B. Locked   C. ReadOnly   D. Enabled

16. 下列控件中,没有 caption 属性的是_____。

    A. text   B. form   C. command   D. label

17. 文本框的 ScrollBars 属性设置了非零值,却没有效果,原因是_____。

    A. 文本框中没有内容

    B. 文本框中的 MultiLine 属性为 False

    C. 文本框中的 MultiLine 属性为 True

    D. 文本框中的 Locked 属性为 True

18. 下列关于命令按钮的说法,不正确的是_____。

    A. 命令按钮仅能识别 Click 事件

    B. 命令按钮的 Default 属性为 True 可使该按钮默认接收回车事件的对象

    C. 命令按钮能通过设置 Enabled 属性使之有效或无效

    D. 命令按钮能通过设置 Visible 属性使之可见或不可见

19. 命令按钮标题文字的下划线,可以通过_____符号来设置。

    A. \<   B. &   C. _   D. \>

20. Visual Basic 的标准化控件位于 IDE(集成开发环境)中的_____窗口中。

    A. 工具栏   B. 工具箱   C. 对象浏览器   D. 窗体设计器

21. 下列关于事件的说法,正确的是_____。

    A. 用户可以根据需要建立新的事件

    B. 事件是由系统预先定义的能够被对象识别的动作

    C. 事件的名称是可以改变的,由用户预先定义

    D. 不同类型的对象所能识别的事件一定不相同

二、填空题

1. Visual Basic 是一种面向_____的可视化程序设计语言,采取了_____的编程机制。

2. 在 Visual Basic 中,用于描述一个对象特征的量称为对象的_____。

3.当对命令按钮的 Picture 属性装入 .bmp 图形文件后,命令按钮上并没有显示所需的图形,原因是_____属性值为 0。

4.将命令按钮 Command1 的标题赋值给文本框控件 Text1 的 Text 属性,应使用的语句是_____。

5.若要隐藏当前窗体 Form1,则应使用_____语句或_____语句。

6.若要求输入密码时文本框中只显示"＊"号,则应该设置文本框的_____属性。

7.使用 Line 方法画矩形时,必须使用关键字_____。

8.坐标度量单位可通过_____来改变。

9.在窗体上添加一个命令按钮 Command1 和一个文本框 Text1,程序运行后 Command1 为禁用。当向文本框中输入任何字符时,命令按钮 Command1 变为可用。在下列程序的空白处填入适当的内容,将程序补充完整。

```
Private Sub Form_Load()
    Command1. Enabled=_____
End Sub

Private Sub Text1 _____()
    Command1. Enabled=True
End Sub
```

三、编程题

1.设计一个应用程序,在窗体上添加一个标签,标签的边框风格属性(BorderStyles)设置为 1,单击窗体时,在标签中显示"我喜欢 VB"的字样,如图 4-11 所示。

图 4-11　运行界面

2.设计一个应用程序,运行界面如图 4-12 所示。在文本框中输入半径后,单击"计算面积"按钮,计算结果显示在"结果"后的文本框中。

图 4-12　运行界面

3. 设计一个应用程序,运行界面如图 4-13 所示。当点击窗体后,将两个文本框的内容进行交换。

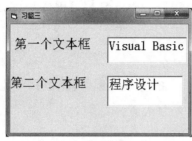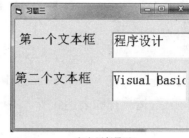

（a）运行界面1　　　　　　　　　（b）运行界面2

图 4-13　运行界面

Visual Basic 语言基础

本章主要介绍构成 Visual Basic 应用程序的基本元素,包括数据类型、常量、变量、内部函数、运算符和表达式等。

5.1 数 据 类 型

描述客观事物的数、字符以及所有能被输入到计算机中并被计算机程序加工处理的符号集合称为数据。数据是程序的必要组成部分,既是程序输入的基本对象,又是程序运算所产生的结果。

数据类型是指数据在计算机内部的表述和存储形式。根据性质和用途的不同,数据被划分为多种不同的类型。不同的数据类型具有不同的存储长度、取值范围和允许的操作。编写代码时,选择合适的数据类型,可以优化程序代码的运行速度并节省存储空间。另外,只有相同或相容的数据类型之间才能进行操作,否则会出现错误,导致程序无法执行。

Visual Basic 提供了丰富的数据类型,如图 5-1 所示。

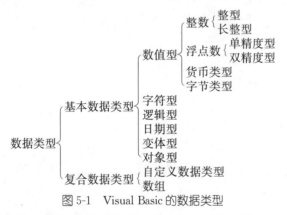

图 5-1 Visual Basic 的数据类型

复合数据类型由基本数据类型组成,将在第 7 章介绍。本章仅介绍基本数据类型。

5.1.1 数值型

数值型(Numeric)数据指可以进行数学运算的数据,Visual Basic 用于保存数值的数据类型有 6 种,分别是整型、长整型、单精度浮点型、双精度浮点型、字节型和货币型。

1. 整型数据

整型数据包括整型(Integer)和长整型(Long),用于保存没有小数点和指数符号的整数。整型数据运算速度快、占用内存少,但数据的取值范围较小。

在 Visual Basic 中,整型数据占两个字节,取值范围为 $-32768 \sim 32767$,当超出这个取值范围时,程序运行时就会因产生"溢出"而中断,这时可以采用长整型(Long)来表示。长整型数据的存储长度为四个字节,取值范围为 $-2^{31} \sim 2^{31}-1$。

Visual Basic 中的整型数表示形式为:$\pm n[\%]$,n 是由 $0 \sim 9$ 组成的数字,% 是整型的类型符,可省略;长整型数表示形式为 $\pm n\&$。例如,240%、240、-125 均是整型数;而 240&、$-2347890\&$ 均表示长整型数。

2. 浮点型数据

浮点数用于保存带小数点的实数,有单精度型(Single)和双精度型(Double)两种类型。与整型数相比,浮点数的表示范围比较大,但运算速度较慢。单精度浮点数和双精度浮点数的类型符分别是"!"和"♯",指数分别用"E"和"D"表示。单精度浮点数有效数字精确到 7 位,双精度浮点数的有效数字可精确到 16 位。

单精度浮点数有多种表现形式:$\pm n.n$、$\pm n!$、$\pm nE\pm m$ 和 $\pm n.nE\pm m$ 等,它们分别表示小数形式、整数加单精度类型符和指数形式等,其中 n、m 是由 $0 \sim 9$ 组成的数字。例如,数字 34.323、$-230!$、$-230E3$、$0.343E-3$ 都是单精度浮点数;数字 2.343♯、-234♯、$-234D3$、$0.234E-3$♯ 都是双精度浮点数。

注意:数 100 与数 100.00 对计算机而言是截然不同的两个数,前者为整数(占两个字节),而后者为浮点数(占四个字节)。

3. 货币类型

货币型(Currency)是定点数或整数,用于计算货币的数量,最多保留小数点右边 4 位和小数点左边 15 位。浮点数的小数点是"浮动"的,即小数点可以出现在数的任何位置,而货币型数据的小数点是固定的,因此,又称为定点数据类型。表示形式是在数字后加"@"符号,如 230.45@。

4. 字节类型

字节类型(Byte)数据用于存储一个字节的无符号整数,取值范围为 $0 \sim 255$。

在 Visual Basic 中,数值型数据都有一个取值范围,程序中的数如果超出规定的范围,系统就会产生"溢出"错误,并显示出错信息。

5.1.2　字符型

字符型(String,或称字符串)表示连续的字符序列,用于存放文字信息,长度为 $0 \sim 65535$ 个字符,可包含 ASCII 字符、汉字和各种可显示字符。字符数据前后

110

必须要用双引号括起来,例如:"VB 6.0""230""11/11/2011""我喜欢使用 VB"等都是字符串数据。

Visual Basic 中的字符型分为定长(String * n)和变长(String)字符串两种,前者存放固定长度为 n 的字符,后者的长度可变。

在使用字符型数据时,需要注意以下几点:

① 在 Visual Basic 中,把汉字作为一个字符处理。

② 不含任何字符的字符串称为空串,用""(连续的两个双引号)表示。而" "表示有一个空格字符的字符串。

③ 在字符串内部需要用到双引号时,须用两个连续的双引号来表示,即""""表示含有一个双引号的字符串。

④ 字符型数据也有大小之分,其中,英文和各种符号通过其 ASCII 码进行比较,简体汉字则按照 GB2312 中的编码进行排列比较。

5.1.3 逻辑型

逻辑型(Boolean),又称布尔型,用于表示逻辑量,其取值只有 True(真)和 False(假)两个值。在计算机内存中占两个字节即 16 位二进制位,True 对应 16 位 1,False 对应 16 位 0。因此,当逻辑型数据转换成整型数据时,由于整数以补码形式存放,因此,True 转换成－1,False 转换成 0;当将其他类型的数据转换成逻辑型数据时,非 0 数转换成 True,0 转换成 False。

5.1.4 日期型

日期型(Date)按 8 字节的浮点数来存储,表示的日期范围从公元 100 年 1 月 1 日至 9999 年 12 月 31 日,而时间范围是 0:00:00～23:59:59。日期型数据前后必须用"#"号括起来,如#1 Jan 12#、#January 1,2012#、#2011-11-11 13:30:30PM#都是合法的日期型数据。

任何可辨别的文本日期都可以赋值给日期型变量。

5.1.5 变体型

变体型(Variant)数据是 Visual Basic 提供的一种特殊数据类型,是所有未声明变量的默认数据类型。变体型数据的类型是可变的,它对数据的处理完全取决于程序的上下文需要。除了定长字符串数据和用户自定义数据外,它可以保存任何种类的数据,是一种万能的数据类型。

对变体变量赋值时不需要进行数据类型间的任何转换,Visual Basic 会自动进行必要的转换处理。

应该注意到,虽然变体型数据提高了程序的适应性,却占用额外的系统资源,降低了程序的运行速度。因此,当数据类型能够具体定义时,最好不要把它们定义为变体型数据。

5.1.6　对象型

对象型数据(Object)用于引用应用程序所能识别的任何实际对象,占用 4 个字节。有关对象型数据的使用,我们将在后面的章节中作进一步介绍。

表 5-1 列出了基本数据类型及其占用空间和表示范围等。

表 5-1　Visual Basic 的基本数据类型

数据类型	类型名	类型标示符	占用字节数	范围
整型	Integer	%	2	$-2^{15} \sim 2^{15}-1(-32\ 768 \sim 32\ 767)$
长整型	Long	&	4	$-2^{31} \sim 2^{31}-1$
单精度型	Single	!	4	$\pm 1.401\ 298E-45 \sim \pm 3.402\ 823E38$
双精度型	Double	♯	8	$\pm 4.941D-324 \sim 1.79D308$
货币类型	Currency	@	8	小数点左边 15 位,右边 4 位
字节型	Byte	无	1	$0 \sim 2^8-1(0 \sim 255)$
字符型	String	$	根据字符串长度	$0 \sim 65535$ 个字符
逻辑型	Boolean	无	2	True 与 False
日期型	Date(time)	无	8	1/1/100 ~ 12/31/9999
变体型	Variant	无	根据实际类型	根据实际类型
对象型	Object	无	4	可被任何对象引用

5.2　常量与变量

在程序运行过程中,常量和变量都可以用来存储数据,它们都有自己的名字和数据类型。不同的是,在程序执行过程中,变量中存储的值是可以改变的,而常量的值始终保持不变。

5.2.1　常量

常量是指在程序运行过程中其值始终保持不变的量。Visual Basic 中的常量分为三种:直接常量、符号常量和系统常量。

1. 直接常量

直接常量的值直接反映了它的数据类型,简称为常量。根据数据类型的不同,常量分为字符串常量、数值常量、日期常量和布尔常量。

数值常量是由数值、小数点和正负号所构成的数值,如 221、230&、230.33、2.33E2、230D3。在 Visual Basic 中,除了十进制数值外,还有八进制、十六进制数值常量。八进制常量前加 &O,如 &O230、&O456;十六进制常量前加 &H,如 &HAF2、&H569。

字符串常量必须由一对英文双引号括起来,可以是任何能被计算机处理的字符,如"computer""学生"和"a%^*&#+"等。如果一个字符串常量只有双引号,中间没有任何字符(包括空格),则该字符串为空串。

日期常量用于表示某天或某一天的具体时间。日期常量的前后均要加上"#"号,如 #11/11/2011#、#11/11/2011 16:08:12PM# 和 #16:08:12PM#。

逻辑常量只有 True 和 False 两个值,表示"真"和"假"。逻辑型常量不需要用双引号括起来,如果带了双引号,计算机就将其作为字符串常量处理。

2. 符号常量

如果在程序中多次用到某一常量,用户可把该常量定义为符号常量,以后用到该值时就用符号常量名代替。符号常量的(声明)语句格式为:

Const 符号常量名[As 数据类型]=表达式

其中:

符号常量名:其命名规则与变量名的命名规则相同,为了便于与一般变量名区别,符号常量名通常用大写字母表示。

As 数据类型:说明常量的数据类型。如省略该项,数据类型由表达式决定。用户也可在常量后加类型符。

符号常量表达式由数值常量、字符串常量以及运算符组成。

例如,

```
Const PI=3.1415926          '声明数值常量 PI,代表 3.1415926,单精度型
Const USER="Zhang San"      '声明字符串常量 USER,代表"Zhang San",字符串型
Const NUM1#=457.83          '声明数值常量 NUM1,代表 457.83,双精度型
```

3. 系统常量

系统常量是由 Visual Basic 提供的具有专门名称和作用的常量。Visual Basic 提供的系统常量有颜色常量、窗体常量和绘图常量等 32 类近千个常量。这些常量位于 Visual Basic 的对象库中。选择"视图"→"对象浏览器",打开"对象浏览器"窗口。在"工程/库"下拉列表框中选择对象库,在"类"列表框中选择需要查

询的类,右侧列出该类包含的所有系统常量。如图 5-2 所示。

图 5-2　"对象浏览器"窗口

5.2.2　变量

解决实际问题时有些量事先不能确定,只有在程序的运行过程中才能确定。例如,求圆的面积,如果事先确定半径,则程序只能求固定半径的圆的面积,如此,程序就不够灵活。此外,程序运行过程中总会产生中间结果和最终结果,这些数据也需要用变量存储。变量就是在内存中划

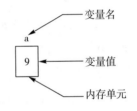

图 5-3　变量名和变量值示意图

出一个存储空间,用于存储临时数据,给这个空间起一个名字,即变量名,可以用变量名代替其存储的值参与运算。如图 5-3 所示。每个变量对应一个变量名,在内存中占据一定的存储单元。变量一般需要先声明才能使用。

1. 变量的命名规则

变量命名规则如下:

① 变量名必须以字母或汉字开头,由字母、汉字、数字或下划线组成。

② 变量名的长度不得大于 255。

③ 不允许使用关键字作变量名。

④ 变量名不区分大小写,即 STR 与 str、Str 视为同一个变量名。

下面列出的变量名都是无效的或非法的:

　　　2a、Date、dim、%a12、Y,2

2. 变量的声明

在使用变量之前一般先声明变量名,指定其类型,以决定系统为它分配的存储单元和运算规则。在 Visual Basic 中,可以用以下方式声明变量及其类型。

(1)变量的显式声明

变量的显示声明就是用一条语句来说明变量的类型。声明变量的语句并不

把具体的数值分配给变量,而是告知变量将会包含的数据类型。声明形式如下:

Dim 变量名 [As 类型]

其中"类型"可以使用表 5-1 中所列出的数据类型名。

具体的使用情况如下:

① 为了方便定义,可在变量名后加类型符来代替"As 类型"。此时变量名与类型符之间不能有空格。类型符参见表 5-1。

例如,Dim x As Integer 可以改写为 Dim x%。

② 一条 Dim 语句可以同时定义多个变量,但每个变量必须有自己的类型声明,类型声明不能共用。

例如,Dim r%, s!, max, str As String。

一条 Dim 语句同时定义了 4 个变量,即 r 为整型,s 为单精度型,str 是字符串型,而 max 因为没有声明类型,所以,为变体型。

③ 定义字符串类型变量时可以指定存放的字符个数。

Dim str1 $ '声明可变长字符串变量 str1

Dim str2 As String   '声明可变长字符串变量 str2

Dim str3 As String * 10   '声明定长字符串变量 str3,最多可存放 10 个字符

对定长字符变量,字符数多时,超过数量的字符会丢失;字符数少时,系统自动在字符串末尾添加空格。

注意:在 Visual Basic 中,一个汉字与一个西文字符一样都算作一个字符,占两个字节。因此,上述定义的 str3 变量,可存放 10 个西文字符或 10 个汉字。

④ 在 Visual Basic 中,不同类型的变量有不同的默认初值,如表 5-2 所示。其中,变体型变量的初值为 Empty,表示未确定数据,变量将根据参与的运算不同,自动取相应类型的默认初值进行运算。

表 5-2　变量的默认初值

变量类型	默认初值
数值型	0
String	""（空）
Boolean	False
Date	0/0/0
Variant	Empty

（2）变量的隐式声明

所谓隐式声明是指一个变量未被声明而被直接使用。所有隐式声明的变量都是 Variant 类型的。这在 Visual Basic 中是允许的,但不提倡使用。例如,

Dim number As Integer，sum As Single

number＝1

sum＝sum＋numbe　　　　　　　′numbe 是未声明的变量，默认初值为 0

该例中变量名拼写错误，运行时不会产生错误提示信息。当程序运行到 "sum＝sum＋numbe" 语句时，遇到新变量 numbe，系统认为它是隐式声明，初始化为 0，运行结束 sum 的值是 0。

（3）强制显示声明

为避免出现类似错误，初学者应遵循 "变量先定义后使用" 的原则，可通过相关设置，使未定义的变量不能使用，强制显式声明所有变量。具体方法如下：

① 选择菜单 "工具"→"选项"，然后在 "编辑器" 选项卡中选择 "代码设置"→"要求变量声明" 选项即可。

② 直接在代码窗的通用声明段录入 "Option Explicit" 语句。

这样，当遇到未声明便使用的变量时，Visual Basic 就会发出报告 "Variable not define"。

例 5.1　常量和变量的使用。

```
Private Sub Command1_Click()
    Const PI＝3.14
    Dim a As Integer，b As Integer，s As Single
    b＝4.5
    s＝PI * b * b
    Print "a＝";a
    Print "b＝";b
    Print "s＝";s
End Sub
```

程序输出结果是：

　　a＝0

　　b＝4

　　s＝50.24

a 和 b 是整型变量，s 是单精度型变量，PI 是符号常量，变量和常量可以通过运算符组合为一个表达式，来对一个变量赋值。根据表 5-2，a 取整型，默认值 0。

5.3　运 算 符 和 表 达 式

运算是对数据进行加工处理的过程，描述各种不同运算的符号称为运算符，而参与运算的数据就称为操作数。用运算符将操作数连接起来就构成了表达式。表达式用于表示某个求值规则,必须符合 Visual Basic 的语法规则。

5.3.1 算术运算符与算术表达式

算术运算符是常用的运算符,用于执行算术运算。把常量、变量等用算术运算符连接起来的式子称为"算术表达式"。优先级表示当表达式中含有多个运算符时的执行顺序。表 5-3 按优先级从高到低列出了常用算术运算符。

表 5-3 **Visual Basic 算术运算符**

运算符	功能	优先级	表达式实例	实例说明
^	乘方	1	a^n	表示 a 的 n 次方,如 3^2＝9
—	取负	2	—a	表示将 a 的值取负
*	乘法	3	a * b	表示 a 和 b 相乘,如 3 * 2＝6
/	除	3	a/b	表示浮点除法,如 3/2＝1.5
\	整除	4	a\b	表示 b 整除 a,如 3\2＝1
Mod	取模	5	a Mod b	表示取除法的余数,如 6 Mod 4 结果为 2
＋	加	6	a+b	表示 a 加 b,如 3+2＝5
—	减	6	a—b	表示 a 减 b,如 3－2＝1

说明:

① 表 5-3 的 8 种运算符中,只有取负"—"是单目运算符,其余都是双目运算符。取负运算符的功能是使正数变为负数,负数变为正数。取负运算符必须放在操作数的左边。

② 取模运算符 Mod 用于求整数相除的余数,若表达式为 13.5 Mod 2.6,则首先取整得到 13 和 2 再取模,结果为 1。

③ 算术运算符要求的操作对象是数值型数据,若遇到逻辑型值或数字字符,则自动转换成数值类型后再运算。例如,

9＋False＋″21″   '结果是30,逻辑型常量 True 转换为数值－1,False 转换为数值0

5.3.2 字符串运算符与字符串表达式

字符串表达式由字符串常量、字符串变量、字符串函数和字符串运算符按语法规则组合而成。Visual Basic 中的字符串运算符有两个,即"&"和"＋",其功能都是将两个字符串连接起来生成一个新的字符串,但两者的使用是有区别的。

① "&"是正规的字符串运算符,不论"&"两边的运算对象是否是字符型数据,系统都会先将运算对象转变为字符型数据,然后再进行连接运算。

使用"&"时,注意要在"&"和操作数之间加入一个空格。否则,系统会将"&"看作是长整型数据的类型符。

② "+"号两边的运算对象均是字符型数据时才把"+"号当作字符串连接运算符;如果两边都是数值型数据则按算术加法运算;若一个为数字型字符,另一个是数值型,则自动将数字字符转换为数值,然后进行算术运算;若有一个是非数字字符型,而另一个是数值型则会出错。

例 5.2　验证字符串连接符"&"和"+"的区别。

```
Private Sub Command1_Click()
        Print "计算机"+"程序设计"
        Print "计算机" & "程序设计"
        Print 125.25+0.25
        Print "125.25"+0.25
        Print 125.25 & 0.25
        Print "ABC"+100           '"类型不匹配"错误
        Print "ABC" & 100
End Sub
```

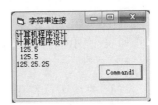

图 5-4　字符串运算符演示

运行上述程序后,结果如图 5-4 所示。

5.3.3　关系运算符与关系表达式

关系运算符是双目运算符,又称为比较运算符,功能是比较两个运算对象的关系,结果一般为逻辑值 True 或 False。关系表达式在程序中常用于对条件进行描述和判断,使用频率很高,Visual Basic 中提供了 8 种关系运算符,见表 5-4。

例如,及格的条件是成绩大于 60 分。若用变量 mark 存放成绩,则及格的条件可用关系运算符描述为:mark>60。

表 5-4　关系运算符

运算符	功能	表达式实例	结果	说明
>	大于	"abc">"c"	False	"a"的 ASCII 值为 97,而"c"为 99
>=	大于等于	9>=(4+7)	False	9<11
<	小于	9<(4+7)	True	9<11
<=	小于等于	"15"<="3"	True	"1"的 ASCII 值为 49,而"3"为 51
=	等于	15=3	False	15 不等于 3
<>	不等于	"abc"<>"Abc"	True	"a"的 ASCII 值为 97,而"A"为 65
Like	字符串匹配	"abcd123ef" Like "*cd*"	True	使用通配符匹配比较
Is	对象引用比较	object1 Is object2		由对象引用的当前值决定

在关系表达式中,操作数可以是数值型、字符型。关系运算规则如下:

① 如果两个操作数是数值型,则按其大小进行比较。

② 如果两个操作数是字符型,则按字符的 ASCII 码值从左到右逐一进行比较,即首先比较两个字符串中的第 1 个字符,ASCII 码值大的字符串为大;如果第 1 个字符相同,则比较第 2 个字符,以此类推,直到出现不同的字符时为止。若两串的前面一部分相等,则串长的大,如"abcd">"ab"。

③ 汉字字符大于西文字符。汉字之间的比较是根据其拼音字母的 ASCII 码值比较大小的,码值大的汉字大,如"男">"女""李">"张"。

④ 关系运算符的优先级相同,运算时从左到右依次进行。

⑤ 在 Visual Basic 6.0 中,所增加的"Like"运算符与通配符"?"、"＊"、"＃"、[字符列表]、[! 字符列表]结合使用,常用于 SQL 语句中进行模糊查询。其中"?"表示任何单一字符;"＊"表示零个或多个字符;"＃"表示任何一个数字(0～9);[字符列表]表示字符列表中的任何单一字符;[! 字符列表]表示不在字符列表中的任何单一字符。

⑥ "Is"关系运算符用于对两个对象引用进行比较,判断两个对象的引用是否相同。

5.3.4 逻辑运算符与逻辑表达式

逻辑运算通常也称为布尔运算,常见的逻辑运算见表 5-5。逻辑表达式是指用逻辑运算符连接若干个关系表达式或逻辑值而组成的式子。逻辑运算要求操作数是逻辑型数据,运算结果也是逻辑型数据,即只能是 True 或 False。

表 5-5　逻辑运算符

运算符	含义	优先级	运算规则	实例	结果
Not	取反	1	当操作数为真时,结果为假;当操作数为假时,结果为真	Not True	False
And	与	2	当两个操作数均为真时,结果才为真,否则为假	4>3 And "女">"男"	False
Or	或	3	两个操作数都为假时,结果才为假,否则为真	4>3 Or "女">"男"	True
Xor	异或	3	在两个操作数不相同,即一真一假时,结果才为真,否则为假	4>3 Xor "女">"男"	True
Eqv	等价	4	两个表达式同时为真或同时为假时,值为真,否则为假	4>3 Eqv "女">"男"	False

逻辑运算符在程序中主要用于连接关系表达式,对用关系运算描述的多个条

件进行连接处理,实现多个条件的判断。

例如,免费乘坐公交车的条件是 70 岁以上的老人和 10 岁以下的儿童。

年龄＞＝70 Or 年龄＜＝10　　　　　　　'两个条件满足一个即可,故用 Or 连接

又如,某单位招聘程序员的条件是年龄小于 35、学历本科、男性。

年龄＜35 And 性别＝"男" And 学历＝"本科"　'三个条件需同时满足,故用 And 连接

注意:逻辑运算两端的操作数也可以是非逻辑(Boolean)类型。系统会自动按"非 0 为真,0 为假"的规则,将非 Boolean 型转化成 Boolean 型。例如,

"a" And "b"　　　　　　'结果为 True,因为字符 a 和 b 的 ASCII 码都是非 0 值

0 And 9　　　　　　　'结果为 False,因为 0 会自动转换成 False,9 会转换成 True

关系运算符的优先级低于算术运算符,高于赋值运算符(＝)。

5.3.5　日期表达式

日期表达式由算术运算符"＋、－"、算术表达式、日期型数据和日期型函数组成。日期型数据是一种特殊的数值型数据,它们之间只能进行加、减运算。

① 两个日期型数据相减,得到的是两个日期相差的天数,是数值。例如,

♯12/7/2011♯ －♯12/5/2011♯　　'结果为 2

♯12/31/2011♯ －♯1/1/2012♯　　'结果为 -1

② 日期型数据加上(或减去)一个数值,结果为日期型。例如,

♯12/7/2011♯ ＋2　　　　　　'结果为♯12/9/2011♯,即 2011 年 12 月 9 日

♯12/7/2011♯ －2　　　　　　'结果为♯12/5/2011♯,即 2011 年 12 月 5 日

5.3.6　表达式的类型转换及执行顺序

1. 表达式的类型转换

在算术运算中,如果参与运算的数据具有不同的数据类型,为防止数据丢失,Visual Basic 规定其运算结果的数据类型以精度较高的数据类型为准(即占字节多的数据类型),即

Integer＜Long＜Single＜Double＜Currency

只是当 Long 型数据与 Single 型数据运算时,计算结果为 Double 型数据。

2. 执行顺序

在 Visual Basic 中,当一个表达式中出现多种不同类型的运算符时,不同类型的运算符之间的优先级如下:

算术运算符＞字符运算符＞关系运算符＞逻辑运算符

优先级相同的,计算顺序为从左到右。括号内的运算优先进行,嵌在最里层括号内的计算最先进行,然后依次由里向外执行。

5.4 Visual Basic 常用内部函数

函数是完成某些特定运算的程序模块,在程序中要使用一个函数时,只要给出函数名和相应的参数,就能得到它的函数值。Visual Basic 中有两类函数:内部函数和用户定义函数。内部函数也称为标准函数,按其功能分为数学函数、转换函数、字符串函数、日期函数和格式输出函数等类型。用户定义函数将在第8章中详细介绍。本节主要介绍一些常用的内部函数。下文用 N 表示数值型数据、C 表示字符型数据、D 表示日期型数据。

5.4.1 数学函数

数学函数主要用于各种数学运算,函数返回值的数据类型为数值型,参数的数据类型也为数值型。

表 5-6　Visual Basic 常用数学函数

函数名	功能	实例	返回值
Rnd[(N)]	产生[0~1]之间的随机数	Rnd	[0~1)之间的数
Sin(N)	求 N 的正弦值	Sin(0)	0
Cos(N)	求 N 的余弦值	Cos(0)	1
Tan(N)	求 N 的正切值	Tan(45 * 3.14/180)	1
Atn(N)	求 N 的反正切值	Atn(1)	0.785398
Sqr(N)	求 N 的平方根	Sqr(2)	1.414214
Abs(N)	求 N 的绝对值	Abs(−100)	100
Sgn(N)	求 N 的符号	Sgn(−100)	−1
Exp(N)	求 e^x 的值	Exp(2)	7.389056
Log(N)	求 N 的自然对数值	Log(7.389056)	2
Fix(N)	固定取整(去掉小数部分)	Fix(−8.96)	−8
Int(N)	最大的不超过 N 的整数	Int(10.8) Int(−10.8)	10 −11
Round(N)	四舍五入取整	Round(10.8) Round(−10.8)	11 −11

说明:

① 随机函数 Rnd 的功能是返回一个 0~1(不包括1)之间的单精度随机数。每调用一次就产生一个[0~1)的单精度随机数。默认情况下,每次运行一个程

序,Rnd 都产生相同序列的随机数。要产生不同序列的随机数,可在调用 Rnd 之前,先使用无参数的 Randomize 语句初始化随机数生成器,形式如下:

Randomize

随机函数的使用技巧:

a. 产生一个从 n 到 m 之间的随机整数(m＞n,包括 m 和 n)的表达式为:

Int(Rnd * (m－n+1))+n

例如,要产生 100～350 之间的任一整数可表达为:

Round(Rnd * (350－100)+100)　或 Int(Rnd * (350－100+1)+100)

b. 产生随机英文字符:英文字符 A 的 ASCII 码为 65。26 个大写字母的 ASCII 码值范围是 65～90,因此可以先用 Rnd 函数产生一个 65～90 之间的随机整数,然后将该随机整数视为 ASCII 码,通过 Chr 函数将其转换成对应的字符,其实现语句为:

N＝Int(Rnd * 26)+65

L＝Chr(N)

以上语句执行一次可以产生一个随机英文字母,执行多次(借助循环控制语句),就可以产生随机英文字母序列了。

② 三角函数 Sin、Cos、Tan 的参数是以弧度为单位。度与弧度的换算公式为:

1 度＝3.141592/180(弧度)

③ Atn 的参数是正切值,返回值是以弧度为单位的正切值。

Tan(45 * 3.141592/180)＝1

Atn(1)＝0.785398(弧度)＝45(度)

④ 符号函数 Sgn 的返回值有三种:

当 N＝0 时,Sgn(N)＝0;

当 N＞0 时,Sgn(N)＝1;

当 N＜0 时,Sgn(N)＝－1。

5.4.2　字符串函数

字符串函数可以实现对字符串进行取子串和求串长等运算。Visual Basic 提供大量的字符串函数,给字符类型数据的处理带来了极大的方便。常用字符串函数见表 5-7。

表 5-7　字符串函数

函数名	说明	实例	结果
Len(C)	字符串 C 长度	Len(″HELLO 你好″)	7
LenB(C)	字符串 C 所占的字节数	LenB(″HELLO 你好″)	14
Left(C,N)	取出字符串 C 左边 N 个字符	Left(″ABCDEFG″,3)	″ABC″
Right(C,N)	取出字符串 C 右边 N 个字符	Right(″ABCDEFG″,3)	″EFG″
Mid(C,N1[,N2])	取字符子串,在 C 中从第 N1 位开始向右取 N2 个字符,缺省 N2 到结束	Mid(″ABCDEFG″,2,3)	″BCD″
InStr([N1,]C1, C2[,M])	在 C1 中从 N1 开始找 C2,省略 N1 从头开始找,返回值为 C1 在 C2 中的位置,若找不到为 0	InStr(2,″EFABCDEFG″,″EF″)	7
Replace(C,C1,C2[, N1][,N2][,M])	在字符串 C 中从 N1 开始用 C2 替换 C1,替代 N2 次	Replace(″ABCDABCD″, ″AB″,″9″)	″9CD9CD″
Ltrim(C)	去掉字符串 C 左边空格	Ltrim(″□□□ABCD″)	″ABCD″
Rtrim(C)	去掉字符串 C 右边空格	Rtrim(″ABC□□″)	″ABC″
Trim(C)	去掉字符串两边的空格	Trim(″□□ABC□□□□″)	″ABC″
Join(A[,D])	将数组 A 各元素按 D(或空格)分隔符连接成字符串	A=array(″123″,″abc″,″d″) Join(A,″″)	″123abcd″
Split(C[,D])	将字符串 C 按分隔符 D(或空格)分隔成字符数组,与 Join 作用相反	S=Split(″123、你、abc″,″、″)	S(0)=″123″ S(1)=″你″ S(2)=″abc″
Space(N)	产生 N 个空格的字符串	Space(2)	″□□″
String(N,C)	返回由 C 中首字符组成的长度为 N 的字符串	String(3,″hill″)	″hhh″
StrReverse(C)	将字符串反序	StrReverse(″ABCDE″)	″EDCBA″

说明:

① 函数的自变量中有 M,用于表示是否要区分大小写。M=0 区分,M=1 不区分,省略 M 为区分大小写。

② Visual Basic 采用 Unicode 来存储和操作字符串,即用两个字节表示一个字符。在 VB 中,一个西文字母、一个汉字都是一个字。例如,Len("123we 喜欢 VB")的值是 9,而不是 11。

③ Visual Basic 提供了另一个测试字符串所占字节的函数 LenB,它的值代表字符串的字节数,如 LenB("123we 喜欢 VB")的值是 18。

5.4.3　日期和时间函数

Visual Basic 的常用日期函数见表 5-8。

表 5-8　日期函数

函数名	说明	实例	结果
Date	返回系统日期	Date()	2012/1/1
Time	返回系统时间	Time	11:26:53 AM
Now	返回系统日期和时间	Now	2012/1/1 11:26:53 AM
Day(C|D)	返回日期代号(1~31)	Day("97,05,01")	1
Hour(C|D)	返回小时(0~24)	Hour(#1:12:56PM#)	13
Minute(C|D)	返回分钟(0~59)	Minute(#1:12:56PM#)	12
Month(C|D)	返回月份代号(1~12)	Month("97,05,01")	5
MonthName(N)	返回月份名	MonthName(1)	一月
Second(C|D)	返回秒(0~59)	Second(#1:12:56PM#)	56
WeekDay(C|D)	返回星期代号(1~7),星期日为1,星期一为2……	WeekDay("2012,6,1")	6
WeekDayName(N)	将星期代号(1~7)转换为星期名称,1为星期日,2为星期一……	WeekDayName(5)	星期四
Year(C|D)	返回年代号	Year(Now)	2012
DateAdd(日期形式,增减量,要增减的日期)	对要增减的日期变量按日期形式(见表5-8)做增减	DateAdd("ww",2,#2/14/2000#)	#2/28/2000#
DateDiff(日期形式,日期1,日期2)	返回两个指定的日期按日期形式相差的日期	DateDiff("d",Now, ,#2/14/2012#)	44

说明：日期函数中自变量"C\|D"表示可以是字符串表达式,也可以是日期表达式。

表 5-9　日期形式及意义

日期形式	yyyy	q	m	y	d	W	ww	H	n	s
意义	年	季	月	一年的天数	日	一周的日数	星期	时	分	秒

5.4.4　数据类型转换函数

该函数用于进行数据的类型或表示形式的转换,以便进行数据运算或加工处理。常见的转换函数见表 5-10。

表 5-10   常用转换函数

函数名	功能	实例	结果
Asc(C)	字符串的首字符转换成 ASCII 码值	Asc("A")	65
Chr(N)	ASCII 码值转换成字符	Chr(65)	"A"
Lcase(C)	大写字母转换成小写字母	Lcase("ABC")	"abc"
Ucase(C)	小写字母转为大写字母	Ucase("abc")	"ABC"
Hex(N)	十进制转换成十六进制	Hex(100)	64
Oct(N)	十进制转换成八进制	Oct(100)	144
Str(N)	数值转换为字符串	Str (123.4)	"123.4"
Val(C)	数字字符串转换为数值	Val("123ab")	123

说明:

① Chr 与 Asc 互为反函数,即 Chr(Asc(c))、Asc(Chr(n))的结果为原来自变量的值。

② Str 函数将非负数值转换为字符串后,会在转换后的字符串前面添加空格即数值的符号位。例如,str(498)的结果是" 498",而不是"498"。

③ Val 函数将数字字符串转换为数值类型,当字符串中出现数值类型规定的字符外的字符,则停止转换,函数返回的是停止转换前的结果。例如,表达式 Val("−123.4abc123")的结果是−123.4。表达式 Val("−123.4E2")结果为−12340,E 为指数符号。

④ Visual Basic 中还有其他类型转换函数,如 Cint、Cdate、Cstr 等,请读者查阅相关帮助文档。

5.4.5 格式输出函数

格式输出函数 Format()可以使数值、日期或字符串按指定的格式输出,返回值是字符类型。格式输出函数一般用于 Print 方法中。形式如下:

Format(表达式[,格式字符串])

其中:

表达式:要格式化的数值、日期或字符串类型表达式。

格式字符串:表示按其指定的格式输出表达式的值。格式字符串有三类:数值格式、日期格式和字符串格式。

注意:格式字符串要加引号。

1.数值格式化

数值格式化是将数值表达式的值按"格式字符串"指定的格式输出,详见表 5-11。

表 5-11　常用数值格式符及实例

符号	作用	数值表达式	格式字符串	显示结果
♯	用♯占一个数位,小数位超出规定位数按四舍五入截取	123.456	"♯♯.♯" "♯♯♯♯.♯♯♯♯"	123.5 123.456
0	用0占一个位数,实际数位不足时补0,整数位超出不限,小数位超出规定时处理同♯	123.456	"00.0" "0000.0000"	123.5 0123.4560
.	加小数点	1234	"0000.00"	1234.00
,	千分位	123456.7	"♯♯,♯♯0.00"	123,456.70
%	数据乘100加%后缀	1.23456	"♯♯♯.00%"	123.46%
$	加美元符前缀	123.456	"$ ♯.♯♯"	$123.46
+	加"+"号前缀	123.456	"+♯.♯♯"	+123.46
—	加"—"号前缀	123.456	"—♯.♯♯"	—123.46
E+	用指数表示	0.1234	"0.00E+00"	1.23E—01
E—	用指数表示	1234.567	".00E—00"	.12E04

说明:对于符号"0"或"♯",相同之处是:若要显示数值表达式的整数部分位数多于格式字符串的位数,则按实际数值显示;若小数部分的位数多于格式字符串的位数,则按四舍五入显示。不同之处是"0"按其规定的位数显示,"♯"对于整数前的0或小数后的0不显示。

2.日期时间格式化

日期和时间格式化是将日期类型表达式的值或数值表达式的值按"格式字符串"指定的格式输出,详见表 5-12。

表 5-12　常用日期格式符及实例

格式符	作用	数据项	格式参数	格式化显示
d	用 1~31 显示	♯9/8/2011♯	"d"	8
dd	用 01~31 显示	♯9/8/2011♯	"dd"	08
ddd	显示星期英文缩写	♯9/8/2011♯	"ddd"	thur
dddd	显示星期英文全称	♯9/8/2011♯	"dddd"	thursday
m	用 1~12 显示	♯9/8/2011♯	"m"	9
mm	用 01~12 显示	♯9/8/2011♯	"mm"	09
mmm	显示引文缩写月份	♯9/8/2011♯	"mmm"	sep
mmmm	显示引文全称月份	♯9/8/2011♯	"mmmm"	september
yy	用 2 数据位显示	♯9/8/2011♯	"yy"	11
yyyy	用 4 数据位显示	♯9/8/2011♯	"yyyy"	2011
h	用 1~24 显示	♯15:9:2♯	"h"	15
hh	用 01~12 显示	♯3:9:2♯	"hh"	03
m	用 0~59 显示	♯15:9:2♯	"m"	9
mm	用 00~59 显示	♯15:9:2♯	"mm"	09
s	用 0~59 显示	♯15:9:2♯	"s"	2
ss	用 00~59 显示	♯15:9:2♯	"ss"	02
AM/PM(am/pm)	午前 AM(am) 午后 PM(pm)	♯15:9:2♯	"AM/PM" "(am/pm)"	PM pm
A/P(a/p)	午前用 A(a) 午后用 P(p)	♯15:9:2♯	"A/P" "(a/p)"	P p

说明:时间分钟的格式说明符 m、mm 与月份的说明符相同,区分的方法是:跟在 h、hh 后的为分钟,否则为月份。

例 5.3 下面是 Format 函数的示例,运行结果如图 5-5 所示。

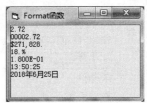

图 5-5   运行结果

```
Private Sub Form_Click()
    Print Format(2.71828, "#####.##")
    Print Format(2.71828, "00000.00")
    Print Format(271828, "$ ##,###,###.##")
    Print Format(0.18, "###.##%")
    Print Format(0.18, "0.000E+00")
    Print Format(Time, "ttttt")        "ttttt"显示完整时间(默认格式为 hh:mm:ss)
    Print Format(Date, "dddddd")       "dddddd"显示完整长日期(yyyy 年 m 月 d 日)
End Sub
```

5.4.6   颜色函数

1. RGB 函数

RGB 函数是最常用的一个颜色函数,语法格式为:

RGB(red, green, blue)

RGB 采用红、绿、蓝三原色原理,返回一个长型整数,用于表示一个 RGB 值。其中,red、green、blue 分别表示颜色的红色成分、绿色成分、蓝色成分,取值的范围都是 0~255。表 5-13 列出了一些常见的标准颜色,以及这些颜色的红、绿、蓝三原色成分值。

表 5-13   常见的标准颜色 RGB 值

颜色	红色值	绿色值	蓝色值	颜色	红色值	绿色值	蓝色值
黑色	0	0	0	红色	255	0	0
蓝色	0	0	255	洋红色	255	0	255
绿色	0	255	0	黄色	255	255	0
青色	0	255	255	白色	255	255	255

2. QBColor 函数

QBColor 函数返回一个用于表示所对应颜色值的 RGB 颜色码,其语法格式为:

QBColor(color)

其中 color 参数是一个介于 0~15 的整型数,见表 5-14。

表 5-14　color 参数的设置表

值	颜色	值	颜色	值	颜色	值	颜色
0	黑色	4	红色	8	灰色	12	亮红色
1	蓝色	5	洋红色	9	亮蓝色	13	亮洋红色
2	绿色	6	黄色	10	亮绿色	14	亮黄色
3	青色	7	白色	11	亮青色	15	亮白色

5.4.7　其他函数

Visual Basic 的内部函数十分丰富,常见的还有如下一些函数:

1. TypeName()

TypeName(参数)是数据类型测试函数。

其参数可以是变量、常量和表达式等,返回值是参数的数据类型名。例如,

X="医学院"

Print TypeName(x)　　　　　　　'返回值为 String

2. IsNumeric()

IsNumeric(参数)是数字字符测试函数。

其参数通常为字符型变量,当参数为数字字符时,其返回逻辑值为 True;当参数为字母字符或其他字符时,其返回值为 False。它常用于判断文本框从键盘接受的是否是数字字符。

3. IsEmpty()

IsEmpty(变量)判断变量是否已被初始化。若已初始化,返回逻辑值 False,否则返回 True。

4. Shell()

图 5-6　计算器界面

Shell(命令字符串[,窗口类型])调用能在 Windows 下运行的可执行程序。该函数是一个动作函数,可用它启动运行后缀为.exe、.com、.bat 的程序,而不论这些程序是否是用 Visual Basic 语言编写的。要求参数中给出要运行程序的全称(路径+文件名+后缀),但如果是操作系统的自带软件(安装系统时自行安装的软件,如附件中的软件),则可省略路径。常用调用形式如下:

Shell("calc.exe")　　　　　　　'calc.exe 附件中的计算器可省略路径

代码运行界面见图 5-6。

5.5 程序设计中的基本语句

一个完整的计算机程序通常包含三个部分:输入、处理和输出。把要加工的数据通过某种方式输入到计算机的存储器中,经过处理、运算后得出结果,再通过输出语句把结果输出到指定设备,如显示器、打印机或磁盘等。在 Visual Basic 中可以通过对文本框或标签赋值、InputBox 函数、MsgBox 函数和 Print 方法等实现数据的输入或输出。在程序设计中,赋值语句、输入语句和输出语句均是最基本的语句。

5.5.1 赋值语句

赋值语句是程序设计中最基本、最常用的语句。用赋值语句可以将指定的值赋给某个变量或对象的某个属性。

1.赋值语句的形式

赋值语句的一般形式为:

    变量名＝表达式

或

    对象名.属性＝表达式

赋值语句的作用是先计算右边表达式的值,然后将值赋给(存放到)左边的变量。例如,

a＝2   '把数值2赋值给变量 a

Label1.Caption＝"VB 程序"   '把"VB程序"字符串赋值给 Label1 的 Caption 属性

                         '即在标签上显示该字符串

说明:

① 在赋值语句中,"＝"不是等号,而是一个表示"保存"的符号,含义是将"＝"号右端的运算结果存放在"＝"左端变量名指向的计算机内存单元中,所以,"＝"也称为赋值号。

② 赋值号左边只能是变量,不能是常量、常数符号或表达式。下面均为错误的赋值语句:

9＝x＋y   '左边是常量

x＋y＝9   '左边是表达式

Int(x)＝9   '左边是函数,即表达式

③ 赋值语句中的"表达式"可以是算术表达式、字符串表达式和关系表达式。注意,赋值号两边的数据类型必须一致,否则可能会出现"类型不匹配"的错误。

④ 当把逻辑型值赋值给数值型变量时,True 转换为 -1,False 转换为 0;反之,当把数值赋给逻辑型变量时,非 0 转换为 True,0 转换为 False。

⑤ 不能在一条赋值语句中,同时给多个变量赋值。

如要将 x、y、z 三个变量赋值为 1,如下书写语法上没错,但结果不正确。

```
Dim x%,y%,z%              '执行完该语句后 x、y、z 的值是 0
x=y=z=1
```

Visual Basic 在编译时,将右边两个"="作为关系运算符处理,最左边的一个"="作为赋值运算处理。执行该语句时,先进行"y=z"比较,结果为 True(-1),接着进行"True=1"比较,结果为 False(0),最后将 False 赋值给 x。因此,最后三个变量的值还是 0。

为上述三个变量赋值的正确方法是用三条赋值语句分别完成:

$$x=1:y=1:z=1$$

⑥ 赋值号与关系运算符"=",虽然所用符号相同,但 Visual Basic 系统不会产生混淆,会根据所处的位置自动判断是何种意义的符号。系统判断规则是:在条件表达式中出现的是等号,否则是赋值号。

⑦ 赋值语句的常用形式如 sum=sum+1,表示累加。取 sum 变量中的值加 1 后再赋值给 sum,如 sum 值为 2,执行 sum=sum+1 后,sum 的值为 3。

2. 赋值号两边类型不同时的处理

① 当表达式为数值型,但与左边变量精度不同时,强制转换成左边变量的精度。例如,

```
n%=2.3              'n 为整型变量,转换时四舍五入,n 的结果为 2
```

② 当表达式是数字字符串,左边变量是数值类型,自动转换成数值类型再赋值,但当表达式有非数字字符串或空串时,则出错。例如,

```
n%="2.3"            'n 中的结果是 2
n%="2a3"            '出现"类型不匹配"错误
n%=""              '出现"类型不匹配"错误
```

5.5.2　数据的输入和输出

对于一个完美的计算机程序,其执行过程不能单纯地用 Print 方法输出数据,还要通过交互的方式了解用户的需求。在实际应用中,如果出现频繁的人机交互,应使用输入对话框函数 InputBox() 和输出对话框函数 MsgBox()。

1. 数据的输入

在 Visual Basic 中,数据输入的方式主要有两种:一种是使用文本框这样具有输入功能的控件,另一种方式是使用 InputBox() 函数。当执行 InputBox() 函数

时,会直接弹出一个如图5-7所示的对话框,该对话框包含一个文本框,当用户输入文本或按下按钮时,返回包含文本框内容的字符串。使用对话框一次只能输入一个数据,函数形式如下:

InputBox(prompt[,title][,default][,xpos][,ypos])

其中参数说明见表5-15。

表5-15　Inputbox 函数的参数说明

参数名称	功能说明
prompt	信息内容,该项不能省略,是字符串表达式,在对话框中作为信息显示。若要在多行显示,必须在每行行末加回车 Chr(13)和换行控制符 Chr(10),或直接使用 Visual Basic 内部常数:vbCrLf
title	标题:字符串表达式,在对话框的标题区显示。若省略,则把应用程序名放入标题栏中
default	默认值:字符串表达式,当输入对话框中无输入时,该默认值自动作为输入的内容
xpos	x 坐标位置,整型表达式,确定对话框左边与屏幕左边的水平距离。若省略,对话框会在水平方向居中
ypos	y 坐标位置,指导对话框的上边与屏幕上边的距离。若省略,对话框会放置在屏幕垂直方向距下边大约三分之一的位置

注意:各项参数次序必须一一对应,除了"prompt"项不能省略外,其余各项均可省略,如果指定了后面的参数而省略了前面的参数,则必须保留中间的逗号。例如,

s＝InputBox("请输入学历",,"本科")　　　'标题省略,默认值为本科

例5.4　利用 InputBox 函数,编写一个输入学生姓名的对话框,输入完成后,把输入的学生姓名打印在窗体上。

```
Private Sub Form_Click()
    Dim sName As String            'sName 是自定义的一个字符串变量
    sName＝InputBox("请输入学生姓名","InputBox 例子","张三")
                                   '"张三"是默认值
    Print sName                    '在窗体上显示输入的学生姓名
End Sub
```

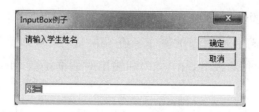

图 5-7　InputBox 对话框

2. 输出函数——MsgBox

MsgBox 用于在程序运行过程中显示一些提示性的消息,或要求用户对某个问题做出"是"或"否"的判断。MsgBox 的使用方法有两种:语句方式和函数方式。

① MsgBox 函数方式

MsgBox 函数的功能是,产生一个如图 5-8 所示的对话框,在对话框中显示提示消息、图标和命令按钮。当用户单击按钮时,返回一个相应的按钮值,告诉系统单击哪一个按钮,后续的代码根据返回值继续进行。

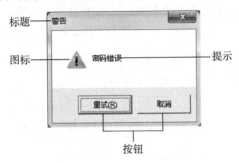

图 5-8　MsgBox 对话框

此函数用法如下:

变量[%]＝MsgBox(prompt[,buttons][,title])

其中相关参数见表 5-16 和表 5-17。

表 5-16　MsgBox 函数的参数说明

参数名称	功能说明
prompt	信息内容,该项不能省略,是字符串表达式,作为显示在对话框中的消息。若消息的内容超过一行,则可在每行行末加回车 Chr(13) 和换行控制符 Chr(10),或直接使用 Visual Basic 内部常数:vbCrLf
buttons	可省略,数值表达式,指定显示按钮的数目及形式、使用的图标样式、默认按钮是什么、消息框的强制回应等。若省略,则取默认值 0,只显示确定按钮
title	标题:字符串表达式,在对话框的标题区显示。若省略,则把应用程序名放入标题栏中

表 5-17　按钮设置值及含义

分组	内部常数	按钮值	功能说明
按钮数目	VbOKOnly	0	只显示"确定"按钮
	VbOKCancel	1	显示"确定""取消"按钮
	VbAbortRetryIgnore	2	显示"终止""重试""忽略"按钮
	VbYesNoCancel	3	显示"是""否""取消"按钮
	VbYesNo	4	显示"是""否"按钮
	VbRertyCancel	5	显示"重试""取消"按钮

续表

分组	内部常数	按钮值	功能说明
图标类型	VbCritical	16	显示严重错误图标
	VbQuestion	32	显示询问信息图标
	VbExclamation	48	显示警告信息图标
	VbInformation	64	信息图标
默认按钮	VbDefaultButton1	0	第1个按钮为默认
	VbDefaultButton2	256	第2个按钮为默认
	VbDefaultButton3	512	第3个按钮为默认

以上按钮的三组方式可以组合使用(可以用内部常数形式或按钮值形式表示)。要得到图 5-8 所示的界面,语句为 s＝MsgBox("密码错误", 5＋vbExclamation, "警告")。其中"按钮"设置可以为 5＋48、53、VbRertyCancel＋48 等,效果相同。

MsgBox 函数返回值记录了用户在消息框中选择了哪一个按钮,函数值的具体含义见表 5-18。

表 5-18　MsgBox 函数返回值及含义

返回值	内部常数	说明
1	vbOK	用户单击了"确定"(OK)按钮
2	vbCancel	用户单击了"取消"(Cancel)按钮
3	vbAbort	用户单击了"终止"(Abort)按钮
4	vbRetry	用户单击了"重试"(Retry)按钮
5	vbIgnore	用户单击了"忽略"(Ignore)按钮
6	vbYes	用户单击了"是"(Yes)按钮
7	vbNo	用户单击了"否"(No)按钮

② MsgBox 语句

MsgBox 语句与函数中参数的使用方法基本相同,唯一不同的是函数出现在表达式中,一定有返回值,以确定程序的后续方向。而使用语句,则不需要返回数值,它只是让程序的运行暂时停止。对于函数体,必须使用括号,表示一个完整的函数过程。而对于语句,则要求不使用括号,仅表示一个动作。

例 5.5　利用 MsgBox 函数,制作一个 100 以内的加法器,并给出每道题的评语。结果如图 5-9 所示。

```
Private Sub Command1_Click()            '使用随机函数出题
    Dim a As Integer，b As Integer
    Randomize
    a＝Int(Rnd * 100)＋1
    b＝Int(Rnd * 100)＋1
    Text1. Text＝a
```

```
        Text2. Text＝b
        Text3. Text＝""
        Text3. SetFocus
End Sub
Private Sub Command2_Click()                    '判断结果
        Dim c As Integer，s As String
        c＝Val(Text1. Text)＋Val(Text2. Text)
        s＝IIf(c＝Frim(Val(Text3. Text))，"恭喜，答对了"，"遗憾，答错了")
        MsgBox "本次答题的结果是："& vbCrLf & s，1＋64＋0＋0，"判断结果"
End Sub
```

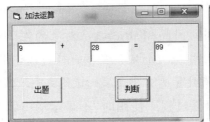

图 5-9　计算并判断计算结果

3. 输出——Print 方法

Print 方法可以在窗体、图片框或打印机等对象中输出文本字符串或表达式的值，其形式如下：

[object.]Print[outputlist][spc(n)|tab(n)][;|,]

其中，相关参数见表 5-19 和表 5-20。

表 5-19　print 方法的语法对象限定符

对象	功能描述
object	对象：可以是窗体、图片框或打印机。如果省略了对象，则在窗体上直接输出
outputlist	表达式列表：是一个或多个表达式，可以是数值表达式或字符串。对于数值表达式，将输出表达式的值；对于字符串，则原样输出。如省略表达式列表，则输出一空行

表 5-20　print 方法定位符

参数	功能说明
Spc(n)	定位函数；Spc(n)用于在输出时插入 n 个空格
Tab(n)	Tab(n)定位于从对象最左端算起的第 n 列
;|,	分隔符，用于输出各项之间的分隔，有逗号和分号表示输出后光标的定位。分号(;)表示光标定位在上一个显示的字符后。逗号(,)表示光标定位在下一个打印区(每个 14 列)的开始位置处。输出列表最后没有分隔符，表示输出后换行

说明：若无定位函数，则由对象的当前位置(CurrentX 和 CurrentY 属性)来决定。

例 5.6 使用 Print 方法,在窗体上输出如图 5-10 所示的图形。

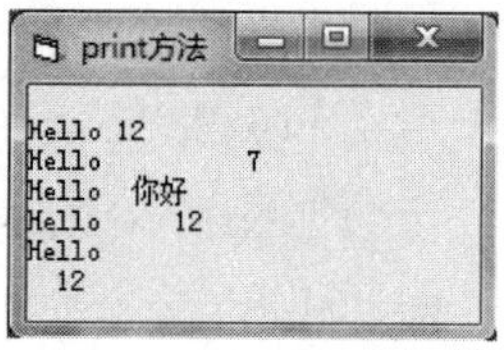

```
Private Sub Form_Click()
    Print
    Print "Hello"；12
    Print "Hello",3+4
    Print "Hello"；Spc(2)；"你好"
    Print "Hello"；Tab(10)；12
    Print "Hello"；Tab(2)；12
End Sub
```

图 5-10 运行界面

注意：

① Spc 函数表示两个输出项之间的间隔；Tab 函数从对象的左端开始计数,当 Tab(i)中 i 的值小于当前位置的值时,则重新定位在下一行的第 i 列。

② Print 方法不但有输出功能,还有计算功能,也就是对表达式先计算后输出。

一般 Print 方法在 Form_Load 事件过程中使用时,不显示输出数据,原因是窗体的 AutoRedraw 属性默认为 False。若在窗体设计时在属性窗口将 AutoRedraw 属性设置为 True,则其输出内容可显示在窗体上。

5.6 Visual Basic 程序书写规则

任何程序设计语言都有自己的语法格式和编码规则。Visual Basic 和其他程序设计语言一样,编写代码也有一定的书写规则,其主要规则如下：

1. 多条语句写在同一行上

一般情况下,书写程序时最好一行写一条语句。但有时也可以使用复合语句行,就是把几条语句写在一行中,语句之间用冒号":"隔开。例如,

a=2；b=3；c=a+b

2. 语句续行

当一条语句太长,可用续行符"_"(一个空格紧跟一条下划线,注意空格不能省略)将语句分为多行。

3. 语句注释

通过注释给程序语句作出解释,能提高程序的可读性。注释可以 Rem 开头,但一般用撇号"'"引导注释内容。用撇号引导的注释可以直接出现在语句后面。

程序运行时,注释内容不被执行,故单撇号"'"或 Rem 关键字的另一个用途是将有问题的语句从程序中隔离出来,便于进行调试。

另外也可以使用"编辑"工具栏的"设置注释块""解除注释块"按钮,使选中的若干行语句(或文字)成为注释或取消注释。

4. 不区分字母大小写

程序中不区分字母的大小写,Ab 与 AB 等效。

5. 代码自动转换

为了提高程序的可读性,Visual Basic 对用户程序代码进行自动转换。

① 对于程序中的关键字,首字母总被转换成大写。若关键字由多个英文单词组成,它会将每个单词首字母转换成大写。

② 对于用户自定义的变量、过程名,Visual Basic 以第一次定义的为准,以后输入的自动向首次定义的转换。

6. 输入时属性、方法提示

若对象名拼写正确,在其后输入"."时会出现属性及方法列表提示,用户可以根据提示从中选择。这样一方面可以避免输入错误,另一方面可以加快代码输入的速度。

习　题　5

一、基本概念题

1. 说明下列哪些是 Visual Basic 合法的变量名?

1_x	x_1	x—1	xl	1x
A123	a12_3	123_a	a,123	a 123	Integer
XYZ	False	Sin(x)	变量名	sinx	π

2. 下列数据中哪些是变量,哪些是常量,是什么类型的常量?

Name　　　　"name"　　False　　"11/16/99"　　"120"　　n

$\sharp$11/21/2011$\sharp$　　6e—5　　123　　PI　　"正确"　　8!

3. 下列符号中,哪些是 Visual Basic 中合法的常量?

1/2	'abcd'	1.2 * 5	false	π
&O78	&H123	True	—1123!	345.54$\sharp$
VB258	Sgn	88Ai	A\B	取消

4. 把下列数学表达式写成 Visual Basic 表达式。

(1) $x+y+z^5$　　　　(2) $(1+xy)^6$　　　　(3) $\dfrac{10x+\sqrt{3y}}{xy}$

(4) $\dfrac{-b+\sqrt{b^2-4ac}}{2a}$　　(5) $\dfrac{1}{\dfrac{1}{r_1}+\dfrac{1}{r_2}+\dfrac{1}{r_3}}$　　(6) $\sin45°+\dfrac{e^{10}+\ln10}{\sqrt{x+y+1}}$

5.写出下列表达式的值。

(1) 123+23Mod10\7+Asc("A")

(2) Int(68.555 * 100+0.4)/100

(3) "ZXY" & 123 & "abc"

(4) True Xor Not 10

(5) 8=6 And 8<6

(6) ♯5/5/2004♯ 一5

(7) "Sum"& 2001

(8) "BG"+"147"

6.写出下列函数的值。

(1) Left("Hello VB! ",3)

(2) Fix(一3.14159)

(3) Sqr(Sqr(81))

(4) Len("Visual Basic 程序设计")

(5) Int(Abs(99一100)/2)

(6) Sgn(7 * 3+2)

(7) LCase("Hello VB! ")

(8) Mid("Hello VB! ",4,3)

(9) Ltrim(" 6982")

(10) Str(一459.55)

(11) Month(♯5/4/2004♯)

(12) String(3, "Good")

(13) InStr(2, "asdfasdf", "as")

(14) Chr("76")

7.写出能产生下列随机数的表达式。

(1) 产生一个在区间[0,20)内的随机数

(2) 产生一个在区间[40,65]上的随机整数

(3) 产生一个两位的随机整数

(4) 产生 C~K 内的随机字母

二、选择题

1.已知 A="987654",表达式 Mid(a,2,3)+123 的值是_____。

  A. "123876"   B. 999   C. "876213"   D. 666

2.表达式 a+b+=c+d 是_____。

  A.赋值表达式   B.字符表达式   C.算术表达式   D.关系表达式

3.VB 可以用类型说明符来标识变量的类型,其中标识货币型的是_____。

  A. %   B. ♯   C. @   D. $

4. 下列表达式中,非法的是_____。

　　A. "A+B">"C"　　　B. 0=1　　　C. 110<=120　　D. 1/2=0.5

5. 下列逻辑表达式中,能正确表示条件"x,y 都是奇数"的是_____。

　　A. x mod 2=1 or y mod 2=1　　　　　　B. x mod 2=0 or y mod 2=0

　　C. x mod 2=1 and y mod 2=1　　　　　　D. x mod 2=0 and y mod 2=0.

6. 对于正整数 x,下列表达式不能判断 x 能被 7 整除的是_____。

　　A. x/7=int(x/7)　B. X mod 7=0　　C. X\7=int(x\7) D. x\7=x/7

7. 以下关系表达式,其值为 false 的是_____。

　　A. "ABC">"Abc"　　　　　　　　　B. "the"<>"they"

　　C. "VISUAL"=Ucase("Visual")　　　D. "Integer">"Int"

8. 以下程序段执行后,整型变量 n 的值是_____。

　　y=23:n=y\4

　　A. 3　　　　　　　B. 4　　　　　　　C. 5　　　　　　　D. 6

9. 表达式 a+b=c 是_____。

　　A. 赋值表达式　　B. 字符表达式　　C. 算术表达式　　D. 关系表达式

10. 表达式 Not(a+b=c−d)是_____。

　　A. 逻辑表达式　　B. 字符串表达式　　C. 算术表达式　　D. 关系表达式

11. 如果 x 是一个正实数,对 x 的第 3 位小数四舍五入的表达式是_____。

　　A. 0.01 * Int(x+0.005)　　　　　　B. 0.01 * Int(100 * (x+0.005))

　　C. 0.01 * Int(100 * (x+0.05))　　　D. 0.01 * Int(x+0.05)

12. 下列哪组语句可以将变量 a、b 的值互换_____。

　　A. a=b:b=a　　　　　　　　　　　B. a=a+b:b=a−b:a=a−b

　　C. a=c:c=b:b=a　　　　　　　　　D. a=(a+b)/2:b=(a−b)/2

13. 下列 4 个字符串进行比较,最小的是_____。

　　A. "9977"　　　　　B. "B123"　　　　　C. "Basic"　　　　D. "DATE"

14. 下列逻辑表达式中,其值为 True 的是_____。

　　A. "b">"ABC"　　　　　　　　　B. "THAT">"THE"

　　C. 9>"H"　　　　　　　　　　　D. "A">"a"

15. 语句 Print Format("HELLO","<")的输出结果是_____。

　　A. HELLO　　　B. hello　　　　C. He　　　　　D. he

16. MsgBox()函数的返回值的类型是_____。

　　A. 整数　　　　B. 字符串　　　C. 逻辑值　　　D. 日期

17. 语句 Print "123 * 10"的输出结果是_____。

　　A. "123 * 10"　　B. 123 * 10　　C. 1230　　　　D. 出现错误信息

18. Visual Basic 语句使用的续行符是空格加上_____。

　　A. 冒号　　　　B. 下划线　　　C. 分号　　　　D. 单括号

三、程序阅读题

1. 执行以下程序后,输出的结果是_____。

```
Private Sub Form_Click()
    a="ABCD"
    b="efgh"
    c=LCase(a)
    d=UCase(b)
    Print c+d
End Sub
```

2. 执行以下程序后,输出的结果是_____。

```
Private Sub Form_Click()
    Dim sum As Integer
    sum%=19
    sum=2.23
    Print sum%; sum
End Sub
```

3. 执行以下程序后,程序输出的结果是_____。

```
Private Sub Form_Click()
    x=2: y=4: z=6
    x=y: y=z: z=x
    Print x; y; z
End Sub
```

四、操作题

1. 利用 InputBox() 输入三角形三条边的长度 a、b、c,计算并显示三角形的面积。计算三角形面积的公式为:

$$area = \sqrt{s(s-a)(s-b)(s-c)}, \text{其中 } s = (a+b+c)/2$$

2. 编写一个应用程序,单击 command1 能随机产生一个 3 位正整数,并将其显示在文本框 1 中,单击 command2 将该随机数的逆序显示在文本框 2 中。例如,产生的随机数是 734,该数的倒序是 437,运行界面如图 5-11 所示。

图 5-11　运行界面

Visual Basic 程序控制结构

程序是为解决某一问题而将有关命令按照一定的控制结构组成的命令序列。Visual Basic 融合了面向对象和结构化编程两种思想,开发应用程序分为两步:一是利用可视化编程技术,使用各种控件设计应用程序界面;二是利用结构化程序设计思想编写能够解决问题的代码。结构化程序设计具有三种控制结构:顺序结构、选择结构和循环结构,利用这三种基本控制结构,可以编写出各种复杂的应用程序。

6.1 顺 序 结 构

在介绍顺序结构之前,我们简单介绍一下算法的概念。

图灵奖得主 N. Wirth 有一个著名论断,即"程序＝算法＋数据结构"。从这个式子中我们可以看出算法在程序设计中的重要性。算法是为了解决一个问题而采取的方法和步骤,是程序的灵魂。算法是为帮助程序开发人员阅读、编写程序而设计的一种辅助工具,程序则必须符合某一计算机语言的语法规则。算法的描述主要有自然语言、流程图和伪代码几种形式。下面通过一个简单的例子加以说明。

例 6.1 输入三个数,然后输出其中最大者。

分析:将输入的三个数依次存入变量 A、B、C 中,设变量 MAX 存放其中的最大数。其算法如下:

① 输入变量 A、B、C;

② 比较 A 与 B,将较大的一个放入 MAX 中;

③ 比较 C 与 MAX,将较大的一个放入 MAX 中;

④ 输出 MAX,MAX 即为 A、B、C 中的最大数。

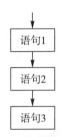

由此可见,在进行程序设计时,我们首先要分析问题的求解步骤,即进行算法分析,确定了算法,再结合具体的数据结构就可以完成程序的设计了。

图 6-1 顺序结构流程图

顺序结构指程序按"从上到下"的顺序依次执行程序中的每一条语句,即按照语句出现的次序执行,其中用到的最典型的语句是赋值语句、输入输出语句以及其他的计算语句。顺序结构的流程图如图 6-1 所示。下面通过一个例子说明顺序结构的特点。

例 6.2 编写程序交换两个变量中的数据。

分析:假设变量是 x 和 y,能否使用 x=y,y=x 两条语句实现两个数的交换? 变量其实是内存中的一个储存单元,一个变量只能存放一个数据,当把新的数据存放到某一变量中(如 x=y),该变量(x)原先存放的数据就被覆盖了(没有了),因此,上面两条语句结束以后,x 和 y 中存放的都是原来 y 的值,并不能实现两个数的交换。

假设有两个杯子,一个杯子有可乐,一个杯子有雪碧,要交换两个杯子里的液体,就需借助第三个杯子。类似地,要交换两个变量中的数据,我们可以引入一个中间变量作为暂存单元来实现,假设变量为 x 和 y,借助中间变量 t 进行交换,如图 6-2 所示。

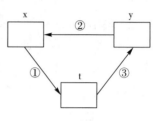

图 6-2　变量交换示意图

程序代码如下:

```
Private Sub Form_Click()
        Dim x,y,t As Integer        'x,y是要交换的两个变量,t是中间变量
        x=10                        '给 x 赋值
        y=20                        '给 y 赋值
        t=x                         '将 x 的值暂存到 t 中,图中①
        x=y                         'x 获得 y 的值,图中②
        y=t                         'y 获得 t 的值(t 中保存的是原来 x 的值),图中③
        Print x;y                   '以分号分割,紧凑格式输出交换后的 x 和 y 值
End Sub
```

思考:能否先用 t 暂存 y 中的数据? 答案是肯定的,读者可自行尝试。

从本例可以看出,程序的执行是自上而下,依次执行的。程序一般由三部分组成,即输入数据、处理数据和输出数据,如图 6-3 所示。

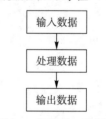

图 6-3　程序的一般组成

6.2　选择结构

计算机要处理的问题往往复杂多变,仅采用顺序结构是不够的。在解决实际问题时常需要对某一条件进行判断,再根据条件的判断结果,选择执行不同的程序段(分支)。选择结构也称分支结构,其特点是根据给定的条件的真与假决定实际执行的操作。在 Visual Basic 中,实现选择结构的语句主要有 If 条件语句和 Select Case 情况语句。下面一一进行介绍。

6.2.1 简单分支结构(单分支)

用 If…Then 结构执行一条或多条语句,可分为单行结构和块结构两种,其语法结构为:

① 单行结构:If <条件表达式> Then 语句序列

② 块结构:If <条件表达式> Then
　　　　　语句序列
　　　End If

条件表达式通常是关系表达式或逻辑表达式,也可以是算术表达式,Visual Basic 将这个算

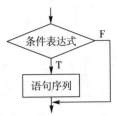

图 6-4 单分支结构流程图

术表达式的值解释为 True 或 False,为零的数值看作 False,非零的数值看作 True。条件为 True 时则执行 Then 后面的语句序列;条件为 False 时,没有指明要执行的语句,直接转到 If 结构的后面继续执行,因此,称为单分支结构。

使用第一种单行结构,所有的语句写在一行,不需要使用 End If。使用第二种块结构,Then 后面需要换行书写要执行的语句序列,语句结束后需要换行以 End If 结尾。图 6-4 为单分支结构流程图。

例 6.3 已知两个数 x 和 y,比较它们的大小,若 x 小于 y,则进行交换。

分析:只需判断 x 是否小于 y,满足条件则进行两个变量的交换,不满足条件则不交换。块结构写法如下:

```
Private Sub Form_Click()
    If x<y Then
        t=x:x=y:y=t                ' 同一行书写多条语句,使用冒号分割
    End If
End Sub
```

单行结构写法如下:

```
Private Sub Form_Click()
    If x<y Then t=x: x=y: y=t
End Sub
```

注意:

① 行结构是简单的 If 形式,Then 后只能是一条语句或多条语句,如果有多条语句,也必须在一行上书写,语句间用“:”分隔,不能换行,无需 End If 结尾。

② 块结构中 Then 后面的语句必须换行书写,并以 End If 作为选择结构的结束标志。

例 6.4　使用输入对话框输入三个数 x、y、z，按照从大到小的顺序输出显示。

分析：首先，变量要声明为数值类型，若声明为字符串，则进行比较不能得到正确结果。其次，三个数的排序可以通过两两比较实现。

```
Private Sub Form_Click()
Dim x%, y%, z%
x=Val(InputBox("输入第一个数 x:"))    '使用 Val 函数将字符串转换为数值
y=Val(InputBox("输入第二个数 y:"))
z=Val(InputBox("输入第三个数 z:"))
Print "排序前的三个数为:"; x; y; z
If x < y Then t=x: x=y: y=t    '若 x 比 y 小则交换,x 中存放前两个数中较大者
If x < z Then t=x: x=z: z=t    '若 x 比 z 小则交换,x 中存放三个数中最大者
If y < z Then t=y: y=z: z=t    '若 y 比 z 小则交换,z 中存放三个数中最小者
Print "排序后的三个数为:"; x; y; z
End Sub
```

思考：输入三个数，如何输出其中的最大数？

提示：前两个数比较得到较大数，得到的较大数再和第三个数比较，实现语句如下：

```
If x>y Then Max=x Else Max=y
If z>Max Then Max=z
```

6.2.2　双分支结构

简单分支结构仅在条件为 True 时，明确指出执行什么语句，条件为 False 时未做说明。如果程序要求在条件为 False 时，也要求执行特定的代码，则可使用双分支结构来实现。双分支也有单行结构和块结构两种，格式如下：

（1）单行结构：If ＜条件表达式＞ Then 语句序列 1 Else 语句序列 2

（2）块结构：If ＜条件表达式＞ Then

　　　　　　　　语句序列 1

　　　　　Else

　　　　　　　　语句序列 2

　　　　　End If

If 分支执行过程：先判断条件表达式的值，若值为 True，则执行 Then 后面的语句序列 1；若值为 False，则执行 Else 后面的语句序列 2；执行了相应的语句序列

后,再继续执行 End If 后面的语句。图 6-5 为双分支结构流程图。

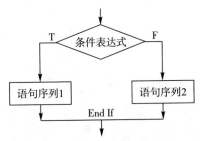

图 6-5　双分支结构流程图

例 6.5　已知某市出租车的收费标准是起步价 6 元 2.5 公里,超过 2.5 公里时,每公里加收 1.2 元,实际收费按照四舍五入计算到整元。试编写出租车计价程序。

分析:设变量 x 表示乘坐出租车的里程,y 表示应付款,根据题意可得对应公式如下:

$$y = \begin{cases} 6 & x \leqslant 2.5 \\ 6 + (x - 2.5) \times 1.2 & x > 2.5 \end{cases}$$

单行结构实现:

```
Private Sub From_Click()
    x=Val(InputBox("输入里程数:"))
    If x>2.5 Then y=6+(x-2.5)*1.2 Else y=6
    Print "应付款为"; Round(y); "元"
End Sub
```

块结构实现:

```
    x=Val(InputBox("输入里程数:"))
    If x>2.5 Then
        y=6+(x-2.5)*1.2
    Else
        y=6
    End If
    Print "应付款为"; Round(y); "元"
End Sub
```

6.2.3　多分支结构

实际问题中常常会面临多种不同的选择,在 Visual Basic 中可通过多分支选择结构实现,主要有两种形式,下面分别介绍。

1. If…Then…ElseIf 语句

格式如下：

If ＜条件表达式 1＞ Then

　　语句序列 1

ElseIf ＜条件表达式 2＞ Then

　　　　语句序列 2

　　　　…

ElseIf ＜条件表达式 n＞ Then

　　　　语句序列 n

［Else

　　　　语句序列 n＋1］

End If

多层 IF 语句的执行过程如图 6-6 所示。依次对给定的条件表达式进行判断，若条件表达式 i(1≤i≤n)的值为 True 时，执行语句序列 i，然后退出选择结构；如果所有的条件都不成立，就执行 Else 后面的语句，若无 Else 语句，则退出选择结构，执行 End If 后面的语句。

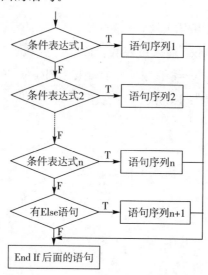

图 6-6 多分支结构流程图

注意：

① 不管有几个分支，都应依次判断，当某条件 i 为真，执行相应的语句序列 i，其余分支不再执行，即执行第一个满足条件的分支。

② 若条件都不满足，且有 Else 子句，则执行 Else 后面的语句序列，否则什么也不执行。

③ ElseIf 不能写成 Else If。

例 6.6　已知某课程的百分制成绩 score，要求转换成对应五级制的评定 grade，转换标准为：90 分以上（含 90）为优，80～90 为良（含 80），70～80 为中（含 70），60～70 为及格（含 60），60 分以下为不及格。

分析：由于给定的条件有 5 种情况，因此，应该选择多分支结构编写程序。

下面有两段代码，试分析有什么不同？

```
Private Sub Form_Click()
score＝Val(InputBox("请输入学生分数："))
    If score >=60 Then
        grade="及格"
    ElseIf score >=70 Then
        grade="中"
    ElseIf score >=80 Then
        grade="良"
    ElseIf score >=90 Then
        grade="优"
    Else
        grade="不及格"
    End If
MsgBox"该生等级制成绩为：" & grade
End Sub
```

```
Private Sub Form_Click()
score＝Val(InputBox("请输入学生分数："))
    If score >=90 Then
        grade="优"
    ElseIf score >=80 Then
        grade="良"
    ElseIf score >=70 Then
        grade="中"
    ElseIf score >=60 Then
        grade="及格"
    Else
        grade="不及格"
    End If
MsgBox"该生等级制成绩为：" & grade
End Sub
```

经过测试，右边的代码是正确的；左边的代码，结果只有"及格"和"不及格"两种情况，这是为什么呢？原来，左边代码中 score 的值以 60 为分界线，程序执行到第一个条件为 True 的分支后不会继续进行判断，如果是大于等于 60 的则直接输出"及格"，反之，则执行 Else 分支，输出"不及格"，不会判断程序中的三个 ElseIf 分支。

那么如何修改呢？有下面两种方法。

```
Private Sub Form_Click()
score＝Val(InputBox("请输入学生分数："))
    If score>=60 and score<70 Then
        grade="及格"
    ElseIf score>=70 and score <80 Then
        grade="中"
    ElseIf score>=80 and score<90 Then
        grade="良"
    ElseIf score>=90 Then
        grade="优"
    Else
        grade="不及格"
    End If
MsgBox"该生等级制成绩为：" & grade
End Sub
```

```
Private Sub Form_Click()
score＝Val(InputBox("请输入学生分数："))
    If score< 60 Then
        grade="不及格"
    ElseIf score < 70 Then
        grade="及格"
    ElseIf score< 80 Then
        grade="中"
    ElseIf score<90 Then
        grade="良"
    Else
        grade="优"
    End If
MsgBox"该生等级制成绩为：" & grade
End Sub
```

① 右边的代码，将条件中的">="改为"<"再依次书写语句，即从小到大依次进行判断，由此可见，对连续的数值进行判断，要么按照从小到大的顺序判断，

要么按照从大到小的顺序依次判断。

② 不考虑条件的次序,在条件中用 And 运算符连接条件区间。代码的书写形式多样,左边的代码是其中一种写法。

利用 If…Then…ElseIf 语句可以实现对多种情况的判断,但是如果情况很复杂,判断的层次多,程序的结构就会显得很不清晰。因此,Visual Basic 提供了另一种更清晰、执行效率更高的多分支结构语句:Select Case 语句。

2. Select Case (情况语句)

格式如下:

```
Select Case <变量或表达式>
    Case<表达式列表 1>
        语句序列 1
    Case<表达式列表 2>
        语句序列 2
    …
    Case<表达式列表 n>
        语句序列 n
    [Case Else
        语句序列 n+1]
End Select
```

Select Case 语句的执行过程:首先计算 Select Case 后面的表达式的值,然后依次与 Case 表达式列表进行比较,若有满足条件的,就执行与该 Case 对应的语句序列,不再与其他的 Case 语句进行比较,执行完毕转到 End Select 之后继续执行。当所有的 Case 后表达式的值都不能与测试表达式的值匹配时,执行 Case Else 后面的语句序列。程序的控制流程如图 6-7 所示。

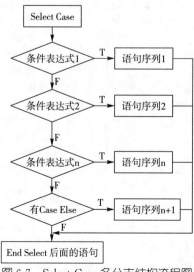

图 6-7　Select Case 多分支结构流程图

变量或表达式的类型与 Case 后的表达式类型必须相同,是下面 4 种形式之一。

(1) 表达式或固定值。

如 Case 100,Case "A"。

(2) 一组用逗号分隔的枚举值。

如 Case 2,4,6,8。

(3) 表达式区间"下限值 To 上限值",指定一个取值范围。

如 Case "a" To "z",Case 1 to 10。

(4) Is 关系运算符表达式,可以配合关系运算符来指定一个取值范围。

如 Case Is<60。

在表达式列表中,上述几种形式在数据类型相同的情况下可以混合使用。例如,

Case"a" To "z", Is "X"。

Case"c", "D", "Q"。

Case 2, 4, 6, 8, Is>10。

注意:

① 表达式列表中不能出现"变量或表达式"中出现的变量名。

② 变量或表达式中只能对一个变量进行多种情况的判断,不能同时判断多个变量。

例 6.7　使用 Select Case 语句来实现例 6.6 的程序。

程序代码如下:

```
Private Sub Form_Click()
score=Val(InputBox("请输入学生百分制成绩:"))
Select Casescore                           'score 作为测试条件
    Case 90 to 100
        grade="优秀"
    Case 80 to 89
        grade="良好"
    Case 70 to 79
        grade="中等"
    Case 60 to 69
        grade="及格"
    Case Else
        grade="不及格"
End Select
End Sub
```

思考:如何将区间表示法改为 Is 关系运算符表示法? 例如,将语句"Case 90 to 100"改为"Case score ≥=90"是否正确? 改为"Case Is ≥=90"又如何? 请读者思考。

例 6.8 某商场为了促销,采用购物打折的优惠办法,每位顾客只有一次购物机会:

(1) 不足 100,没有优惠。

(2) 100 元以上,不足 500,九五折优惠。

(3) 500 元以上,不足 1000,九折优惠。

(4) 1000 元以上,不足 2000,八五折优惠。

(5) 2000 元以上,八折优惠。

分析:设购物款为 x 元,实际付款为 y 元,由题意得出优惠付款数学公式为:

$$y = \begin{cases} x & x < 100 \\ 0.95x & 100 \leqslant x < 500 \\ 0.9x & 500 \leqslant x < 1000 \\ 0.85x & 1000 \leqslant x < 2000 \\ 0.8x & x \geqslant 2000 \end{cases}$$

程序代码如下:

```
Private Sub Form_Click()
Dim x As Single, y As Single
x=Val(InputBox("请输入购物款 x 的值:"))
Select Case x
    Case Is < 100
        y=x
    Case Is <500
        y=0.95 * x
    Case Is <1000
        y=0.9 * x
    Case Is <2000
        y=0.85 * x
    Case Else
        y=0.8 * x
End Select
Print "实际应付款为:"; y; "元"
End Sub
```

　　由上面的例题可以看出，多分支结构用 Select Case 语句时条件书写更灵活、简洁，比用 If…Then…ElseIf 语句直观，程序可读性强。

　　例 6.9　从键盘输入一个字符，判断是大写字母、小写字母、数字字符还是其他字符。

　　程序代码如下：

```
Private Sub Form_Click()
    Dim ch As String
    ch＝InputBox("请输入一个字符：")
    Select Case ch
        Case "a" To "z"
            MsgBox "您输入的是小写字母"
        Case "A" To "Z"
            MsgBox "您输入的是大写字母"
        Case "0" To "9"
            MsgBox "您输入的是数字字符"
        Case Else
            MsgBox "您输入的其他字符"
    End Select
End Sub
```

　　注意：不是所有的多分支结构都可以用 Select Case 实现，凡是对多个变量的条件判断只能用 If 的多分支结构实现。来看下面的例题。

　　例 6.10　判断坐标点(x,y)落在哪个象限。

代码一	代码二

`If x>0 And y>0 Then`
　`MsgBox("在第一象限")`
`ElseIf x<0 And y>0 Then`
　`MsgBox("在第二象限")`
`ElseIf x<0 And y<0 Then`
　`MsgBox("在第三象限")`
`ElseIf x>0 And y<0 Then`
　`MsgBox("在第四象限")`
`End If`
	`Select Case x,y`
	　`Case x>0 And y>0`
	`MsgBox("在第一象限")`
	　`Case x<0 And y>0`
	`MsgBox("在第二象限")`
	　`Case x<0 And y<0`
	`MsgBox("在第三象限")`
	　`Case x>0 And y<0`
	`MsgBox("在第四象限")`
	`End Select`

　　上面代码一是正确的，而代码二是错误的。

　　(1) Select Case 结构只能对一个变量进行判断，而上面出现了 x 和 y 两个变量。

　　(2) Case 后的条件表达式中不能出现变量及有关运算符。

6.2.4　选择结构的嵌套

上述的各种分支结构之间都可以嵌套使用。

1. If 语句的嵌套

If 语句的嵌套是指 If 或 Else 后面的语句块中包含 If 语句。以 If 嵌套实现 3 分支为例,有下面两种形式:

```
If <条件表达式 1> Then
    语句序列 1
Else
    If <条件表达式 2> Then
        语句序列 2
    Else
        语句序列 3
    End If
End If
```

```
If <条件表达式 1> Then
    If <条件表达式 2> Then
        语句序列 1
    Else
        语句序列 2
    End If
Else
    语句序列 3
End If
```

思考:上面两种形式中语句序列 1、语句序列 2 和语句序列 3 执行时需要满足的条件是什么?

例 6.11　有如下数学函数,输入 x,要求输出 y 的值。

$$y = \begin{cases} \sqrt{x}+1 & x > 0 \\ 0 & x = 0 \\ |x| & x < 0 \end{cases}$$

分析:从上面的公式可以看出,自变量 x 的取值有三种情况,对应的 y 值也有三种,使用简单双分支无法完成,但可以通过 If 语句的嵌套来实现。

程序代码如下:

```
Private Sub Form_Click()
Dim x As Single, y As Single
x=Val(InputBox("请输入 x 的值:"))
If x > 0 Then
    y=Sqr(x)+1              '第一个分支,Sqr 函数表示对 x 作开平方运算
Else
    If x=0 Then
        y=0                 '第二个分支
    Else
        y=Abs(x)            '第三个分支,Abs 函数表示对 x 求绝对值
    End If
End If
Print "y="; y
End Sub
```

注意：

① 为了便于阅读，代码通常采用缩进格式书写。

② 每个 If 语句必须与 End If 配对使用，即有几个 If 就要有几个 End If。当出现多层 If 语句嵌套时，程序比较冗长且容易出现嵌套错误，可以选择 Select Case 语句。

例 6.12　输入三角形的三条边 a,b,c，根据输入的数值判断能否构成三角形。若能构成三角形进一步说明是否是等边三角形、等腰三角形或者直角三角形，如果都不是，则显示任意三角形。

分析：构成三角形的条件是任意两边之和大于第三条边，当有多个条件需要同时满足时，使用逻辑运算符 And 进行连接，当需要满足多个条件中的至少一个时使用运算符 Or 连接。

程序代码如下：

```vb
Private Sub Form_Click()
Dim a!, b!, c!
a＝Val(InputBox("输入第一条边"))
b＝Val(InputBox("输入第二条边"))
c＝Val(InputBox("输入第三条边"))
If a＋b ＞ c And b＋c ＞ a And a＋c ＞ b Then        '两边之和大于第三边
    MsgBox "能构成三角形"
        If a＝b And b＝c Then                        '三条边相等
            MsgBox "等边三角形"
        ElseIf a＝b Or b＝c Or a＝c Then              '任意两边相等
            MsgBox "等腰三角形"
        ElseIf Sqr(a＊a＋b＊b)＝c Or Sqr(b＊b＋c＊c)＝a Or Sqr(a＊a＋c＊c)＝b Then
            MsgBox "直角三角形"
        Else
            MsgBox "任意三角形"
        End If
Else                                               'Else 对应第一个 If
    MsgBox "不能构成三角形"
End If
End Sub
```

在这个例子中，外层是双分支结构，当 If 语句的条件满足时，进一步使用多分支结构判断是什么三角形。

2. If 语句与 Select Case 语句的嵌套

例 6.13　从键盘输入年份和月份，判断输入的年份是否为闰年，该月份有多少天。

分析:判断是否是闰年的条件是:四年一闰,百年不闰,四百年再闰。例如,2000 年是闰年,1900 年则是平年。可用双分支结构实现。

月份 1,3,5,7,8,10,12 是 31 天/月,4,6,9,11 月是 30 天/月,2 月的天数要根据是平年还是闰年来判断,闰年时为 29 天,平年时为 28 天。因此,可用多分支结构实现。

程序代码如下:

```vb
Private Sub Form_Click()
    Dim y As Integer
    Dim m As Integer
    Dim flag As Boolean                    '变量 flag 用于判断是否是闰年
    y=Val(InputBox("请输入年份:"))
    m=Val(InputBox("请输入月份:"))
    If (y Mod 4=0 And y Mod 100<>0) Or y Mod 400=0 Then
        MsgBox y & "是闰年"
        flag=True
    Else
        MsgBox y & "不是闰年"
        flag=False
    End If
    Select Case m
        Case 1,3,5,7,8,10,12
            MsgBox m & "月有 31 天"
        Case 4,6,9,11
            MsgBox m & "月有 30 天"
        Case 2
        If flag=True Then
            MsgBox m & "月有 29 天"
        Else
            MsgBox m & "月有 28 天"
        End If
    End Select
End Sub
```

6.2.5　条件函数

1. IIF 函数

IIF 函数可代替 If 语句使用,函数格式为:

变量＝IIF(表达式 1,表达式 2,表达式 3)

根据表达式 1 的值,确定函数的返回值,若表达式 1 的值为 True,返回表达式 2 的值,否则,返回表达式 3 的值。

例如,求 x 和 y 中较大的数并将其放入变量 max 中,可以这样写:

max＝IIF(x＞y, x, y)

其实这就等价于下面的 If 双分支结构:

If x＞y Then max＝x Else max＝y

2. Choose 函数

Choose 函数的格式为:

Choose(整数表达式,选项列表)

根据整数表达式的值返回选项列表中的特定值。如果整数表达式的值是 1,则返回选项列表中的第一项,如果整数表达式的值是 2,则返回选项列表中的第二项,以此类推。若整数表达式的值小于 1 或者大于选项的个数,则返回 Null。

例 6.14　使用 Choose 函数、Now(或者 Date)函数和 WeekDay 函数输出当前系统日期和星期。

分析:Now 函数可获得系统当前日期和时间,Date 函数可获得系统当前日期,WeekDay 函数可获得指定的日期是星期几,规定星期日是 1,星期一是 2,以此类推。

程序代码如下:

```
Private Sub Form_Click()
    Dim t As String
    t＝Choose(Weekday(Date),"星期日","星期一","星期二","星期三","
        星期四","星期五","星期六")
    MsgBox "今天是:" & Date & "是 " & t
End Sub
```

程序运行后显示:

今天是:2018/6/8 是 星期五

6.3　循　环　结　构

计算机最擅长的功能之一就是按规定的条件,重复执行某些操作。而这也是实际应用中经常用到的。例如,输入全校学生的成绩并求若干个数之和等。对于这类问题,Visual Basic 提供了循环语句。循环是指在程序设计中,从某处开始有规律地反复执行某一程序块的现象,重复执行的程序块称为"循环体"。使用循环可以避免重复不必要的操作,简化程序,节约内存,从而提高效率。Visual Basic 提供了多种循环结构语句,比较常用的有以下三种:

① For…Next 循环结构。

② Do…Loop 循环结构。

③ While…Wend 循环结构。

6.3.1　For…Next 循环

如果已知循环次数,使用 For…Next 结构语句很方便。格式如下:

For 循环变量 ＝初值 To 终值 [Step 步长]

　　语句序列 1

　　[Exit For]

　　语句序列 2

Next 循环变量

For…Next 循环语句的执行过程是:首先把初值赋给循环变量,接着检查循环变量的值是否超过终值(遵循"先检查,后执行"的原则),如果超过就停止执行循环体,并跳出循环,执行 Next 后面的语句;否则执行一次循环体,然后把"循环变量＋步长"的值赋给"循环变量",并重复上述过程。For 循环结构的流程图如图 6-8 所示。

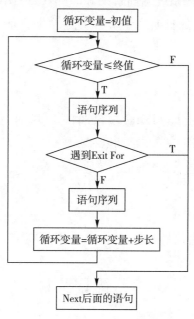

图 6-8　For 循环流程图

说明:

① 循环变量、初值和终值为数值型,循环变量作为循环计数器,初值和终值表示循环变量的变化范围。

② 步长用于决定执行一次循环后,循环变量值的改变大小,其值可以是正数(递增循环),也可以是负数(递减循环),但不能为 0。当步长为正数时,终值应大于初值;若为负数,则终值应小于初值。如果步长为 1 可以省略。

③ 语句序列称为循环体,满足循环条件时可以反复执行。

④ 循环次数=Int((终值-初值)/步长+1)。

⑤ Exit For 是可选项,可以出现在循环体内的任何位置,用于在特定条件下退出 For 循环,执行 Next 后的语句。Exit For 通常和条件判断语句配合使用,使得循环操作能在特殊情况下提前终止。

例 6. 15　计算 1~100 的和,即 1+2+3+…+100。

分析:设变量 i 为循环变量,初值和终值根据题意分别为 1 和 100,步长为 1。变量 sum 为求和结果,这是一个累加操作,在循环体内做加法运算。

程序代码如下:

```
Private Sub Form_Click()
    Dim i%, sum%
    sum=0                    '存放求和结果的变量,一般初始化为 0
    For i=1 To 100           '步长为 1,省略
        sum=sum+i
    Next i                   '执行到 Next 语句时,循环变量 i 自动执行+1 的操作
    Print sum
End Sub
```

思考:若要求 1~100 之间的奇数和或者偶数和应该如何修改代码?(提示:修改步长以及循环变量的初值。)

例 6. 16　利用循环结构求 s 值,公式为 $s = \sum\limits_{i=1}^{10}(i+1)(2i+1)$。

程序代码如下:

```
Private Sub Form_Click()
    Dim i%, s%
    s=0
    For i=1 To 10
        s=s+(i+1)*(2*i+1)    '程序设计中,乘号"*"不能省略
    Next
    Print s
End Sub
```

例 6.17 编程输出 10～100 之间分别能被 5 和 7 整除的自然数的个数。

分析:根据题意循环变量初值为 10,终值为 100,步长为 1。整除的条件可以用 Mod 运算符进行判断。

程序代码如下:

```
Private Sub Form_Click()
    s5＝0；s7＝0                    's5,s7 分别表示能被 5 和 7 整除的自然数个数
    For i＝10 To 100
        If i Mod 5＝0 Then s5＝s5＋1
        If i Mod 7＝0 Then s7＝s7＋1
    Next i
    Print s5；s7
End Sub
```

例 6.18 求 10!

分析:这是一道求阶乘的题,整数 N 的阶乘表示为 $N!$,求法为从 1 连续相乘至 N,即 $1*2*3*\cdots(N-2)*(N-1)*N$,题中 $10! ＝1*2*3*4*5*6*7*8*9*10$,规定 $0! ＝1$。由于阶乘运算的增长速度特别快(比 2^n 的增长速度快),因此,在定义存放阶乘结果的变量时一般至少设置为 Long 或者 Double 类型,不能设置为 Integer 类型(定义为 Integer,最多可以存放 7!),否则会出现溢出错误。

程序代码如下:

```
Private Sub Form_Click()
    Dim m as Long,x as Integer        'm 存放阶乘结果,x 作为循环变量
    m＝1
    For x＝1 to 10
        m＝m＊x
    Next x
    Print m
End Sub
```

除了用循环求解阶乘,我们还可以使用过程的递归实现,这在后面的章节中介绍。

例 6.19 用键盘输入一个大于 2 的整数,判断其是否为素数。

分析:素数指只能被 1 和自身整除的整数。判断整数 N 是不是素数的基本

方法是:将 N 分别除以 $2,3,\cdots,N-1$,若都不能整除,则 N 为素数。又因为 $N=$ Sqr(N)∗Sqr(N),所以,当 N 能被大于等于 Sqr(N)的整数整除时,一定存在一个小于等于 Sqr(N)的整数,使 N 能被它整除。因此,为了提高程序效率,只要判断 N 能否被 $2,3,\cdots,$Sqr(N)整除即可。

程序代码如下:

```
Private Sub Form_Click()
    Dim m%, n%, k%
    m=Val(InputBox("输入一个大于 2 的整数 m:"))
    n=Int(Sqr(m))                      '求出循环变量的终值
    For k=2 To n
        If m Mod k=0 Then Exit For     'm 不是素数,无需继续判断,退出循环,
                                        此时 k<=n
    Next k
    If k>n Then                        'k>n 说明找到了 m 的一个因子,遇到
                                        了 Exit For 退出 For 循环
        Print m; "是素数"
    Else
        Print m; "不是素数"
    End If
End Sub
```

例 6. 20　随机产生 20 个 10～100 之间的整数,输出其中的最大值,最小值以及平均值。

分析:产生随机数需要使用 Rnd 随机函数,它可以产生[0,1)范围内的小数,若要产生[L,U]范围内的整数,则使用通式 Int(Rnd∗(U−L+1)+L)。

程序代码如下:

```
Private Sub Form_Click()
    Dim i%, max%, min%, sum%, avg%
    max=10: min=100                    '注意 max 和 min 的赋值
    sum=0: avg=0
    For i=1 To 20                      '循环 20 次,产生 20 个随机数
        x=Int(Rnd∗(100−10+1)+10)
        Print x;
        If x > max Then max=x          '如果新产生的 x 比现存的 max 大,则作为新的 max
```

```
        If x ＜ min Then min＝x    '如果新产生的 x 比现存的 min 小,则作为新的 min
            sum＝sum＋x
    Next i
    Print
    avg＝sum/20
    Print max; min; avg
End Sub
```

上面的几个例题都是已知循环的起始值和终止值,用 For 循环实现的,如果事先无法判断循环的执行次数,则可以用 Do 循环实现。

6.3.2 Do…Loop 循环

Do 循环可以根据循环条件的成立与否来决定是否执行循环,使用方法比较灵活。Do 循环主要有两种语法格式:前测型循环结构和后测型循环结构。

形式 1(前测型):

```
Do{ While|Until }＜条件＞
    语句序列
    [Exit Do
    语句序列]
Loop
```

形式 2(后测型):

```
Do
    语句序列
    [Exit Do
    语句序列]
Loop { While|Until} ＜条件＞
```

说明:

① 形式 1 为先判断条件后执行,有可能一次也不执行循环体;形式 2 为先执行循环体后判断条件,因此,至少执行一次循环体。

② 关键字 While 用于指明条件为 True 时,执行循环体,当条件为 False 时退出循环;关键字 Until 用于指明条件为 False 时,执行循环体,直至条件为 True 时退出循环。

③ 如果省略{ While|Until}＜条件＞,表示无条件循环,此时循环体内必须要有 Exit Do 语句用于退出循环,否则就成了死循环,即循环会无终止地反复进行下去。

④ 与 For 循环不同,Do 循环结构没有专门的循环变量,如果条件中有变量用于控制循环是否终止,则循环体内必须用显式表达式改变此变量的值。而在 For 循环中遇到 Next 时,程序会隐式改变循环变量的值。

⑤ 程序中使用 While 关键字的循环称为"当型循环",使用 Until 关键字的循

环称为"直到型循环"。因此,根据 While 和 Until 在程序中出现的位置,Do 循环具有四种结构流程图,如图 6-9 所示。

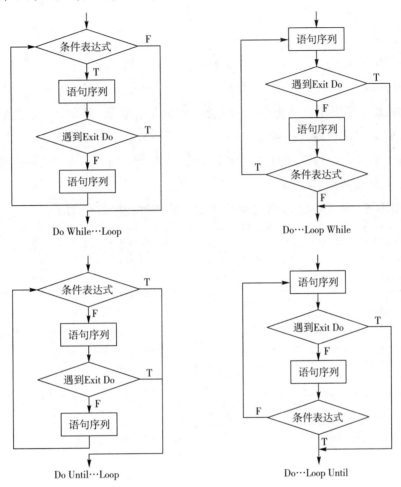

图 6-9　Do 循环流程图

例 6. 21　我国有 13 亿人口,按人口年增长 0. 8% 计算,多少年后我国人口将超过 26 亿?

分析:解此问题有两种方法,可根据下面的公式,直接利用标准对数函数求得,但求得的结果不一定为整数。

$$26=13\times(1+0.008)^n$$

$$n=\frac{\log(2)}{\log(1.008)}$$

也可利用循环求得,程序代码如下:

```
Private Sub Form_Click()
    x=13
    n=0
```

```
        Do While x<26            'x初值为13亿,不到26亿时,继续执行循环体
            x=x*1.008
            n=n+1
        Loop
        Print n
    End Sub
```

例6.22 要求用户从键盘输入数据,如果是非负数,累加求和,直至输入负数程序,并输出用户输入的数据之和。

分析:假设用户输入的数据用变量 x 保存,如果 x 不为负数,累加到变量 sum 中,如果 x 是负数则退出循环。

针对图 6-9 中 DO 循环的四种结构编写的四种程序代码如下:

```
Private Sub Form_Click()
    sum=0
    x=0
    DoUntil x<0
        sum=sum+x
    x=Val(Inputbox("请输入数"))
    Loop
    Print sum
End Sub
```

```
Private Sub Form_Click()
    sum=0
    x=0
    DoWhile x>=0
        sum=sum+x
    x=Val(Inputbox("请输入一个数"))
    Loop
    Print sum
End Sub
```

```
Private Sub Form_Click()
    sum=0
    x=0
    Do
        sum=sum+x
    x=Val(Inputbox("请输入一个数"))
    Loop While x>=0
    Print sum
End Sub
```

```
Private Sub Form_Click()
    sum=0
    x=0
    Do
        sum=sum+x
    x=Val(Inputbox("请输入数"))
    Loop Until x<0
    Print sum
End Sub
```

假设省略 While|Until 条件语句,则必须在循环体内使用 Exit Do 强制退出循环,Do 循环的第五种实现方式如下:

```
Private Sub Form_Click()
    sum=0
    x=0
    Do
        If x<0 Then Exit Do              'x为负数则退出循环,否则进行累加
```

```
        sum＝sum＋x
        x＝Val(InputBox("请输入数"))
    Loop
    Print sum
End Sub
```

例 6.23　用辗转相除法求两自然数的最大公约数。

分析：求最大公约数的算法思想：

① 对于两数 m,n,若 m＜n 进行交换,使得 m≥n。

② m 除以 n 得余数 r。

③ 若 r＝0,则 n 为最大公约数,程序结束;否则执行④。

④ n 赋给 m,r 赋给 n,再重复执行②。

程序代码如下：

```
Private Sub Form_Click()
    If m＜n Then t＝m：m＝n：n＝t
    r＝m mod n
    Do While (r＜＞0)
        m＝n
        n＝r
        r＝m mod n
    Loop
    MsgBox "最大公约数＝" & n
End Sub
```

6.3.3　While…Wend 循环

格式如下：

```
    While 条件
        语句序列
    Wend
```

与 Do…Loop 类似,试分析下面这段代码的运行结果。

```
Private Sub Form_Click()
    Dim c As Integer
        c＝0
    While c＜10
        c＝c＋1
```

```
    Wend
    Print c
End Sub
```
执行程序,输出结果为 10。

6.3.4 循环的嵌套

如果在一个循环体内完整地包含另一个循环结构,则称为多重循环,或循环嵌套,嵌套的层数可以根据需要而定,嵌套一层称为二重循环,嵌套二层称为三重循环。多重循环的循环次数是每一重循环次数的乘积。

上面介绍的几种循环控制结构可以相互嵌套,下面是几种常见的二重嵌套形式:

```
(1) For i=…                    (2) For i=…
       …                               …
    For j=…                        Do While/Until …
       …                               …
    Next j                         Loop
       …                               …
    Next i                         Next i
(3) Do While/Until…            (4) Do While/Until…
       …                               …
    For j=…                        Do While/Until …
       …                               …
    Next j                         Loop
       …                               …
    Loop                           Loop
```

注意:

① 内层循环变量与外层循环变量不能同名。

② 外层循环必须完全包含内层循环,不能交叉。

③ 不能从循环体外转向循环体内。

下面几种写法中①是正确的,②④是错误的,②错在内外循环交叉,④错在内外循环的循环变量同名,③不是循环嵌套。

```
① For i =1 To 10               ② For i =1 To 10
     For j=1 To 20                  For j=1 To 20
        …                               …
     Next j                         Next i
   Next i                         Next j
```

③ For i＝1 To 10　　　　　　　④ For i＝1 To 10
　　…　　　　　　　　　　　　　　　For i＝1 To 20
　　Next i　　　　　　　　　　　　　　…
　For i＝1 To 10　　　　　　　　　　Next i
　　…　　　　　　　　　　　　　　Next i
　Next i

例 6.24　编写程序输出如图 6-10 所示的九九乘法表。

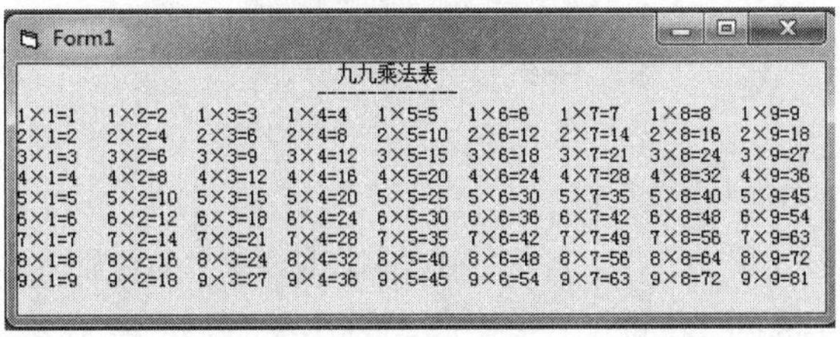

图 6-10　九九乘法表

分析：输出的是九行九列的乘法表达式，在程序设计中，解决此类问题一般使用双重循环，即外层循环控制行的输出，内层循环控制列的输出。因此，本题中内外循环的循环变量取值范围相同，都是 1 到 9，即输出 9 行，每一行输出 9 列。

程序代码如下：

```
Private Sub Form_Click()
        Print Tab(33);"九九乘法表"
        Print Tab(31);"————————"
        For i＝1 To 9                        '外层循环控制行的输出
            For j＝1 To 9                    '内层循环控制列的输出
                Print Tab((j－1)＊9＋1);i & "×"; j & "＝" & i＊j;
                                            '同行中表达式之间不换行
            Next j
            Print                           '每行输出结束时换行
        Next i
End Sub
```

"i & "×"; j & "＝" & i＊j;"为要输出的表达式；Tab((j－1)＊9＋1)控制每列表达式输出的位置；j＝1 时，第 1 列表达式从窗体的第 1 列开始输出；j＝2 时，第 2 列的表达式从窗体的第 10 列开始输出；依此类推，最后 1 列表达式从窗体的第 73 列开始输出，这样每列表达式占据 9 个字符的宽度。读者可尝试把 Tab 语句去除，分析程序输出结果，以便更好地理解 Tab 的用法。

思考：要打印上三角或下三角格式的九九乘法表，程序如何改动？

提示：只需修改 j 的取值即可。将 For j＝1 To 9 修改为 For j＝1 To i，即可输出下三角;将 For j=1 To 9 修改为 For j=i To 9 即可输出上三角。

例 6.25 编写程序输出如图 6-11 中所示的窗体上的图形。

图 6-11 正三角星形

程序代码如下:

```
Private Sub Form_Click()
    For i=1 To 6              '外层循环控制输出的行数
        Print Spc(7-i);      '每一行输出的起始位置,即在每一行 * 号前输出7-i
                              个空格

        For j=1 To 2*i-1     '每一行输出 2*i-1个 * 号
            Print "*";       '以";"结束,说明输出 * 号后不换行
        Next j
        Print                '每一行的 * 号输出结束后换行
    Next i
End Sub
```

本题用单重循环也可以实现,使用 String 函数产生 * 号字符串:

```
Private Sub Form_Click()
    For i=1 To 6
        Print Tab(7-i); String(2*i-1,"*")
    Next
End Sub
```

循环 6 次,每一次使用 String(2*i-1,"*")产生"2*i-1"个" * "号,i 代表第 i 行。

思考 1:上例中输出的是一个正三角形,如何输出一个如图 6-12 所示的倒三角星形?

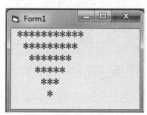

图 6-12 倒三角星形

思考 2：要输出习题 6 中程序填空题第 5 题所示的图形，应该如何修改代码？

思考 3：要输出习题 6 中编程题第 10 题所示的图形，又该如何做？

提示 1：将 For i＝1 To 6 修改为 For i＝6 To 1 Step －1 即可。

提示 2：将 Print ″*″;修改为 Print Chr(64＋i);即可。

提示 3：将 Print ″*″;修改为 Print Trim(i);即可。

相似的题目还有程序填空题第 6 题和 7 题，编程题第 11 题，请读者自行思考。

例 6.26 编写程序，在窗体上输出三位正整数中的所有素数，并统计个数。

分析：在例 6.19 中，我们已经学习了如何判断一个数是否是素数，需要用循环实现。那么判断一系列数据，就需要使用双重循环了。

程序代码如下：

```
Private Sub Form_Click()
    Print ″100～999 之间的素数有：″
    Dim m%, n%, k%, s%
    s＝0                              's 用于存放素数的个数
    For m＝100 To 999
        n＝Int(Sqr(m))
        For k＝2 To n
            If m Mod k＝0 Then Exit For
        Next
        If k ＞ n Then
            Print m;                 '每找到一个就输出，不换行
            s＝s＋1 V                 '每找到一个 s 累加 1
            If s Mod 10＝0 Then Print '每行输出 10 个数
        End If
    Next
    Print
    Print ″3 位数的素数一共有：″; s; ″个″
End Sub
```

说明：

① 循环结构中存放累加、连乘结果的变量，其初值的设定应放在循环结构之前；多重循环中初值位置的设定根据实际情况而定。

② 存放累加变量的初值一般设为 0，存放乘积变量的初值一般设为 1。

③ 循环控制变量在循环体内可以被引用，但最好不要被赋值。

④ 出现不循环或死循环时,主要从循环条件、循环变量的初值和终值以及循环步长的设置方面查找原因。

6.4   其 他 控 制 语 句

6.4.1   GoTo 语句

GoTo 语句可以改变程序的执行顺序,跳过程序的某一部分,无条件地转移到标号或行号指定的那行语句。GoTo 语句的语法格式为:

GoTo {标号|行号}

注意:

① 标号是一个以冒号结尾的标识符,首字符必须为字母,标号后应有冒号。

② 行号是一个整型数,不能以冒号结尾。

例 6.27   编写程序计算存款利息。设本金为 1000 元,年利率为 0.02,每年复利计算利息一次,求 10 年后本利合计多少元?

分析:定义变量 p 为本金,r 为年利率,t 为年数,分别赋初值进行计算。

程序代码如下:

```
Private Sub Form_Click()
    Dim p As Currency, r As Single
    Dim t As Integer
        p=1000
        r=0.02
        t=1
    again:                      '定义了一个标号
    If t>10 Then GoTo 20        '满10年时程序跳转到行号处输出结果
    i=p＊r
        p=p+i
        t=t+1
    GoTo again                  '每完成一次计算,返回标号 again 处判断是否继续计算
    20                          '定义了一个行号
    Print "10年后本息合计:"; p; "元"
End Sub
```

程序中"again:"是标号;"20"是行号。

GoTo 语句会影响程序的质量,但在某些情况下还是有用的,所以,大多数程

序设计语言都没有取消 GoTo 语句。但是,在结构化程序设计中要尽量少用或者不用 GoTo 语句,以免影响程序的可读性和可维护性。

6.4.2　Exit 退出语句

Visual Basic 中有多种形式的 Exit 语句,用于退出某种控制结构的执行。Exit 的形式包括 Exit For、Exit Do、Exit Sub、Exit Function,其中 Exit For 用于退出 For 循环,Exit Do 用于退出 Do 循环,后面两个用于退出自定义过程和函数,后面的章节将会对此进行介绍。

6.4.3　End 结束语句

独立的 End 语句用于结束一个程序的运行,它可以放在任何事件过程中。另外,Visual Basic 中还存在多种形式的 End 语句,在控制结构和过程中经常用到,如 End If、End Select、End Function 和 End Sub 等,使用时要与对应的语句配对。

6.5　调 试 程 序

随着程序的复杂性提高,程序中的错误也随之而来。对初学者来说,出现错误并不可怕,关键是如何改正错误。失败是成功之母。上机的目的,不仅是为了验证你编写的程序的正确性,还要通过上机调试,提高查找和纠正错误的能力。Visual Basic 为调试程序提供了一组交互的、有效的调试工具,在此逐一介绍。

6.5.1　Visual Basic 运行模式

Visual Basic 有三种模式:设计模式(Design Model)、运行模式(Run Model)和中断模式(Break Model)。

1. 设计模式

启动 Visual Basic 后即进入设计模式,主窗口的标题栏上显示"设计"字样,如图 6-13(a)所示,建立一个应用程序的所有步骤基本上都在设计模式下完成,包括程序的界面设计、控件的属性设置和代码的编写等。应用程序可直接从设计模式进入运行模式,但不可以进入中断模式。

2. 运行模式

进入运行模式的三种方法:① 单击"运行"菜单中的"启动"菜单项;② 单击 F5 键;③ 单击工具条上的"启动"按钮。此时主窗口的标题栏上显示"运行"字样,如图 4-13(b)所示,在此阶段,可以执行程序代码,但不能修改代码。

3. 中断模式

进入中断模式有五种方法：① 单击"运行"菜单中的"中断"菜单项；② 单击工具条上的"中断"按钮；③ 在程序中设置断点，程序执行到断点处自动进入中断模式；④ 在程序中加入"STOP"语句，程序运行到该语句处自动进入中断模式；⑤ 在程序运行过程中，如果出现错误，程序自动进入中断模式。

中断模式下主窗口的标题栏上显示"break"字样，如图 6-13(c)所示。中断模式下，暂停应用程序的执行，此时可以查看代码、修改代码、检查数据。修改完程序后，可以继续执行程序。Visual Basic 所有调试手段均可以在中断模式下应用。

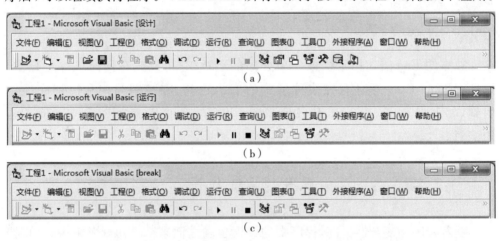

图 6-13　设计、运行和中断模式下的标题栏

6.5.2　错误类型

Visual Basic 应用程序的错误一般可分为三类：编译错误（语法错误）、运行时错误和逻辑错误。

1. 编译错误（语法错误）

编译错误通常是在语句结构（即语法）不正确时出现的错误。例如，语句没输入完、标点符号为中文格式、关键字书写错误、变量未定义、遗漏关键字及括号不匹配等。Visual Basic 具有自动语法查错功能，一般在程序编辑过程中和编译时进行检查并提示出错。例如，输入"s＝"后按下回车键，Visual Basic 弹出出错提示对话框，出错的部分以高亮度红色显示，如图 6-14 所示。又如程序中定义的变量书写错误或者用到的变量没有定义，编译时出错，如图 6-15 所示。

2. 运行时错误

语法正确但是运行时无法执行的错误叫运行时错误。该错误在编写代码时很难发现，一般在程序不能继续执行下去时才会暴露出来，此时程序会自动中断，并给出有关的错误信息。常见的运行时错误有类型不匹配、除数为 0、数值溢出、数组越界和试图打开一个不存在的文件等。

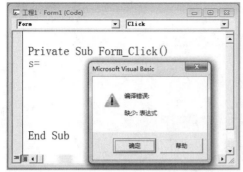 

图 6-14　程序编辑时的编译错误对话框　　　图 6-15　程序运行时的编译错误对话框

例 6.28　例题 6.18 中计算 10!,改用下面的代码,运行时会产生数据溢出,如图 6-16 所示。

图 6-16　运行时错误对话框

```
Private Sub Form_Click()
    Dim p As Integer，i As Integer
    p=1
    For i=1 To 10
        p=p*i
    Next i
    Print p
End Sub
```

错误原因:上面的程序中用于存放阶乘结果的变量 p 定义为整型,当求得的数值超出整型的表示范围时,出现了数值溢出的错误提示。

3. 逻辑错误

程序运行后,若得不到所期望的结果,这说明程序存在逻辑错误。逻辑错误一般不报告错误信息,它是由设计错误或其他原因导致的。例如,运算符使用不正确、语句的书写次序不对、循环语句的起始值和终止值设置得不正确等。因为逻辑错误不会产生错误提示信息,故错误较难排除,需要程序员仔细地阅读分析程序,并具有调试程序的经验,在可疑代码处通过插入断点和逐语句跟踪,检查相关变量的值,分析产生错误的原因。

例 6.29 计算 $0.1+0.2+\cdots+0.9$ 的值。

程序代码如下:

```
Private Sub Form_Click()
    Dim i As Single，s As Single
    s=0
    For i=0.1 To 0.9 Step 0.1
        s=s+i
    Next i
    Print s
End Sub
```

正确的结果是 4.5,而上面的语句运行得到的结果是 3.6。为什么? 读者先思考,我们将在后面进行分析。

我们要减少或克服逻辑错误,没有捷径,只能靠耐心、经验以及良好的编程习惯。

6.5.3 程序的执行方式

程序编写完成后,可以选用不同的方式对它进行执行、调试。

1. 全程执行

如果一个程序设计完成后没有语法方面的错误,就可以从头开始全程执行。执行方式有:单击 F5 键;单击工具栏上的"启动"按钮 ▶ ;单击"运行"菜单下的"启动"菜单项。

2. 单步执行

单步执行可以逐语句地执行程序。在调试程序时,有时需要详细观察程序运行过程中的每一步的情况,比如某一个变量的变化,这时就要用到单步执行的方式。执行方式有:单击 F8 键;单击"调试"菜单下的"逐语句"菜单项;单击"调试"工具栏上的图标按钮 ⏮ 。

3. 单过程执行

如果一个应用程序中有很多过程,那么可以选择单过程执行方式,只执行某个过程或函数中的一条语句。执行方式有:按组合键"Shift+F8";单击"调试"菜单下的"逐过程"菜单项;单击"调试"工具栏上的图标按钮 ⏭ 。

4. 断点运行方式

断点执行方式就是在程序代码中设置一些断点,当程序执行到断点处时就会自动暂停,以方便用户对程序进行调试。设置断点的方式有:单击 F9 键;单击某代码行左边边缘处;单击"调试"菜单下的"设置断点"菜单项;单击"调试"工具栏上的图标按钮 ✋ 。

6.5.4　调试和排错

为了分析应用程序的运行方式，Visual Basic 提供了许多有力的调试工具。在工具栏上单击右键，从快捷菜单中选择"调试"，就可以打开如图 6-17 所示的"调试"工具栏，上面有几个很有用的按钮。从左到右依次为启动、中断、结束、切换断点、逐语句、逐过程、跳出、本地窗口、立即窗口、监视窗口、快速监视和调用堆栈。

图 6-17　调试工具栏

运用这些调试工具可以对产生逻辑错误的程序进行调试，大致分为三类：设置断点、跟踪程序运行轨迹、使用调试窗口。

1. 设置断点

对例 6.29 所示的代码，设置断点后，这一行会被加亮显示，并且在其左边的空白区出现亮点，如图 6-18 所示。

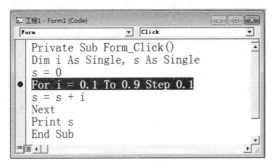

图 6-18　设置断点

在程序运行时，当执行到了设置断点的代码行时，程序会自动终止运行并进入中断状态，这时将鼠标放在某个变量上就可以看到变量的值，从而对程序的运算结果进行判断；同时窗口中会以黄色箭头标出下一条要执行的代码。如图 6-19 所示的是程序执行第 8 次循环时循环变量的值。

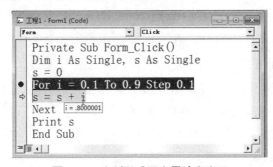

图 6-19　中断模式下变量检查窗口

从图中可以看到第 8 次循环时 i＝0.8000001,再执行 Next 语句后 i＝0.9000001,此时循环变量超出终值,因此,退出循环。程序中 s 的值实际上是从 0.1 累加到 0.8,而不是累加到 0.9,所以,最终结果是 3.6,而不是我们希望的 4.5。这是因为计算机在计算 Single 类型的变量时是按二进制移位进行的,也就是说,计算机本身的精度有一定的偏差。这个问题是有解决方法的,即在程序中将 i 定义为双精度类型,亦即 Dim i As Double 就对了。

2. 跟踪程序执行轨迹

跟踪程序执行轨迹包括逐语句、逐过程、运行到光标处等方法。当代码很长时,用户往往很难具体知道到底是哪一行发生了错误,而只知道大致的范围,这时可以使用断点将存在问题的代码行隔离开,然后逐行、逐语句调试这段代码。这样做虽然比较费事,但很有效。还以上面的例子为例进行说明,我们不设置断点,而是采用逐语句执行的方式,连续按 F8 直到执行最后一条语句,如图 6-20 所示,观察变量 i 的值为 0.9000001,而不是 0.9。

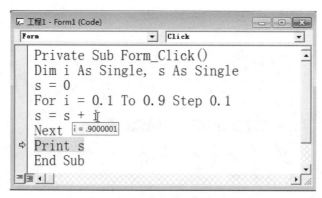

图 6-20　逐语句执行代码变量观测窗口

3. 调试窗口

调试窗口有立即窗口、本地窗口和监视窗口等。

① 立即窗口(Immediate Windows):可以允许用户在调试程序时,执行单个的过程、对表达式求值或者给变量赋予新的值;也可以在窗口中显示或者计算变量和表达式的值。在立即窗口中显示信息可以有三种方式:在程序中使用"Debug. Print"语句把信息输出到立即窗口;直接在立即窗口中使用 Print 方法;在表达式前使用"?"。如图 6-21 所示。

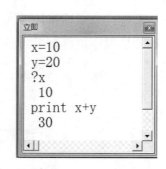

图 6-21　立即窗口

② 本地窗口(Local Windows):可用于显示当前过程中所有变量的值。这些变量只是当前过程中定义的局部变量,不包括全局变量在该过程中的值。当程序

的执行从一个过程切换到另一个过程时,本地窗口中的内容将会随之变化,如图 6-22 所示,程序执行到设置的断点处自动中断并显示出本地变量的值。

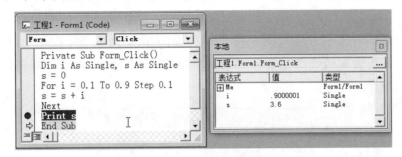

图 6-22　本地窗口观测变量值

　③ 监视窗口(Watch Windows):可用于显示某些表达式或变量的值,以确定这样的结果是否正确,前提是在设计阶段添加监视表达式。从"调试"菜单下选择"添加监视"菜单项,弹出如图 6-23 所示的对话框,在对话框中添加需要监视的表达式或者变量即可出现监视窗口,如图 6-24 所示。

图 6-23　添加监视变量或表达式

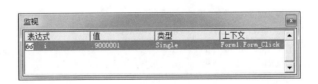

图 6-24　监视窗口

　　通过上面几节的学习,我们初步掌握了如何编写一个 Visual Basic 应用程序,概括起来就是:首先进行算法分析,然后使用顺序、选择和循环结构设计程序。如果程序出现了错误,使用本节介绍的调试方法进行排错。

6.6 综合例题

例 6.30 编写程序实现图 6-25 所示的功能,图中运算符可以是＋、－、＊、/、＾五种之一,当输入两个操作数和一个运算符后,单击窗体,运算结果出现在最后一个文本框中。

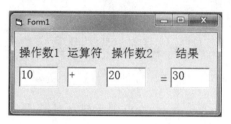

图 6-25 例 6.30 运行界面

分析:文本框中输入的内容为字符串类型,题中要求进行的是算术运算,因此,需要使用 Val 函数将字符串类型转换为数值类型,但有时运行得不到我们想要的结果,原因是在文本框中输入的内容可能含有空格,对多余的空格应该使用 Trim 函数去除。另外,对于除法运算,要考虑分母为 0 的情况。

程序代码如下:

```
Private Sub Form_Click()
    Dim a As Single，b As Single
    a＝Val(Trim(Text1))
    b＝Val(Trim(Text3))
    Select Case Trim(Text2)
        Case "＋"
            Text4＝a＋b
        Case "－"
            Text4＝a－b
        Case "＊"
            Text4＝a＊b
        Case "＾"
            Text4＝a＾b
        Case "/"
            If b＝0 Then
                MsgBox "分母不能为 0!"
                Text3＝""
```

```
        Else
            Text4＝a/b
        End If
    End Select
End Sub
```

例 6.31　百元买百鸡问题:某人用 100 元钱买 100 只鸡,假定小鸡每只 5 角,公鸡每只 2 元,母鸡每只 3 元,编程求解购鸡方案。

分析:

① 设母鸡、公鸡、小鸡各为 x、y、z,列出方程为:

$x＋y＋z＝100$

$3x＋2y＋0.5z＝100$

三个未知数,两个方程,此题求若干个整数解。

② 计算机求解此类问题,采用试凑法(也称穷举法)来实现,即将可能出现的各种情况一一罗列测试,判断是否满足条件,若满足条件则输出。故可采用循环结构来实现。

③ 循环变量初值和终值的设定,100 元可以购买最多 33 只母鸡,50 只公鸡,200 只小鸡,但是题目中指出最多购买 100 只鸡,因此,循环变量 x 的初值和终值设置为 0 和 33,y 的初值和终值设置为 0 和 50,z 的初值和终值设置为 0 和 100。

程序代码如下:

```
Private Sub Form_Click()
    Dim x%, y%, z%
    Print "母鸡", "公鸡", "小鸡"
    For x＝0 To 33                    '母鸡的数量,循环 34 次
        For y＝0 To 50                '公鸡的数量,循环 51 次
            For z＝0 To 100           '小鸡的数量,循环 101 次
                If 3 * x＋2 * y＋0.5 * z＝100And x＋y＋z＝100 Then
                                      '100 元和 100 只的条件
                    Print x, y, z
                End If
            Next
        Next
    Next
End Sub
```

上述程序可以求出结果,但是循环体需要执行 34 * 51 * 101＝175134 次,而

穷举法解题策略分为 3 步:

① 确定穷举变量和穷举范围。

② 确定符合问题解的判断条件。

③ 优化程序,缩小搜索范围。

现在考虑第③步,优化程序,将百元或者百鸡的条件从循环语句 if 中拿出来替换第三层循环,将三重循环变成双重循环。

程序代码如下:

```
Private Sub Form_Click()
    Dim x%, y%, z%
    Print "母鸡", "公鸡", "小鸡"
    For x=0 To 33
        For y=0 To 50
            z=100-x - y                  '用 100 只的条件替换原来的
                                          第三层循环
            If 3 * x+2 * y+0.5 * z=100 Then   '用 100 元的条件进行测试
                Print x, y, z
            End If
        Next
    Next
End Sub
```

这样代码的循环次数就变成了 34 * 51＝1734 次。比前一段代码的循环次数大大缩减了。

例 6.32 小猴有桃若干,第一天吃掉一半多一个;第二天吃掉剩下桃子的一半多一个;以后每天都吃掉尚存桃子的一半多一个,到第 7 天只剩一个,问小猴原有桃多少?

分析:根据题意我们可以根据第 7 天的桃子数推出第 6 天的桃子数,再利用第 6 天的桃子数推出第 5 天的桃子数,依此类推,直至推出第 1 天的桃子数。此为递推法,递推(迭代)法基本思想是把一个复杂的计算过程转化为简单过程的多次重复。每次都从旧值的基础上递推出新值,并由新值代替旧值。本题中我们用后一天的数推出前一天的数。设第 n 天的桃子为 x_n,是前一天的桃子的二分之一减去 1,前一天的桃子数为 x_{n-1}。

$$即 \ x_n=\frac{1}{2}x_{n-1}-1, 也就是 \ x_{n-1}=(x_n+1)\times 2$$

程序代码如下:

```
Private Sub Form_Click()
```

```
    Dim x As Integer，i As Integer
    x＝1                                'x 先放第 7 天的桃子数
    Print "第 7 天的桃子数为:1 只"
    For i＝6 To 1 Step －1               '从第 6 天逐渐推到第 1 天
        x＝(x＋1)*2
        Print "第"；i；"天的桃子数为:"；x；"只"
    Next
End Sub
```

例 6.33　求自然对数 e 的近似值,公式如下,要求误差小于 0.00001。

$$e = 1 + \frac{1}{1!} + \frac{1}{2!} + \frac{1}{3!} + \cdots + \frac{1}{n!} + \cdots = \sum_{i=0}^{\infty} \frac{1}{i!}$$

分析:本例涉及程序设计中的两个重要运算:累加和连乘 i!。累加是在原有和的基础上再加一个数;连乘则是在原有积的基础上再乘以一个数。该题先求 i!,再将 1/i! 进行累加,循环次数未知,因此可用 Do 循环来实现。

程序代码如下:

```
Private Sub Form_Click()
    Dim i As Integer，t As Long，ee As Single
    i＝0
    ee＝0                                'ee 存放 1/t 的累加和
    t＝1                                 't 存放 i!
    Do While 1/t＞0.00001
        ee＝ee＋1/t
        i＝i＋1
        t＝t*i
    Loop
Print "计算了"；i－1；"项的和是"；ee
End Sub
```

例 6.34　计算 $s = 1 + \frac{1}{2} + \frac{1}{4} + \frac{1}{7} + \frac{1}{11} + \frac{1}{16} + \frac{1}{22} + \cdots$,当第 i 项的值小于 0.0001 时结束。

分析:本题与上题类似,也是利用循环求部分级数的和。解题的关键在于寻找相邻项之间的规律,并且写出通项,本题的规律是:第 i 项的分母是前一项的分母加上 i,即 $T_{i+1} = T_i + i$。事先不知道循环次数时一般应使用 Do 循环结构,但是也可以使用 For 循环结构,只需设置一个较大的循环终值即可。下面是用两种循环结构编写的代码,请读者比较。

```
          Do While 循环结构：                          For 循环结构：
Dim s As Single，t&，i&                  Dim s As Single，t&，i&
s=0；t=1；i=1                             s=0；t=1
Do While 1/t > 0.0001                    For i=1 To 100000
    s=s+1/t                                  s=s+1/t
    t=t+i                                    t=t+i
    i=i+1                                    If 1/t<0.0001 Then Exit For
Loop                                     Next i
Print "Do 循环"；s；i-1；"项"            Print "For 循环"；s；i；"项"
```

例 6.35　在窗体 Form1 上画出 $-2\pi \sim 2\pi$ 区间的正弦曲线，如图 6-26 所示。

分析：

① 首先定义坐标系(Scale $(-8, 2)-(8, -2)$)。

② 用 Line 方法画图，取相邻两个 x 点的间距为 0.01。

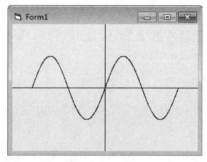

图 6-26　正弦曲线

程序代码如下：

```
Private Sub Form_Click()
    Cls
    Form1.Scale (−8，2)−(8，−2)              '定义坐标系
    Line (−8，0)−(8，0)                       '画 X 轴
    Line (0，2)−(0，−2)                       '画 Y 轴
    CurrentX=−6.28；CurrentY=0               '设置起点坐标为(−6.28,0)
    For i=−6.28 To 6.28 Step 0.01            '循环执行 1257 次
        x=i；y=Sin(i)                         '求出下一点坐标(x,y)
        Line −(x，y)                          '从当前点画到(x,y)点
    Next i
End Sub
```

思考：将步长设为 0.1、0.001 和 0.0001，输出的图像会有什么不同？

　　本章的编程知识是学好程序设计最重要和基础的一环，唯有勤思考，在读懂例题的基础上，多做练习，才能够举一反三，触类旁通，没有其他的捷径。

习　题　6

一、选择题

1. Visual Basic 提供了结构化程序设计的三种基本结构，它们是_____。

　　A. 递归结构、选择结构、循环结构

　　B. 过程结构、顺序结构、循环结构

　　C. 顺序结构、选择结构、循环结构

　　D. 输入输出结构、选择结构、循环结构

2. 下面哪组语句可以将变量 a 和 b 交换_____。

　　A. a＝b：b＝a　　　　　　　　B. a＝a＋b：b＝a－b：a＝a－b

　　C. a＝c：c＝b：b＝a　　　　　　D. a＝(a＋b)/2：b＝(a－b)/2

3. 执行下面的程序后，输出结果是_____。

　　x＝2：y＝4：z＝6

　　x＝y：y＝z：z＝x

　　Print x；y；z

　　A. 4 6 4　　　　　B. 2 4 6　　　　　C. 4 6 2　　　　　D. 4 4 6

4. 下列关于 Do…Loop 循环结构执行循环体次数的说法，正确的是_____。

　　A. Do While…Loop 循环和 Do…Loop Until 循环至少都执行一次

　　B. Do While…Loop 循环和 Do…Loop Until 循环可能都不执行

　　C. Do While…Loop 循环至少执行一次，Do…Loop Until 循环可能不执行

　　D. Do While…Loop 循环可能不执行，Do…Loop Until 循环至少执行一次

5. Visual Basic 有三种工作模式，下面不属于这三种模式的是_____。

　　A. 设计模式　　　B. 运行模式　　　C. 中断模式　　　D. 出错模式

6. 以下不属于 Visual Basic 支持的循环结构是_____。

　　A. While…End　　B. For…Next　　C. Do…Loop　　D. While…Wend

7. 下列关于 Exit For 的使用说法，正确的是_____。

　　A. Exit For 语句可以退出任何类型的循环

　　B. 在嵌套的 For 循环中，Exit For 表示退出最内层的 For 循环

　　C. 一个 For 循环中只能有一条 Exit For 语句

　　D. Exit For 表示返回 For 语句继续执行

8. 下面程序段运行后显示的结果是_____。

　　Dim x

　　If x Then Print x Else Print x＋1

　　A. 1　　　　　　　B. 0　　　　　　　C. －1　　　　　　D. 出错

9. 对于语句 If x＝1 Then y＝1,下列说法正确的是_____。

    A. x＝1 和 y＝1 均为赋值语句

    B. x＝1 和 y＝1 均为关系表达式

    C. x＝1 为关系表达式,y＝1 为赋值语句

    D. x＝1 为赋值语句,y＝1 为关系表达式

10. 执行下列语句:

        a＝InputBox("请输入第一个数:")

        b＝InputBox("请输入第二个数:")

        Print a＋b

    当输入为 111 和 222 时,输出的结果为_____。

    A. 111222   B. 111   C. 222   D. 333

11. 下列求两个数的较大值的程序,不正确的是_____。

    A. max＝IIF(x＞y,x,y)

    B. If x＞y Then max＝x Else max＝y

    C. If x＞y Then max＝y Else max＝x

    D. max＝x

       If y＞x Then max＝y

12. 下面程序段运行后显示的结果是_____。

    For i＝－2 To 10 Step 4

      s＝s＊i

    Next i

    Print i

    A. 6   B. 10   C. 14   D. 12

13. 下面第 40 号语句和第 41 号语句分别执行了_____次。

    30   For j＝1 To 12 Step 3

    40   For k＝6 To 2 Step －2

    41   MsgBox (j & "" & k)

    42   Next k

    43   Next j

    A. 4,12   B. 4,3   C. 1,4   D. 1,3

14. 下面程序的循环次数是_____。

    For j＝80 To 55 Step －5

      Print j;

    Next

    A. 6   B. 10   C. 5   D. 12

15. 下面程序的输出结果是_____。

```
Dim count As Integer
count=0
While count < 20
    count=count+1
Wend
Print count
```

  A. 15   B. 10   C. 20   D. 12

二、程序阅读题

1. 执行如下代码,输出的结果是_____。

```
A=9：B=3
A=A-B：B=B+A：A=B-A
Print "A="；A，"B="；B
```

2. 执行下面程序输入 4 后,输出的结果是_____。

```
x=InputBox("输入变量 x")
If x ^ 2<15 Then y=1/x
If x ^ 2>15 Then y=x ^ 2-1
Print y
```

3. 执行下面程序输入 2 后,输出的结果是_____。

```
x=InputBox("输入 x 的值：")
Select Case Sgn(x)+2
    Case 1
        Print x ^ 2-1
    Case 2
        Print x+3
    Case 3
        Print x ^ 3+2
End Select
```

4. 执行下面程序后,显示的结果是_____。

```
x=Int(Rnd)+3
Select Case x
    Case 4
        Print "优"
    Case 3
```

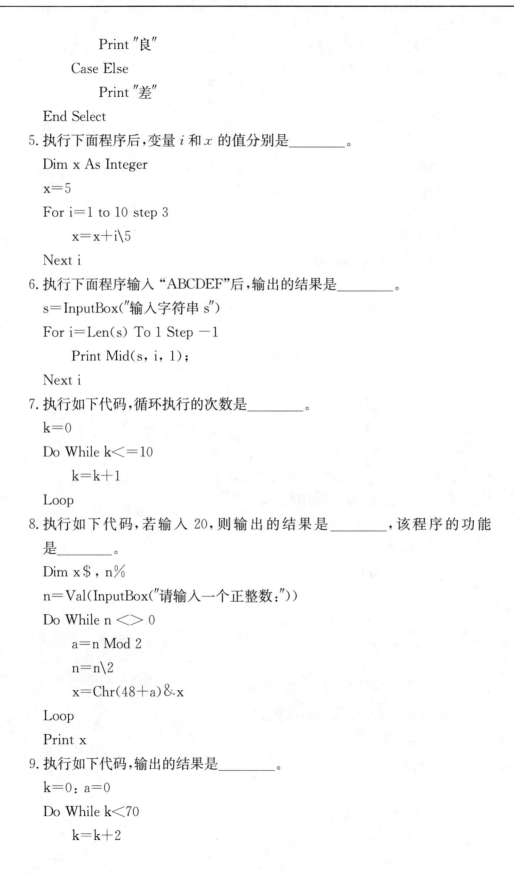

```
        Print "良"
    Case Else
        Print "差"
End Select
```

5. 执行下面程序后,变量 i 和 x 的值分别是_____。

```
Dim x As Integer
x=5
For i=1 to 10 step 3
    x=x+i\5
Next i
```

6. 执行下面程序输入 "ABCDEF"后,输出的结果是_____。

```
s=InputBox("输入字符串 s")
For i=Len(s) To 1 Step −1
    Print Mid(s, i, 1);
Next i
```

7. 执行如下代码,循环执行的次数是_____。

```
k=0
Do While k<=10
    k=k+1
Loop
```

8. 执行如下代码,若输入 20,则输出的结果是_____,该程序的功能是_____。

```
Dim x$, n%
n=Val(InputBox("请输入一个正整数:"))
Do While n <> 0
    a=n Mod 2
    n=n\2
    x=Chr(48+a)&x
Loop
Print x
```

9. 执行如下代码,输出的结果是_____。

```
k=0: a=0
Do While k<70
    k=k+2
```

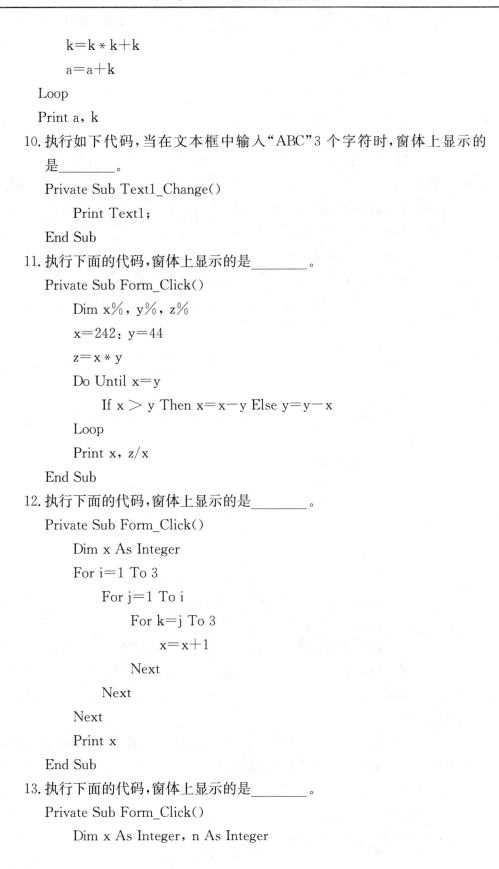

```
            k＝k＊k＋k
            a＝a＋k
    Loop
    Print a，k
```

10. 执行如下代码,当在文本框中输入"ABC"3 个字符时,窗体上显示的是_____。

```
    Private Sub Text1_Change()
        Print Text1；
    End Sub
```

11. 执行下面的代码,窗体上显示的是_____。

```
    Private Sub Form_Click()
        Dim x％，y％，z％
        x＝242；y＝44
        z＝x＊y
        Do Until x＝y
            If x ＞ y Then x＝x－y Else y＝y－x
        Loop
        Print x，z/x
    End Sub
```

12. 执行下面的代码,窗体上显示的是_____。

```
    Private Sub Form_Click()
        Dim x As Integer
        For i＝1 To 3
            For j＝1 To i
                For k＝j To 3
                    x＝x＋1
                Next
            Next
        Next
        Print x
    End Sub
```

13. 执行下面的代码,窗体上显示的是_____。

```
    Private Sub Form_Click()
        Dim x As Integer，n As Integer
```

```
x=0：n=0
Do While x < 50
    x=(x+2)*(x+3)
    n=n+1
Loop
Print x；n
```

End Sub

14. 执行下面的代码,窗体上显示的是＿＿＿＿。

```
Private Sub Form_Click()
    Print "123456789"
    a=" * "：b=" $ "
    For k=1 To 3
        x=Str(Len(a)+k) & b
        Print x；
    Next
End Sub
```

15. 执行下面的程序,当第 3 次单击窗体的时候,窗体上显示的是＿＿＿＿。

```
Private Sub Form_Click()
    Static a As Integer
    a=a+1
    Cls
    Select Case a
        Case 1：Print "学习很辛苦"
        Case 2：Print "努力就能成功"
        Case 3：Print "希望你通过考试"
        Case 4：Print "失败是成功之母"
        Case Else：End
    End Select
End Sub
```

三、程序填空题

1. 取出文本框 Text1 中的内容,将其中含有的数字字符顺序取出并组成新的字符串输出。例如,在 Text1 中输入"ab1cd23",输出"123"。

```
st1=Text1. Text：st2=""
For i=1 To _____
    s=Mid(st1，i，1)
```

　　If ＿＿＿＿＿＿＿＿　　Then st2＝st2＋s

Next i

Print st2

2. 找出 100～999 之间的所有"水仙花数"。所谓"水仙花数"是一个三位数，其各位数的立方和等于该数本身，例如，153＝1^3＋5^3＋3^3，故 153 是"水仙花数"。

```
Dim p As Integer
For n＝100 To 999
    a＝Int(n/100)
    b＝Int((n－a＊100)/10)
    ＿＿＿＿＿＿＿＿
    p＝a＾3＋b＾3＋c＾3
    If ＿＿＿＿＿＿＿＿ Then
        Print n;"是水仙花数"
    End If
Next n
```

3. 编写程序，输出 1000 之内的所有完数。"完数"是指一个数恰好等于它的因子之和，如 6 的因子为 1、2、3，而 6＝1＋2＋3，故 6 是完数。

```
For i＝1 To 1000
    Sum＝0
    For k＝1 To i－1
        If i Mod k＝0 Then
            ＿＿＿＿＿＿＿＿
        End If
    Next k
    If Sum＝i Then
        Print "i＝"; i;"是完数"
    End If
Next i
```

4. 编写程序，输出 100 之内的孪生素数。"孪生素数"是指两个相差 2 的素数对。

```
Dim p1 As Boolean, p2 As Boolean, i As Integer, j As Integer
p1＝True
```

```
For i=5 To 97 Step 2
    For j=2 To Sqr(i)
        If i Mod j=0 Then _____
    Next j
If j>Sqr(i) Then p2=True Else p2=False
If p1 And p2 Then
    Print i-2, i
End If
p1=_____
Next i
```

5.编写程序输出下面图形。

```
          A
         BBB
        CCCCC
       DDDDDDD
      EEEEEEEEE
     FFFFFFFFFFF
```

```
For i= 1 To 6
    Print Spc(7-i);
    For j=1 To 2*i-1
        Print _____
    Next j
    Print
Next i
```

6.编写程序输出下面图形。

```
    * * * * *
     * * * * *
    * * * * *
     * * * * *
```

```
For i=1 To 4
    Print Spc(5-i);
    For j=_____
        Print _____
    Next j
    Print
Next i
```

7. 输出下面的图形。

```
                1
               121
              12321
             1234321
            123454321
           12345654321
          1234567654321
         123456787654321
        12345678987654321
```

```
For i＝1 To 9
    Print Spc(10－i)；
    For j＝1 To i
        Print _____ ；
    Next j
    For j＝_____
        Print Trim(j)；
    Next j
    Print
Next i
```

8. 用正确的内容填空,程序的功能是找出 50 以内所有能构成直角三角形的整数。

```
Dim a As Integer，b As Integer
Dim c As Single
For a＝1 To 50
    For b＝a To 50
        c＝Sqr(a＾2＋b＾2)
        If _____ Then Print a，b，c
    Next b
Next a
```

9. 大赛有 7 位评委为选手打分,去掉最高分和最低分后求得平均分作为选手的成绩。

```
cj＝Val(InputBox("第 1 位评委打分"))
Max＝cj；Min＝cj；s＝cj
For i＝2 To 7
    cj＝Val(InputBox("第" & i & "位评委打分"))
    If _____ Then Min＝cj
```

  If _____ Then Max＝cj

   s＝s＋cj

Next i

Print "该选手的成绩为"；_____

10. 程序功能是计算 $1+1/3+1/5+\cdots+1/(2N+1)$，直到 $1/(2N+1)<10^{-5}$。

Sum＝1；n＝1

Do

  n＝n＋2

  temp＝1/n

  Sum＝Sum＋temp

  If temp＜0.00001 Then _____

Loop

Print Sum

11. 计算 S 的近似值，直至最后一项的绝对值小于 10^{-5}。

$$S = 1 - \frac{1}{2} + \frac{1}{3} - \frac{1}{4} + \cdots + (-1)^{k+1}\frac{1}{k}$$

k＝1；s＝0

Do While 1/k ＞＝0.00001

  _____

  k＝k＋1

Loop

Print s

12. 根据式子 $\dfrac{\pi}{4} = 1 - \dfrac{1}{3} + \dfrac{1}{5} - \dfrac{1}{7} + \cdots + (-1)^{n+1}\dfrac{1}{2n-1}$ ，求 π 的近似值，直至最后一项小于给定的值（如 10^{-5}）。

Private Sub Form_Click()

  Dim pi As Single，t As Single，n As Long，a As Integer

  pi＝1；n＝1；s＝1

  Do

    n＝n＋2

    t＝1/n

    s＝－1＊s

    pi＝

  Loop While（t ＞ 0.00001）

  Print "π≈"；4＊pi

End Sub

13. 下面的程序随机产生 10 个两位正整数,输出其中能够被 10 整除的数,并统计个数。

```
Dim n As Integer, x As Integer
n=0
For i=1 To 10
    x=_____
    If x Mod 10=0 Then
        n=_____
        Print x
    End If
Next
Print "n="; n
```

14. 求 $S_n = a + aa + aaa + \cdots + aa \cdots aaa$ (n 个 a),其中,n 是 $1 \sim 9$ 之间的随机数,a 是 $5 \sim 9$ 之间的随机数。例如,$n = 5, a = 2$ 时,$S_n = 2 + 22 + 222 + 2222 + 22222$。

```
Dim a%, n%, t As Long, s As Long
a=Int(Rnd * 9+1)
n=_____
t=0
s=0
For i=1 To n
    t=_____
    s=s+t
Next
Print s
```

15. 有 36 块砖,共有 36 人搬,男搬 4 块,女搬 3 块,小孩两人抬一块,恰好一次全部搬完,求男、女和小孩各有多少人。

```
For x=1 To 9
    For y=1 To 12
        z=_____
        If _____ Then
            Print x; y; z
        End If
    Next
Next
```

四、编程题

1. 随机产生一个3位正整数,然后逆序输出。例如,产生123,输出123以及321。

提示:使用"Mod"取余运算符和"\"整除运算符将3位正整数的每一位分离出来,然后再连接成一个逆序的3位数。

2. 某网吧制定的上网费用公式如下,编程输入上网的时间,根据公式计算上网费用。为了吸引顾客,每月收费最多不超过500元。

$$费用=\begin{cases} 5 元/小时 & 上网时间 <10 小时 \\ 4 元/小时 & 上网时间 10\sim50 小时 \\ 3 元/小时 & 上网时间 \geqslant 50 小时 \end{cases}$$

提示:首先使用多分支结构计算出上网费用,然后使用 if 语句判断是否超过500,超过的按照500收费。

3. 假设某项税收的规定如下:

(1) 收入在500元以内,免征;

(2) 收入在500~1000元,超过500元的部分纳税3%;

(3) 收入超过1000元时,超过的部分纳税4%;

(4) 收入超过2000元时,超过的部分纳税5%。

试接受用户键盘输入的数据并编程计算税收输出。

4. 已知一元二次方程 $ax^2+bx+c=0\,(a\neq0)$ 的两个实根:$x_{1,2}=\dfrac{-b\pm\sqrt{b^2-4ac}}{2a}$。请编写窗体 Form1 的 Click 事件过程,用 $InputBox$ 函数接收 a、b、c 的值,分 $b^2-4ac>0$、$b^2-4ac=0$、$b^2-4ac<0$ 三种情况输出方程的解。

5. 编写程序,产生50个[1,50]之间的随机整数,统计其中被6除余2的整数个数。

6. 编写程序,求出所有100以内的自然数对。自然数对是指两个自然数和与差都是平方数,如8和17的和为8+17=25与其差17-8=9都是平方数,则8和17就称为自然数对。

7. 一只小球从10米高度上自由落下,每次落地后反弹回原高度的40%,再落下。编程计算小球在第8次落地时,共计经过了多少米?

8. 编写程序,求 $s=1+(1+2)+(1+2+3)+\cdots+(1+2+3+\cdots+n)$ 的值。

9. 用 InputBox 函数输入一个小于20的正整数,计算并在窗体上输出下面表达式的值。

$$s=\frac{1}{1*2}+\frac{1}{2*3}+\frac{1}{3*4}+\cdots+\frac{1}{n*(n+1)}$$

10. 编写程序,在窗体上输出下面的图形。

```
          1
         222
        33333
       4444444
      555555555
     66666666666
```

11. 输出下图所示的图形。(提示:先输出上面 5 行的正三角星型,再输出下面 4 行的倒三角星型。)

```
        *
       * * *
      * * * * *
     * * * * * * *
    * * * * * * * * *
     * * * * * * *
      * * * * *
       * * *
        *
```

12. 期末考试安排某班在一周的 6 天内考三门课程 x, y, z,规定一天只能考一门,并且最先考 x,其次是 y,最后考 z,最后一门课 z 最早在周五考。列出满足条件的方案。

13. 一个富翁试图与陌生人做一笔换钱生意,规则是:陌生人每天给富翁 10 万元钱,直到满一个月(假设 30 天);富翁第一天给陌生人 1 分钱,第二天 2 分钱,第三天 4 分钱,……,每天都是前一天的两倍,直到满一个月(30 天)。请计算并输出陌生人给富翁的钱数和富翁给陌生人的钱数。

提示:陌生人给富翁的钱数就是 10 万/天 ＊ 30 天＝300 万;富翁给陌生人的钱假设为 x,初始值 $x=0.01$,累加到 s 中,使用循环结构计算第 2 天到第 30 天每一天的钱数,每一天都是前一天的两倍,即 $x=x*2$,累加到 s 中,试比较其与 300 的大小。

14. 用一元纸币兑换一分、二分和五分的硬币,要求兑换硬币的总数为 50 枚。编程列出所有可能的兑换方案。

15. 编程计算古代数学问题"鸡兔同笼"。已知同一笼子里有鸡和兔共 m 只,一共有 n 只脚,求鸡和兔各有多少只?

数组和自定义类型

数组是 Visual Basic 提供的一种复合数据类型,它可以有效地存储和处理批量数据,同时也能够缩短和简化程序。在实际应用中,有些问题必须通过数组来解决。本章主要介绍数组的基本概念和使用方法。

7.1 数 组

7.1.1 数组的基本概念

1. 引例

在 Visual Basic 中,可使用基本数据类型(整型、实型、字符型)完成一些简单问题的描述和处理,但当处理成批数据时,再使用基本数据类型就会十分困难,甚至难以解决问题。因此,在程序设计中,数组的引入是十分必要的。先看一个例子:

```
Private Sub Form_Click()
    Dim a(1 To 30) As Integer
    Dim i As Integer
    Randomize
    For i=1 To 30
        a(i)=Int(Rnd() * 31+50)
    Next i
    For i=1 To 30
        Print a(i);
        If i Mod 5=0 Then
            Print
        End If
    Next i
End Sub
```

运行结果如图 7-1 所示。

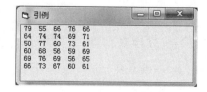

图 7-1　程序输出界面

以上程序的功能是产生介于 50～80 之间的 30 个随机整数存入数组 a 中，并输出每个随机数。

如果用简单变量来存储这 30 个数据，则需要 30 个变量，这显然是不可行的。而在本例中，仅仅使用了一个数组，便可以存储这 30 个数据，从而避免了程序代码过于冗长，提高了程序的运行效率。

2. 数组与数组元素

数组是一组相关数据的集合。集合中的每一个数据称为一个数组元素，数组元素用一个统一的数组名和下标来唯一指定和访问。在使用数据组时应注意以下几点：

① 数组须先声明后使用，声明包括指定数组名、类型、维数及数组大小。

② 数组的命名原则与简单变量命名规则相同。

③ 一般地，每个数组元素的数据类型均相同，其类型在数组声明时定义（Visual Basic 允许定义数组元素的类型不一致，但不建议使用）。

④ 数组声明时下标的个数即为数组的维数，根据数组的维数，数组分为一维数组和多维数组。

⑤ 数组声明时可将数组定义为定长数组（固定大小），或动态数组（大小可变）。

7. 1. 2　数组定义

根据系统为数组变量分配内存时机的不同，数组分为静态（定长）数组和动态数组两种类型，它们的定义方式也不相同。

1. 静态数组

静态数组的定义格式为：

Dim 数组名(下标 1[，下标 2，…])[As 类型]

说明：

① 下标必须为常数或符号常量，不能是表达式或变量。

② 下标的形式可以是：[下界 TO]上界。下标的最小下界为－32768，最大上界为＋32767。可省略下界，此时默认为 0。

③ 使用 Option Base n 语句可重新设定数组的默认下界。如：

　　　Option Base 1

将数组默认下界设定为 1。

④ 一维数组的大小：数组包含元素的个数，其值为（上界－下界＋1）。

⑤ 多维数组的大小：每一维的大小为（上界－下界＋1），多维数组的大小为各维大小的乘积。

例如,

Dim mark(10) As Integer   '定义了一个数组名为 mark 的一维数组,数据类型
　　　　　　　　　　　　　　为整型,有 11 个元素,下标的范围 0~10

Dim st(−3 To 3) As String * 5   '定义了一个数组名为 st 的一维数组,数据类型为
　　　　　　　　　　　　　　字符串类型,有 7 个元素,下标范围−3~3,每个
　　　　　　　　　　　　　　元素最多存放 5 个字符

Dim a(−2 To 2,3) As Single   '定义了一个数组名为 a 的二维数组,数据类型为单
　　　　　　　　　　　　　　精度型,有 5 行 4 列 20 个元素,数组元素在内存中
　　　　　　　　　　　　　　的排列顺序如图 7-2 所示

a(−2,0)	a(−2,1)	a(−2,2)	a(−2,3)
a(−1,0)	a(−1,1)	a(−1,2)	a(−1,3)
a(0,0)	a(0,1)	a(0,2)	a(0,3)
a(1,0)	a(1,1)	a(1,2)	a(1,3)
a(2,0)	a(2,1)	a(2,2)	a(2,3)

图 7-2　二维数组图示

Dim b(2,3,2) As Integer   '定义了一个数组名为 b 的三维数组,数据类型为整
　　　　　　　　　　　　　　型,有 36 个元素,其在内存中的排列顺序如图 7-3
　　　　　　　　　　　　　　所示

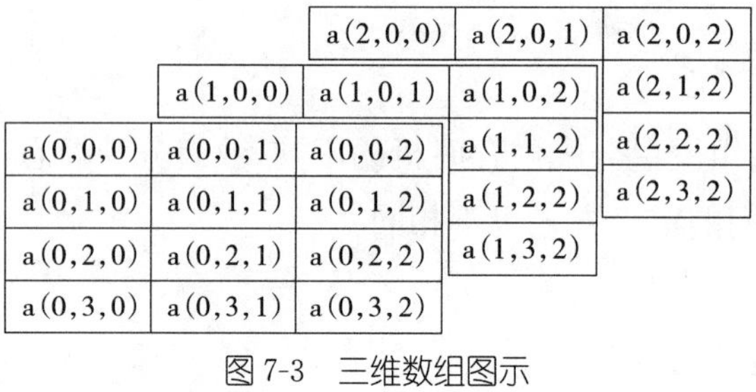

		a(2,0,0)	a(2,0,1)	a(2,0,2)
	a(1,0,0)	a(1,0,1)	a(1,0,2)	a(2,1,2)
a(0,0,0)	a(0,0,1)	a(0,0,2)	a(1,1,2)	a(2,2,2)
a(0,1,0)	a(0,1,1)	a(0,1,2)	a(1,2,2)	a(2,3,2)
a(0,2,0)	a(0,2,1)	a(0,2,2)	a(1,3,2)	
a(0,3,0)	a(0,3,1)	a(0,3,2)		

图 7-3　三维数组图示

2. 数组的引用

数组被定义后,每一个数组元素都可以看成是一个变量,凡是简单变量可以出现的地方都可以使用数组元素,既可以参加表达式的运算,又可以被赋值。所以,定义一个数组即相当于定义了若干个变量,数组在声明后即可引用数组元素,引用方法为:

数组名(下标 1[,下标 2,…])

数组的下标表示数组元素在数组中的位置,是一个顺序号,每一个下标唯一地指向一个数组元素。引用数组元素时,下标可以是整型的常量、变量、表达式,还可以是另外一个数组元素。例如,a(1),b(x,y),c(a(1),a(2))。

例 7.1　编写程序,使用数组计算并输出斐波那契数列的前 20 项。

分析:斐波那契数列的各项分别是{1,1,2,3,5,8,…},其中第 1 项和第 2 项

为 1,从第 3 项开始,每项均是前两项之和。若用数组 a 存放数列,则有 a(1)＝a (2)＝1,从第三项开始,即当 i≥3 时,a(i)＝a(i−2)＋a(i−1)。

程序代码如下:

```
Private Sub Command1_Click()
        Dim a(20) As Integer              '定义一维数组来存放数列的各项
        Dim i%
        a(1)=1: a(2)=1
        For i=3 To 20
            a(i)=a(i-2)+a(i-1)            '计算并保存数列各项
        Next i
        For i=1 To 20                     '按5个元素一行输出数列
            Print a(i),
            If i Mod 5=0 Then Print
        Next i
End Sub
```

程序运行结果如图 7-4 所示:

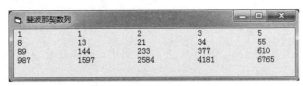

图 7-4　例 7.1 运行界面

注意:其下标值应在声明数组时所指定的范围内,否则在运行时会出现"下标越界"错误。

3. 动态数组

在数组的声明语句中指定数组的大小时,则定义了一个静态(定长)数组,系统在编译时根据定长数组声明语句,为数组分配存储空间,在程序的整个执行期间,数组所占据的存储空间大小将不再改变,当程序执行结束后,由系统回收这些空间。

数组到底应该有多大才合适,有时可能并不知道,往往需要声明一个尽可能大的数组,但这样会浪费存储空间,所以,最好能够在程序运行期间根据需要动态设置数组大小。为此,Visual Basic 为用户提供了动态数组。动态数组在定义时不声明数组的大小(省略括号中的下标),当要使用它时,再用 ReDim 语句定义数组大小。这样,就可以在需要时改变数组的大小,数组也因此具有了在运行时改变其大小的能力。

创建动态数组的步骤：

① 用 Dim 语句声明数组，但不指定数组的大小。语句格式：

    Dim 数组名( ) As 数组类型

② 用 ReDim 语句动态地指定数组的大小。语句格式：

    ReDim [Preserve] 数组名(下标1[,下标2…]) [As 类型]

说明：

① ReDim 语句中，下标上界可以是常量，也可以是有确定值的变量。

② 与 Dim 语句不同，ReDim 语句是一个可执行语句，只能出现在过程中。例如，

```
Dim a( ) As Integer
Dim b( ) As Single
Sub Command1_Click()
    Dim x As integer
        …
    ReDim a(3, 5)
    ReDim b(x)
        …
End Sub
```

③ 可以多次使用 ReDim 语句改变数组大小，也可以改变数组维数，但不能改变数组的数据类型。

④ 对于数组可通过函数 UBound( )和 LBound( )，分别获得数组某一维的上界和下界。函数格式为：

$$UBound(数组名[,测试的维数])$$
$$LBound(数组名[,测试的维数))$$

例如，

Dim a(1 To 3,1 To 4,2 To 5),b(3)

Upp1＝UBound(a,1)   '测试数组 a 第一维的下标上界，返回值为 3

Upp2＝UBound(b)   '测试数组 b 下标上界，省略维数，返回值为 3

Low2＝LBound(a,3)   '测试数组 a 第三维的下标下界，返回值为 2

⑤ 使用 ReDim 重新定义数组的大小时，数组中的数据会全部丢失，若想保留数组的数据，可使用关键字 Preserve。

例如，重新定义动态数组，使数组扩大、增加一个元素，保留数组元素原有值，可使用的语句是：

ReDim Preserve a(UBound (a)＋1)

另外，在用 Preserve 关键字时，只能改变多维数组中最后一维的上界；如果

改变了其他维或最后一维的下界,运行时就会出错。如,下列语句:

ReDim Preserve a (10, UBound (a, 2)+1)

是正确的,但如果语句写成:

ReDim Preserve a(UBound (a, 1)+1, 10)

运行时会出现"下标越界"的错误。

例 7.2 有下列语句:

```
Private Sub Form_Click()
    Dim a() As Integer, b() As Integer
    ReDim a(2)
    a(1)=10;a(2)=20
    ReDim b(2)
    b(1)=10;b(2)=20
    ReDim a(3)
    Print a(1);a(2);a(3)
    ReDim Preserve b(3)
    Print b(1);b(2);b(3)
End Sub
```

执行的结果为:

```
0    0    0
10   20   0
```

数组 a 被重新定义大小,未保留其值,故数组中的各元素被重新赋初值 0。而数组 b 在重新定义大小后,因使用了关键字 Preserve,数组中原来的元素值得以保留,只是新增加的元素被赋予初值 0。

例 7.3 使用动态数组计算并输出斐波那契数列,要求从键盘输入要得到的数列个数。

分析:仍用数组存储斐波那契数列中的数据,但因事先不知道需输出的数列元素个数 n,因此,定义动态数组,当已知 n 时,再用 Redim 语句确定数组大小。

程序代码如下:

```
Private Sub Command1_Click()
    Dim a() As Integer                    '定义动态数组
    Dim i%, n%
    n=Val(InputBox("输入数列个数:"))
    ReDim a(n-1)                          '指定数组长度
    a(0)=1;a(1)=1
    Print a(0),a(1),
```

```
    For i=2 To n−1
        a(i)=a(i−2)+a(i−1)
        Print a(i),
        If (i+1) mod 5=0 Then Print
    Next i
End Sub
```

7.1.3 数组的基本操作

1. 数组的初始化

数组定义后,系统将自动根据数组的数据类型为数组元素赋初值,例如,数值型数组初值为0,字符串数组初值为空串。用户可以通过循环结构利用赋值语句为数组元素赋初值(如引例),也可以使用 Array 函数来给数组元素赋初值,其格式为:

数组变量名=Array(常量列表)

这里的"数组变量名"是预定义的数组名,作为变量定义,既没有维数,又没有上下界,但当作数组使用。"常量列表"是需要赋给数组各元素的值,各值之间用逗号分开。

注意:

① 使用 Array 函数只能给一维数组赋值,不能初始化多维数组。

② 使用 Array 函数给数组赋初值时,数组变量必须是变体变量。因此,需显式定义数组为 Variant 变量,或在定义时不指明数据类型或不定义而直接使用。

例如,

```
Dim a As Variant              '定义数组为变体变量
Dim Matrix                    '定义数组而未指明其类型
a=Array(10, 20, 30)
b=Array("true", "false")      '数组不定义而直接使用
Matrix=Array("2012011", "李明", "男")
Print a(1),b(0),Matrix(2)
```

输出结果为:

```
    10      true    男
```

另外,变体数组中每个元素的数据类型可以不同。例如,

```
Dim a As Variant
a=Array(10,"VB",3.14)
Print a(0),a(1),a(2)
```

输出结果为:

```
    10      VB      3.14
```

例 7.4　使用 Array 函数为数组赋初值,求出数组元素的平均值,输出大于平均值的数组元素。

程序代码如下:

```
Private Sub Command1_Click()
    Dim a() As Variant
    a=Array(78, 85, 75, 69, 97, 55)          '给数组元素赋初值
    Dim i%,n%, s!, avg!
    s=0
    n=UBound(a)
    For i=LBound(a) To n
        s=s+a(i)
    Next i
    avg=s/(n+1)
    Print "平均值是:"; avg
    Print "大于平均值的有:";
    For i=0 To n
        If a(i)>avg Then Print a(i);
    Next i
End Sub
```

程序运行结果如图 7-5 所示。

图 7-5　例 7.4 运行界面

2. 数组的输入与输出

当需要通过键盘为数组输入数据时,可通过 InputBox 函数或 TextBox 控件逐一输入。数组元素的输出可通过 Print 语句直接输出,或通过 PictureBox 控件输出。

例 7.5　从键盘输入一个 4 行 4 列的矩阵,通过 Picture 框分别输出矩阵、矩阵的上三角和下三角。

程序代码如下:

```
Private Sub Form_Click()
    Dim a%(3, 3), i%, j%
```

```
For i＝0 To 3
    For j＝0 To 3
    a(i, j)＝Val(InputBox("输入数组元素:"))
    Next j
Next i
Picture1. Print "显示数组元素方阵"
For i＝0 To 3
    For j＝0 To 3
        Picture1. Print Tab(j * 5); a(i, j);
    Next j
    Picture1. Print
Next i
Picture2. Print "显示上三角数组元素"
For i＝0 To 3
    For j＝i To 3
        Picture2. Print Tab(j * 5); a(i, j);
    Next j
    Picture2. Print
Next i
Picture3. Print "显示下三角元素"
For i＝0 To 3
    For j＝0 To i
            Picture3. Print Tab(j * 5); a(i, j);
    Next j
    Picture3. Print
Next i
End Sub
```

程序运行界面如图 7-6 所示。

图 7-6   例 7.5 运行界面

例 7.6　用随机函数模拟掷骰子实验,统计掷 50 次骰子出现各点的次数。

分析:骰子有六面,定义长度为 6 的数组,用数组元素 a(i)存放由随机函数产生的点数 i 出现的次数。

```
Public Sub Calculate()
    Dim a(1 To 6) As Integer
    Randomize
    For i＝1 To 50
        n＝Int(Rnd * 6＋1)        '随机产生骰子的点数(1~6)
        a(n)＝a(n)＋1             '统计某个点数出现的次数
    Next i
    For i＝1 To 6
        Form1. Print i;"点出现"; a(i);"次"
    Next i
End Sub
```

3. 数组的清除

一个数组被定义后,系统会为该数组在内存中分配相应的存储空间。使用 Erase 语句可以清除静态数组内容,或释放动态数组所占的存储空间。语句格式为:

　　　　Erase 数组名 1[,数组名 2,…]

说明:

① Erase 语句用于静态数组时,将清除数组中各元素的值,并自动赋予相应类型的初值。

② Erase 语句用于动态数组时,将释放动态数组所使用的内存空间,再次使用该数组时,需用 ReDim 语句重新定义。

③ Erase 语句还可以清除多个数组的内容,数组之间用逗号隔开。

例 7.7　清除数组 a 的内容。

```
Private Sub Command1_Click()
    Dim a(1 To 4) As Integer
    Dim i%
    Print "数组元素的值为:";
    For i＝1 To 4
        a(i)＝2 * i－1
        Print a(i);
    Next i
```

Print

Erase a

Print "执行 Erase 语句后数组值为：";

For i＝1 To 4

　　　Print a(i)；

　　Next i

End Sub

图 7-7　例 7.7 运行界面

运行结果如图 7-7 所示。

7.1.4　数组应用举例

通过前面的例子，我们看到，数组声明后，访问和引用数组元素是通过数组名加下标来实现的，引用数组元素时其下标可以是变量，这给数组的一些操作带来方便。通过以下几个例题，我们可以看到，借助循环变量，将数组元素的下标与之结合，可以巧妙地解决一些实际问题。

例 7.8　定义长度为 10 的整型类型的一维数组，并实现以下功能：

① 从键盘输入 10 个整型数据，并存入 10 个数组元素中。

② 按数组下标的逆序输出数组中的各元素值。

③ 将数组中的元素按颠倒的顺序重新存放，并输出其值。要求在操作时，只能借助一个临时存储单元而不得另外开辟数组。

分析：令循环变量的值由大到小递减，同时循环变量作为输出的数组元素的下标，即可实现按数组元素的逆序输出。那么如何实现按逆序存放呢？假定数组有 9 个元素，如图 7-8(a)所示，颠倒顺序后得到如图 7-8(b)所示的数组。若只能借助于一个临时存储单元来实现由(a)到(b)的结果，只需按图 7-8 (c)所示的形式，把两个元素的内容交换即可。

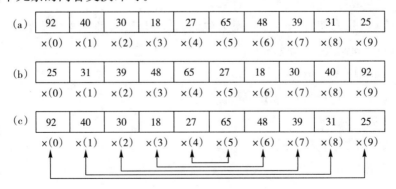

图 7-8　例 7.8 操作示意图

具体方法是：① 将第一个元素的下标和最后一个元素的下标分别存入变量

i、j 中，使 i、j 作为下标分别指向数组的第一个元素和最后一个元素，交换 a(i)和 a(j)的值；② i 后移一位，j 前移一位，若 i 小于 j，则继续交换 a(i)和 a(j)的值；③ 重复步骤②，直到 i 大于等于 j 时操作完成。

程序代码如下：

```
Private Sub Form_Click()
        Dim a(9) As Integer                          '定义一维数组
        For i＝0 To 9
            a(i)＝Val(InputBox("请输入整数:"))         '为数组元素赋值
        Next i
        For i＝9 To 0 Step －1                        '按下标逆序输出数组元素
            Print a(i);
        Next i
        i＝0：j＝9
        While i＜j                                    'i 小于 j 时交换
            t＝a(i):a(i)＝a(j):a(j)＝t
            i＝i＋1： j＝j－1                           'i 后移一位,j 前移一位
        Wend
        Print
        For i＝0 To 9
            Print a(i);
        Next i
End Sub
```

例 7.9　读入学生成绩，统计各分数段学生的人数。

程序代码如下：

```
Private Sub Command1_Click()
        Dim a() As Variant
        Dim b(10) As Integer, i%, n%
        a ＝Array(65, 57, 71, 76, 82, 90, 92, 87, 79, 86, 77, 84, 47, 39,_
            42, 48, 84, 80, 100)
        n＝UBound(a)
        For i＝0 To n
            x＝Int(a(i)/10)
            b(x)＝b(x)＋1
        Next i
```

```
    For i=0 To 9
        Print 10 * i; "--"; i * 10+9, b(i)
    Next i
    Print "100", b(10)
End Sub
```

运行结果如图 7-9 所示。本例题利用 b 数组的各元素来统计各分数段的人数,b(0)存放的是得分在 0~9 分之间的学生人数,b(1)中存放的是 10~19 分之间的学生人数,……,b(10)中是得 100 分的学生人数。本例利用数组下标与分数段之间的关系,即 x=Int(a(i)/10)、b(x)=b(x)+1 两条语句,巧妙地解决了分数段的统计问题。

图 7-9　例 7.9 运行界面

例 7.10　用选择法排序。

排序方法有很多种,较为常用的是选择法排序和冒泡法排序。选择排序是最为简单的一种排序算法,其基本思想是(以升序为例):每次在若干个无序数中找出最小的数,并将其置于该无序数列的第一个位置,直到排序完成为止。设有 N 个数,被置于数组 a 中(a(0)~a(N-1)),则对数组 a 进行选择排序的具体步骤是:

① 从 N 个数中找中最小数,假定是 a(i),把 a(i)与 a(0)交换位置。这样,通过这一轮排序,下标为 0 的第 1 个数组元素已确定好其位置。

② 在余下的 N-1 个数中再按步骤①的方法找出最小数的下标,最小数与第 a(1)交换位置。

③ 依次类推,重复步骤②,直至所有数按递增的顺序排列。显然,为完成排序,N 个数共需重复 N-1 次。

由上述分析可知,使用选择法进行数组排序,需要使用二重循环才能实现,若数组包含 N 个元素,则外循环次数为 N-1。每一次的内循环负责从一组无序的数中找到最小的数的下标,并找到该最小数在数组中的有序位置。如,第 i 次外循环,是从 a(i)~a(N-1)中找到数组中第 i+1 个最小数的下标。在程序运行过程中,用一个变量(如 m)存放最小数的下标,当找到第 i+1 个最小数后,则交换 a(i)与 a(m)的值,如图 7-10 所示。

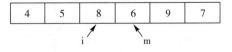

图 7-10　选择法排序示意图

程序代码如下：

```
Private Sub Command1_Click()
    Dim a(), m%, n%, i%, j%, t%
    a=Array(6,8,5,4,9,7)
    n=UBound(a)
    For i=0 To n-1
        m=i
        For j=i+1 To n
            If a(j)<a(m) Then m=j
        Next j
        t=a(i)：a(i)=a(m)：a(m)=t
    Next i
    For i=0 To n
        Print a(i)；
    Next i
End Sub
```

例 7.11　冒泡法排序。设有数组 a，包含 N+1 个元素：a(0)，a(1)，…，a(N)，利用冒泡排序法对数组按升序排序。

冒泡法排序的算法思想是：相邻的两个数两两进行比较，即 a(0) 与 a(1)、a(1) 与 a(2)、…、a(N-1) 与 a(N) 两两比较。在每次比较中，如果前一个数比后一个数大，则将两个数对调。这样一趟两两比较下来，最大的数就必然落在最后的位置。过程如图 7-11 所示：

a(0)	a(1)	a(2)	a(3)	a(4)	a(5)	
6	8	5	4	9	7	a(0) 与 a(1) 比较，不交换。
6	8	5	4	9	7	a(1) 与 a(2) 比较，交换。
6	5	8	4	9	7	a(2) 与 a(3) 比较，交换。
6	5	4	8	9	7	a(3) 与 a(4) 比较，不交换。
6	5	4	8	9	7	a(4) 与 a(5) 比较，交换。
6	5	4	8	7	9	完成一趟比较后，数组中数的排列情况。

图 7-11　冒泡法排序比较过程示意图

从上述过程中可以看出，对于 N+1 个数（a(0)～a(N)），冒泡法排序的第一轮排序需进行 N 次比较，比较结束后最大数被存放于 a(N) 中；第二轮需排序的数据个数为 N(a(0)～a(N-1))，需进行 N-1 次比较，最终最大数被存放于 a(N-1) 中，……显然，N+1 个数共需进行 N 轮比较才能完成排序（最坏情况）。则对第 i(0≤i≤N-1) 轮排序，需进行的两两比较次数为 (N-1-i)。

程序代码如下：

```
Private Sub Command1_Click()
    Dim a(), n%, i%, j%, t%
    a=Array(6, 8, 5, 4, 9, 7)
    n=UBound(a)
    For i=0 To n-1
        For j=0 To n-1-i
            If a(j)>a(j+1) Then
                t=a(j)：a(j)=a(j+1)：a(j+1)=t
            End If
        Next j
    Next i
End Sub
```

可以看到,在排序的过程中,小的数如同池塘里的气泡一样逐层上浮,大的数则逐行下沉。因此,这种排序方法被形象地比喻为"冒泡"法。

例 7.12 在有序数组 a 中插入数值,要求该数插入后,数组仍然有序。

分析:若要使数据 x 插入数组后,数组中的元素仍然保持有序排列(假设原数组元素按升序排列)。首先要做的是查找插入数据在数组中的位置 i,使 a(i-1)<x<a(i)。因为数组本身是按升序排列的,所以,只要找到第一个大于 x 的元素 a(i),则 x 在数组中的位置就是 i。然后,从 a(i)开始直到最后一元素均向后移动一个位置,最后执行 a(i)=x,插入操作完成。

程序代码如下：

```
Private Sub Command1_Click()
    Dim a(), i%, j%, n%
    a=Array(12, 15, 20, 24, 35, 41, 52, 62, 77, 78, 84, 89)
    x=Val(InputBox("请输入要插入的数据"))
    n=UBound(a)
    For i=0 To n                        '查找数据应插入的位置
        If x<a(i) Then Exit For
    Next i
    ReDim Preserve a(n+1)               '数组长度增加
    For j=n To i Step -1                '插入点数组元素依次后移
        a(j+1)=a(j)
    Next j
```

```
        a(i)＝x                                    '插入数据
        For i＝0 To n+1
            Print a(i);
        Next i
    End Sub
```

例 7.13 将数组 a 中与变量 x 的值相同的数组元素删除。

分析：可通过逐一比较，若有 $a(i)=x$，则将 $a(i)$ 后面的元素依次向前移一位，最后把数组元素个数减去 1。

程序代码如下：

```
Private Sub Command1_Click()
    Dim a(), i%, j%, n%
    a＝Array(12, 15, 20, 24, 35, 41, 52, 62, 77, 78, 84, 89)
    x＝Val(InputBox("Please input the data："))
    n＝UBound(a)
    For i＝0 To n
        If x＝a(i) Then            '查找欲删除元素的位置
            Exit For
        End If
    Next i
    If i＞n Then                    'i＞n 时，说明直到循环结束未找到与 x 相同的元素
        Print "没有要删除的数据!": Exit Sub
    End If
    For j＝i+1 To n                '将 a(i)后的数组元素依次前移
        a(j-1)＝a(j)
    Next j
    ReDim Preserve a(n-1)          '将数组元素个数减 1
    For i＝0 To n-1
        Print a(i);
    Next i
End Sub
```

7.2 列表框和组合框控件

列表框(ListBox)和组合框(ComboBox)控件是以可视化的形式直观地显示

所含项目,供用户选择使用,是一种规范输入的工具,其目的是方便用户的操作,其实质是一维字符数组。

7.2.1 列表框(ListBox)

列表框(ListBox)控件用于显示多个项目的列表,用户可以在这些项目中选择一个或者多个使用。在运行时,用户可以在列表框中完成添加或删除列表项操作,但不能编辑列表项。当列表框中的选项数目超过可显示范围时,会自动出现滚动条。

1. 主要属性

(1) List 属性

列表框中的列表内容通过 List 属性来设置,如图 7-12 所示,每次输完一个列表项后按组合键"Ctrl+Enter"可以添加下一个列表项。List 属性值可以含有多个值,这些值存储在一个数组中,因此,List 属性的数据类型为字符串数组,一个列表项即为数组的一个元素。

在代码窗口和属性窗口中均可以设置 List 属性值。引用列表框 list 属性的方法如下:

对象名. List(i)

其中,对象名是列表框的名称,i 为项目的索引号,其取值范围为 0～ListCount-1,第 1 个元素的下标为 0。例如,从图 7-12 中可知,List1. List(0)的值为"计算机系"。

(2) ListCount 属性

ListCount 属性用于表示列表框中项目的个数,即 List 数组所包含元素个数,其数据类型为整型。该属性只能在代码窗口中使用。

例如,以图 7-12 所示的列表框为例,执行语句 x=List1. ListCount,x 的值为 7。

图 7-12　列表框 List 属性设置及窗体运行图

（3）ListIndex 属性

ListIndex 属性用于表示程序运行时被选定的项目的位置,数据类型为整型。项目的位置由索引指定,第 1 项的索引值为 0,第 2 项的索引值为 1,依次类推。若未选中任何一项,则索引值为 0。该属性只能在代码窗口中引用。

（4）Selected 属性

Selected 属性表示列表框某项的选中状态,是一个逻辑类型的数组。每一个元素与列表框中的一项相对应。当元素的值为 True 时,表示选择了该项;值为 False,表示未选择。另外,该属性只能在代码窗口中使用。

例如,List1. Selected(1)＝True 表示列表框的第 2 项被选中。

（5）Text 属性

Text 属性用于返回被选中项目的项目值,类型是字符型。该属性只能在代码窗口中使用。

需要说明的是,List1. Text 等于 List1. List(List1. ListIndex)。

例如,在图 7-12 所示的列表框中,如果选中"计算机系",则 List1. Text 和 List1. List(List1. ListIndex)的值都是"计算机系"。

（6）Sorted 属性

Sorted 属性用于确定列表框中的项目在程序运行时是否按照字母的升序排列,数据类型为逻辑型。该属性需在属性窗口中设置。

（7）Style 属性

Style 属性用于设置列表框的外形特征,默认属性值"0"表示标准格式;"1"表示在列

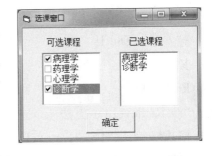

图 7-13　列表框 style 属性例

表框控件中的每个列表项的左边都有一个复选框,此时可以多选。两种风格的列表框如图 7-13 所示。该属性需在属性窗口中设置。

（8）MultiSelected 属性

MultiSelected 属性用于确定列表框是否允许多选,在属性窗口中设置。0 是默认值,表示不能多选;1 表示简单多选,可以用鼠标单击或空格键实现;2 表示扩展多选,需要与 Shift 键或 Ctrl 键配合使用。

2.方法

列表框的常用方法有:

（1）AddItem 方法

格式:列表框对象. AddItem 项目字符串[,索引值]。

功能:把"项目字符串"中的文本内容加入"列表框"中。

说明：

① 项目字符串是一个字符表达式，用于指定添加到列表框中的项目。

② 索引值用于指定插入项在列表框中的位置，若省略索引值，则该项目被置于列表框的尾部。表中的项目从 0 开始计数，故索引值不能大于表中项目数—1。使用本方法一次只能往列表框中添加一个列表项目。

例如，将"生物科学系"添加到图 7-12 所示的列表框 List1 中，作为第 4 项，应使用下面的语句：

    List1. AddItem "生物科学系"，3

例 7.14　设计如图 7-13 所示的选课窗口，并编写"确定"按钮的 Click 事件代码。要求：当在可选课程列表框中选择课程后，单击"确定"按钮后，相应选项出现在"已选课程"列表中。

"确定"按钮的事件代码如下：

```
Private Sub Command1_Click()
    For i＝0 To List1. ListCount－1
        If List1. Selected(i)＝True Then          '确定被选择的选项
            List2. AddItem List1. List(i)
        End If
    Next
End Sub
```

（2）RemoveItem 方法

格式：列表框对象. RemoveItem 索引值。

功能：从列表框中删除由"索引值"指定的项目，且每次只能删除一个项目。

例如，要删除列表框控件 List1 中所选中的项目，可以使用下面的语句：

List1. RemoveItem List1. ListIndex

（3）Clear 方法

格式：列表框对象. Clear。

功能：清除列表框中的全部内容。

执行该方法后，ListCount 的值被重新置为 0。例如，要清空列表框控件 List1 中所有的项目，可以使用语句：

List1. Clear

3. 事件

列表框常用的事件有 Click 和 Dblclick 事件。

例 7.15　设计一个如图 7-14 所示的界面，实现列表框的基本操作，要求如下：

① 将在文本框中输入的内容添加到列表框的最后一项。

② 删除选定的项目。

③ 清空列表框中所有的项目。

事件代码如下：

'在 Form_Load 事件中使用 AddItem 方法添加项目

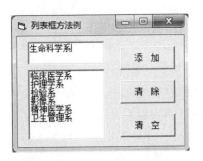

图 7-14　例 7.15 运行界面

```
Private Sub Form_Load()
        List1. AddItem "临床医学系"
        List1. AddItem "护理学系"
        List1. AddItem "检验系"
        List1. AddItem "影像系"
        List1. AddItem "精神医学系"
        List1. AddItem "卫生管理系"
End Sub
Private Sub Command1_Click()
        List1. AddItem Text1
        Text1=""
End Sub
Private Sub Command2_Click()
        List1. RemoveItem List1. ListIndex
End Sub
Private Sub Command3_Click()
        List1. Clear
End Sub
```

例 7.16　设计一个如图 7-15 所示的窗体，要求如下：

① 在 Form_Load 事件中利用 AddItem 方法将 100 个整数添加到列表框中。

② 在列表中单击任意一个数，程序可以判断是不是素数，并把结果显示在文本框中。

③ 单击"退出"按钮退出应用程序。

Form_Load 事件代码：

```
Private Sub Form_Load()
```

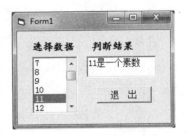

图 7-15　例题 7.16 运行界面

```
        For i=1 To 100
            List1. AddItem i
        Next i
    End Sub
```

列表框 Click 事件代码：

```
Private Sub List1_Click()
    Dim n As Integer，flag As Boolean
    n=Val(List1. Text)
    flag=True
    '判断是否是素数
    For i=2 To n-1
        If n Mod i=0 Then
            flag=False：Exit For
        End If
    Next i
    If flag=True Then
        Text1. Text=List1. Text & "是一个素数"
    Else
        Text1. Text=List1. Text & "不是一个素数"
    End If
End Sub
Private Sub Command1_Click()
    End
End Sub
```

7.2.2 组合框(ComboBox)

组合框(ComboBox)控件综合了文本框和列表框的功能,它不仅允许用户在列表框内选择列表项目,也允许用户在文本框中输入内容,再通过 AddItem 方法将内容添加到列表框中。组合框将选项折叠起来,以节省空间。

组合框的属性、事件和方法与列表框基本相同。组合框可以利用 Style 属性改变其外观。其三种不同样式的效果如图 7-16 所示。

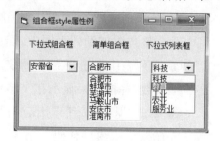

图 7-16 组合框的 3 种样式

通过设置 Style 属性,可以得到三种不同形式的组合框。具体内容如下:

① Style＝0(默认值)时,其样式为下拉式组合框,在结构上只占一行,包括一个下拉式列表和一个文本框。单击组合框的下拉箭头可以打开项目列表,选择后组合框重新折叠起来。当在列表项目中选中某选项时,该选项会在文本框中显示出来,用户在文本框中还可以输入、编辑或修改选项。

② Style＝1 时,其样式为简单组合框,不能折叠。它包括一个文本框和一个固定的列表框,但没有下拉箭头,当项目数超过可显示的限度时,会自动出现滚动条。如同下拉式组合框,通过文本框,既可以显示也可以编辑数据。

③ Style＝2 时,其样式为下拉式列表框,仅有列表框,没有文本框。允许用户从列表中选择列表项,但不允许用户输入新的项目,接近于列表框的特性。

在组合框中,任何时候只能选择一个项目,因此,组合框没有 MultiSelected 属性和 Selected 属性。

例 7.17 设计一个登录窗口,运行界面如图 7-17 所示。要求用户从组合框中选定用户,并在文本框中输入用户密码,单击"登录"按钮对用户名及密码进行验证,正确则显示欢迎窗口,否则提示错误。

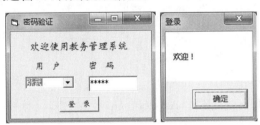

图 7-17 例题 7.17 运行界面

程序代码如下:

```
Private Sub Command1_Click()
    Dim user，mima As String
    user＝Combo1. Text
    mima＝UCase(Trim(Text1. Text))
    Select Case user
        Case "张武"
            x＝MsgBox(IIf(mima＝"ZW123"，"欢迎!"，"密码错误")，0，_
            "登录")
        Case "李丽"
            x＝MsgBox(IIf(mima＝"LL123"，"欢迎!"，"密码错误")，0，_
            "登录")
```

```
        Case "王宏明"
            x＝MsgBox(IIf(mima＝"WHM123","欢迎!","密码错误")，0，_
            "登录")
    End Select
End Sub
```

例 7.18 利用简单组合框设计一个应用程序,要求:可以添加不重复的选修课名称到组合框中,且要求列表按课程名称升序排列。运行界面如图 7-18 所示。

窗体的 Load()事件代码如下:

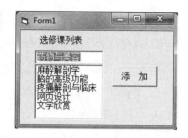

图 7-18　例题 7.18 运行界面

```
Private Sub Form_Load()
        Combo1. AddItem "脑的高级功能"
        Combo1. AddItem "疼痛解剖与临床"
        Combo1. AddItem "网页设计"
        Combo1. AddItem "文学欣赏"
        Combo1. AddItem "麻醉解剖学"
End Sub
```

"添加"按钮的 Click 事件代码如下:

```
Private Sub Command1_Click()
        Dim i As Integer，flag As Boolean
        flag＝Flase
        For i＝0 To Combo1. ListCount－1
        If Trim(Combo1. Text)＝Combo1. List(i) Then flag＝True
        If Trim(Combo1. Text) ＜ Combo1. List(i) Then pos＝i   记录插入位置
        Next i
        If Not flag Then Combo1. AddItem Trim(Combo1. Text)，pos
        Combo1. Text＝""
End Sub
```

例 7.19 设计一个设置文字字体的窗体,运行效果如图 7-19 所示。

程序代码如下:

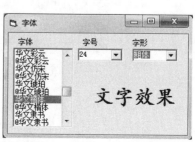

图 7-19　例 7.19 运行界面

```
Private Sub Form_Load()
        For i＝0 To Screen. FontCount－1
            List1. AddItem Screen. Fonts(i)
```

```
    Next i
    For i＝6 To 40 Step 2
        Combo1. AddItem i
    Next i
    Combo2. AddItem "常规"
    Combo2. AddItem "粗体"
    Combo2. AddItem "斜体"
    Combo2. AddItem "粗斜体"
End Sub
```

字体列表框的事件代码：

```
Private Sub List1_Click()
    Label2. FontName＝List1. Text
End Sub
```

字号组合框的事件代码：

```
Private Sub Combo1_Click()
    Label2. FontSize＝Combo1. Text
End Sub
```

字形组合框的事件代码：

```
Private Sub Combo2_Click()
    Select Case Combo2. Text
        Case "常规"
            Label2. FontBold＝False
            Label2. FontItalic＝False
        Case "粗体" ·
            Label2. FontBold＝True
            Label2. FontItalic＝False
        Case "斜体"
            Label2. FontItalic＝True
            Label2. FontBold＝False
        Case "粗斜体"
            Label2. FontBold＝True
            Label2. FontItalic＝True
    End Select
End Sub
```

7.3 自定义类型及其数组

通过前面的学习,我们已经看到了使用数组来处理批量数据十分方便。但遗憾的是,前面所学习的数组只能按序组织多个同类型的数据,它的使用仍受到很大的限制。

在现实生活的许多领域,存在着大量需要作为一个整体来处理的不同类型的数据。例如,一个学生的信息由学号、姓名、性别、年龄、身份证号、政治面貌、住址及个人简历等构成。它们是同一个处理对象——学生的某些属性,这些属性又是由不同的数据类型来描述的。如果用简单变量来分别代表学生的各个属性,将使程序变得冗长,同时也不能反映出它们的内在联系。为此,Visual Basic 程序设计语言为用户提供了一种被称为自定义类型的数据结构来解决此类问题。

7.3.1 自定义类型的定义

自定义类型,也可称之为"记录类型"。使用 Type 语句来定义。格式如下:

```
Type 自定义类型名
    元素名 1 As 数据类型名
        …
    元素名 n As 数据类型名
End   Type
```

说明:

① 元素名:表示自定义类型中的一个成员,可以是简单变量,也可以是数组。

② 数据类型名:可以是 Visual Basic 的基本数据类型,也可以是已经定义的其他自定义类型。若为字符串类型,则必须使用定长字符串。

③ 自定义类型不能在过程内定义,一般需在标准模块定义,默认为 Public;若在窗体模块的通用声明段定义,前面必须加关键字 Private。

例如,定义一个有关学生信息的自定义数据类型。

```
Type StudentType
    Name As String * 5
    Number As String * 12
    Course As String * 10
    Score As Single
End Type
```

7.3.2 自定义类型变量的声明和引用

1. 自定义类型变量的声明

定义了一个自定义类型后,意味着定义了一种新的数据类型,而不是定义了一个变量。定义类型只是表示这个类型的结构,即告诉系统它由哪些类型的成员构成,各占多少个字节,各按什么形式存储,并把它们当作一个整体来处理。可见,定义类型是一种抽象的操作,并不分配内存单元,只反映一种数据特征。当定义一个变量为该类型时,则该变量即拥有了该类型的所有特征,系统于是会为该变量分配相应的存储空间。

使用 Dim 语句声明自定义类型变量。格式如下:

Dim 自定义类型变量名 As 自定义类型名

例如,有了上面的自定义类型 StudentType 后,就可以声名 studA 和 studB 这两个为该种类型的变量:

Dim studA As StudentType, studB As StudentType

2. 自定义类型变量的引用

自定义类型变量是一个整体,要访问它的一个成员,必须先找到这个结构体变量,再从中找出该成员。引用方法如下:

自定义类型变量名. 元素名

例如,要使用 StudA 变量中的姓名、成绩时,引用形式为:

StudA. Name, StudA. Score

其中,圆点符号又被称为"成员运算符",意在为自定义类型变量 StudA 找出成员 Name 和 Score 的值。

对于自定义类型变量中的成员可以像简单变量一样用赋值语句赋值。例如,可用下列语句为变量 StudA 的各个成员赋值。

StudA. Name="张建国"

StudA. Number="2010231012"

StudA. Course="网页设计"

StudA. Score=90

为简化上述操作,可使用 With 语句:

With StudA

    . Name="张建国"

    . Number="2010231012"

    . Course="网页设计"

    . Score=90

End With

使用 With 语句可以对某个变量执行一系列的操作,不需重复指出变量的名称,避免了重复书写。

在 Visual Basic 中,允许对同类自定义类型变量直接赋值。例如,

StudB＝StudA

意为把变量 StudA 中的各成员的值对应地赋给另一个同类型的变量 StudB。

7.3.3 自定义类型数组

一个自定义类型变量只能存放一个对象(如一个学生、一本书)的一组数据信息。例如,前面定义了数据类型 StudentType,如果要存放一个班(60 人)的学生的这些信息,则需要设 60 个该类型的变量。这显然过于繁琐,我们自然会想到使用数组。Visual Basic 允许使用自定义类型数组,即数组中每一个元素都是一个自定义型变量。

例如,Dim student(59) As StudentType。

则定义了包含 60 个元素的数组 student,数组及元素如表 7-1 所示:

表 7-1　数组 student

	Name	Number	Course	Score
student(0)	student(0). Name	student(0). Number	student(0). Course	student(0). Score
student(1)	student(1). Name	student(1). Number	student(1). Course	student(1). Score
…	…	…	…	…
student(i)	student(i). Name	student(i). Number	student(i). Course	student(i). Score
…	…	…	…	…
student(59)	student(59). Name	student(59). Number	student(59). Course	student(59). Score

例 7.20 利用上述自定义类型,声明一个自定义数组,再创建一个窗体,要求实现如下功能:

① 输入功能:输入学生信息。

② 显示功能:显示已输入学生的信息。

③ 查询功能:根据输入的课程名,查找选修某课程的学生信息。

窗体界面如图 7-20 所示,有 4 个标签、3 个文本框、1 个组合框供输入信息;2 个图片框,供显示信息;3 个命令按钮,执行相关操作。

图 7-20　例 7.20 运行界面

在标准模块定义自定义类型 StudentType(定义语句如前)。在窗口通用模块声明该类型的数组及变量：

```
Private Type StudentType
    Name As String * 5
    Number As String * 12
    Course As String * 10
    Score As Single
End Type
Dim student(59) As StudentType
Dim n%
```

程序代码如下：

```
Private Sub Command1_Click()
    With student(n)
        . Name=Trim(Text2)
        . Number=Trim(Text1)
        . Course=Combo1. Text
        . Score=Val(Trim(Text3))
    End With
    n=n+1
    Text1="": Text2="": Text3=""
End Sub
Private Sub Command2_Click()
    Dim i%
    Picture1. Cls
    For i=0 To n-1
        With student(i)
            Picture1. Print. Number & Space(2) & Name; Space(2) & _
            . Course &. Score
        End With
    Next i
End Sub
Private Sub Command3_Click()
```

```
    Dim Course As String, i%
    Picture2. Cls
    For i=0 To n-1
        If Trim(student(i). Course)=Combo1. Text Then
            Picture2. Print student(i). Name, student(i). Score
        End If
    Next i
End Sub
```

7.4　控件数组

7.4.1　基本概念

在 Visual Basic 6.0 应用程序中,若需要设置几个类型相同且功能相似的控件时,为简化程序、节约内存,可以设置控件数组。

控件数组由一组具有相同类型、相同名称的控件组成。在控件数组中,每一个控件元素的 Name 属性均相同,其值即为控件数组的数组名;每个控件数组元素都有一个唯一的索引号与之对应,其索引号由 Index 属性确定。控件数组索引号可以由用户任意指定,可以不连续,但不能相同。控件数组最多可有 32767 个元素,若控件数组包含 n 个元素,则所有控件元素的索引号的默认值依次为 $0,1,2,\cdots,n-1$。

控件数组中各元素的引用和普通数组一样,通过数组名加下标来实现。例如,有一个标签控件数组,数组名为 Label1,有 4 个元素,它们是 Label1(0)、Label1(1)、Label1(2)、Label1(3)。显然,Label1、Label2、Label3…不是控件数组元素。

7.4.2　控件数组的建立

控件数组是针对控件建立的,与普通数组的定义不同,建立控件数组有两种方法。

第一种方法步骤如下:

① 在窗体上画出作为数组元素的各个控件;

② 设置每一个数组元素的 Name 属性,将其设为同一个名称。当对第二个控件输入与第一个控件相同的名称后,Visual Basic 将显示一个如图 7-21 所示的对

话框,询问是否要建立控件数组。单击"是",建立控件数组。

图 7-21　控件数组对话框

第二种方法步骤如下:

① 在窗体上画出控件数组中第一个控件,将其激活;

② 执行"编辑"中的"复制"命令(或用组合键 Ctrl+C),复制该控件;

③ 执行"编辑"菜单中的"粘贴"命令(或用组合键 Ctrl+V),将显示如图 7-21 所示的对话框,询问是否创建一个控件数组;

④ 单击对话框中的"是"按钮,窗体的左上角将出现一个控件,这就是控件数组的第二个元素。重复执行"粘贴"命令,建立数组中的其他元素。

控件数组建立后,只要改变一个控件的"Name"属性值,并把 Index 属性置为空(不是 0),就可以把该控件从控件数组中删除。

例 7. 21　建立含有 4 个单选按钮的控件数组,当单击某个单选按钮时,改变文本框中字体类型。

程序运行界面如图 7-22 所示。建立新的程序后,先在窗体上放置一个标签和一个文本框,再按上述步骤建立一个控件数组。双击任意一个单选按钮,打开代码编辑器,在 Click 事件过程中输入如下代码:

图 7-22　例 7.21 运行界面

```
Private Sub Optionfontname_Click(Index As Integer)
    Select Case Index
        Case 0
            Text1. FontName="宋体"
        Case 1
            Text1. FontName="楷体_GB2312"
        Case 2
            Text1. FontName="黑体"
        Case 3
            Text1. FontName="隶书"
    End Select
End Sub
```

习 题 7

一、选择题

1. 以下属于合法的数组元素的是_____。

   A. a5　　　　　　B. a[5]　　　　　　C. a(5)　　　　　　D. a{5}

2. 有数组声明语句:Dim x(−2 to 2,2 to 5),则下面引用数组元素正确的是_____。

   A. x(−2,3)　　　B. x(5)　　　　　C. x[−2,4]　　　D. x(−1,6)

3. 有数组声明语句:Dim AB(3,−2 to 2,3),则数组 AB 包含_____个元素。

   A. 36　　　　　　B. 75　　　　　　C. 80　　　　　　D. 45

4. 下面_____语句声明的数组不是动态数组。

   A. Dim a()　　　B. Dim a(3)　　　C. ReDim a(3)　　　D. 以上都不是

5. 下面的数组声明语句中_____是正确的。

   A. Dim a[4,4] As Integer　　　　　B. Dim a(4,4) As Integer

   C. Dim a(4;4) As Integer　　　　　D. Dim a(4:4) As Integer

6. 使用语句 Dim a(1 to 5) As Integer 声明数组后,以下说法正确的是_____。

   A. 数组 a 中的所有元素值均为 0

   B. 数组 a 中的所有元素值均为 Empty

   C. 数组 a 中的所有元素值均不确定

   D. 执行 Erase a 后,数组 a 的所有元素值为 Null

7. 设有如下的自定义类型

   Type Produce

   　　Pnumber As String

   　　Pname As String

   　　Pp As Integer

   End Type

   则正确引用该自定义类型变量的语句是_____。

   A. Produce. Pname="电冰箱"　　　B. Dim x As Produce

   　　　　　　　　　　　　　　　　　　　　x. Pname="电冰箱"

   C. Dim x As Type Produce　　　　　D. Dim x As Type

   　　x. Pname="电冰箱"　　　　　　　　　x. Pname="电冰箱"

8. 使用先复制再粘贴的方法建立一个命令按钮数组 Command1,以下对该数组的说法中错误的是_____。

A. 在代码中访问任意一个命令按钮只需使用名称 Command1

B. 所有命令按钮的 Caption 属性都是 Command1

C. 命令按钮的大小都相同

D. 命令按钮共享相同的事件过程

9. 下列程序

```
Option Base 1
Private Sub Form_Click()
    Dim a(30)
    For i=1 To5
        j=i*i
        a(j)=j
    Next i
    Print a(25);
End Sub
```

程序运行时输出的结果是_____。

A. 16 　　　　B. 25 　　　　C. 0 　　　　D. 出错信息

10. 下列程序

```
Option Base 1
Private Sub Form_Click()
    Dim aa
    aa=Array(16,8,15,13,11,9,7,5,3,2)
    For i=1 To 10
        If aa(i)/3=aa(i)\3 Or aa(i)/5=aa(i)\5 Then
            Sum=Sum+aa(i))
        End If
    Next i
    Print "Sum=";Sum
End Sub
```

运行时输出 Sum 的值是_____。

A. 37 　　　　B. 25 　　　　C. 32 　　　　D. 96

11. 窗体上画一个命令按钮(其 Name 属性为 Command1),然后编写如下代码:

```
Option Base 1
Private Sub Command1_Click()
    Dim a(3, 3)
    For i=1 To 3
        For j=1 To 3
            a(i, j)=(i-1)*2+j
        Next j
    Next i
    For i=2 To 3
        For j=2 To 3
            Print a(j, i)
        Next j
        Print
    Next i
End Sub
```

程序运行后,单击命令按钮,其输出结果为_____。

A. 1 2 6 7　　　　B. 5 7　　　　　　C. 4 7　　　　　　D. 4 6 5 7

12. 执行以下事件过程后,在窗体中将显示_____。

```
Option Base 0
Private Sub Command1_Click()
    Dim a
    a=Array("1","2","3","4","5","6","7")
    Print a(2); a(4); a(6)
End Sub
```

A. 123　　　　　B. 246　　　　　C. 135　　　　　D. 357

13. 执行以下代码,设依次输入的数据是:1、2、3、4,则输出的结果为_____。

```
Dim a1(5) As Integer, a2(5) As Integer
For i=0 to 4
    a1(i+1)=val(InputBox("请输入数据:"))
    a2(5-i)=a1(i+1)
Next i
Print a2(i)
```

A. 1　　　　　　B. 3　　　　　　C. 5　　　　　　D. 0

14. 阅读下列代码,其运行结果是_____。

```
Private Sub Command1_Click()
    Dim a(10) As Integer, b(3) As Integer
    Dim i%, s%
    s=0
    For i=1 To 10
        a(i)=i
    Next i
    For i=1 To 3
        b(i)=a(2 * i)
    Next
    For i=1 To 3
        s=s+b(i)
    Next
    Print s
End Sub
```

　　A. 6　　　　　　　B. 9　　　　　　　C. 15　　　　　　D. 12

15. 执行下列代码,输出结果是_____。

```
Dim a(10, 10)
For i=1 To 5
    For j=2 To 4
        a(i, j)=i * j
    Next j
Next i
Print a(2, 4)+a(3, 4)+a(4, 5)
```

　　A. 20　　　　　　　B. 22　　　　　　　C. 32　　　　　　D. 出错

16. 以下叙述正确的是_____。

　　A. 组合框包含了列表框的功能

　　B. 列表框包含了组合框的功能

　　C. 列表框和组合框的功能无相近之处

　　D. 列表框和组合框的功能完全相同

17. 有关列表框属性描述正确的是_____。

　　A. 列表框的内容由 ItemData 属性确定

　　B. 选中的内容无法通过 List 属性访问

C. 当多选属性(MultiSelect)为 True 时,可通过 Text 属性来获得所有内容

D. 只有当 MultiSelect 属性为 False 时,才可通过 Text 属性获得选中内容

18. 要设置一个下拉列表框,则组合框的 Style 属性值应为_____。

    A. 0   B. 1   C. 2   D. 3

19. 引用列表框 List1 的最后一个列表项应使用表达式_____。

    A. List1. List(ListCount)   B. List1. List(List1. ListCount)

    C. List1. List(ListCount−1)   D. List1. List(List1. ListCount−1)

20. 将数据项"心理学"添加到列表框 List1 中成为第一项应使用_____。

    A. List1. AddItem 0,"心理学"   B. List1. AddItem "心理学",0

    C. List1. AddItem 1,"心理学"   D. List1. AddItem "心理学",1

21. 下列代码的功能是:逐一把列表框 List2 中的项目移入列表框 List1 中。为完成此功能,空白处应填入的语句是_____。

    _____

        List1. AddItem List2. List(0)

        List2. ReMoveItem 0

  Loop

    A. Do Until List1. ListCount   B. Do While List1. ListCount

    C. Do Until List2. ListCount   D. Do While List2. ListCount

二、填空题

1. 设有定义语句:Dim a(−1 to 2),则一维数组 a 共有_____个元素,LBound(a)=_____,UBound(a)=_____。

2. 二维数组 Dim a(−1 to 3,1 to 4)共有_____个元素,第一维下标从_____到_____,第二维下标从_____到_____。

3. 控件数组的名称由_____属性指定,而数组中的每个元素由_____属性指定。

4. 有下列代码段,其功能是_____。

```
Dim maxx As Integer, maxi As Integer
maxx=a(1);maxi=1;sum=a(1)
For i=2 To 10
    sum=sum+a(i)
    If a(i)>maxx Then
        maxx=a(i)
        maxi=i
    Endif
Next i
```

5. 下面代码段是对存放在数组中的元素按递增顺序排序,请在横线填入适当语句,完成排序操作。

```
For i=0 To n-1
    minn=i
    For j=i+1 To n
        If a(j)<a(minn) Then _____
    Next j

    _____

    a(i)=a(minn)
    a(minn)=t
Next j
```

6. 阅读下面程序,写出运行结果。

```
Option Base 1
Private Sub Command1_Click()
    Dim a As Variant
    w=Array("Monday","Tuesday","Wednesday","Thursday","Friday", _
        "Saturday", "Sunday")
    Print w(1);w(3);
    a=Array(1,2,3,4,5,6,7)
    For i=1 To 7 Step 2
        print a(i);
    Next i
End Sub
```

运行结果是:_____

7. 阅读下面代码。

```
Private Sub Command1_Click()
    Dim a() As Integer
    Dim i%,j%,n%
    i=InputBox("Please enter the first number:")
    j=InputBox("Please enter the second number:")
    ReDim a(i to j)
    For n=LBound(a) to UBound(a)
        a(n)=n
```

```
        Print "a(";n;")=";a(n)
    Next n
End Sub
```

则当分别输入 3、4 时,输出结果是_____。

8. 阅读下面代码,其输出结果是_____。

```
Private Sub Command1_Click()
    Dim a(10)
    For i=1 to 10
        A(i)=10-i
    Next i
    n=5
    print a(a(n) * 2)
End Sub
```

9. 函数过程 Famax 的功能是返回数组的最大值,请在画线处填入适当语句。

```
Sub Form_Click()
    ReDim a(5)
    a()=Array(26, 37, 15, 49, 7, 87)
    b=Famax(a)
    Print b
End Sub
Private Function Famax(aa() As Variant)
    Dim beginno As Integer, endno As Integer
    Dim k As Integer
    beginno=LBound(aa)
    endno=UBound(aa)
    max=aa(beginno)
    For k=_____ To endno
        If _____ Then max=_____
    Next k
    Famax=max
End Function
```

10. 下面程序的功能是:程序从键盘读取 40 个数保存到数组 a 中,将一维数组 a 中各元素的值移到后一个元素中,而最后一个元素的值移到第一个元素中。

然后,按每行 4 个数的格式输出。请在画线处填入适当内容,将程序补充完整:

```
Private Sub Command1_Click()
    Dim a(40) As Integer
    For i=1 To 40
        a(i)=Val(InputBox("请输入一个整数"))
    Next i
    b=a(40)
    For i=_____
        a(i+1)=a(i)
    Next i
    a(1)=b
    For i=_____
        Print a(i);
        If i _____ 4=0 Then Print
    Next i
End Sub
```

11. 如图 7-23 所示,窗体包含 4 个对象:Label1、Label2、List1 和 Command1。其中列表框 List1 中包含 4 个项目:医用高等数学、药物与美容、网页设计和文学欣赏。程序运行后,在 List1 中选择一个项目,然后单击命令按钮,可将所选择的项目删除,并在标签 Label2 中显示列表框当前的项目数。下面是命令按钮"删除"的事件代码,请填上适当语句,实现所需功能。

图 7-23　填空题 11 题图

```
Private Sub Command1_Click()
    If List1. ListIndex >=_____ Then
        List1. RemoveItem _____
        Label2. Caption=_____
    Else
        MsgBox "请选择要删除的项目"
    End If
End Sub
```

三、程序设计题

1. 从键盘输入 10 个数到数组中,然后按照数值由小到大的顺序输出。

2. 输入 20 个数至数组中,统计其中奇数的个数和偶数的个数。

3.编写一个评委打分程序。要求:先将10位评委对8位歌手的评分存入一个二维数组 score(i,j)中,其中 i 代表歌手,j 代表评委。对每位评委,去掉一个最高分和一个最低分,计算剩余8个数的平均分。

4.使用控件数组完成两个数的加减乘除四则运算。

5.编写代码,建立并输出一个 5×5 的矩阵,该矩阵两条对角线上的元素为1,其余元素为0。

6.自定义一个学生类型,包含学号、姓名、成绩。声明一个学生类型的动态数组。输入 n 个学生的数据,计算 n 个学生的平均成绩。

第8章 过 程

模块化程序设计是进行复杂程序设计的一种有效措施。其基本思想是将一个复杂的程序按功能进行分割,得到一些相对较小的独立模块,每一个模块都是功能单一、结构清晰、接口简单、易于理解的小程序,这些模块在 Visual Basic 中被称为"过程"。过程可以被其他的模块(程序段)多次调用,甚至可以自己调用自己。本章主要介绍子程序过程和函数过程的定义、调用、参数传递以及变量的作用域等内容。

8.1 函 数

8.1.1 引例

例 8.1 已知两个整数 m 和 n 的值,计算 $\dfrac{m!}{n!(m-n)!}$。

分析:要计算的式子包含三个求阶乘的运算,我们知道求阶乘的程序代码基本相同,不同的只是循环变量的终值。如果是先分别求出三个阶乘的值,再做分式计算,必然导致代码冗长。因此,可首先定义一个求阶乘的函数过程,然后像调用内部函数一样通过三次调用,即可完成计算。

下列代码定义了一个计算某数阶乘的函数 factorial(x),注意,此处 x 没有确定的值,仅代表要求阶乘的整数。

```
Function factorial(x%) As Single
    Dim i%
    factorial=1
    For i=1 To x
        factorial=factorial * i
    Next i
End Function
```

在窗体的 Click 事件中,首先输入两个整数的值,接着调用自定义函数 factorial(x)计算阶乘,求表达式的值。事件代码如下:

```
Sub Form_Click()
```

```
    Dim m%，n%
    Dim c As Double
    m=Val(InputBox("输入 m"))：n=Val(InputBox("输入 n"))
    c=factorial(m)/factorial(n)/factorial(Abs(m-n))
    MsgBox ("c=" & c)
End Sub
```

从本例可以看出,对于重复使用的程序段,可以自定义一个函数过程,以供其他模块调用,从而简化了程序。

8.1.2　Visual Basic 中的过程

1. 过程的分类

过程是独立的语法单位,具有一定的功能,一般先按一定的语法要求定义,再调用。Visual Basic 中的过程分为内部过程和外部过程两种类型,内部过程也称系统函数,是由系统定义再提供给用户直接调用,如 sqr()、abs()等。外部过程是由用户根据需要自行定义的程序段。

根据过程是否有返回值,又将用户自定义过程分为子程序过程和函数过程两种类型。函数过程使用"Function"保留字开头,有返回值。子程序过程以"Sub"保留字开头,又称"Sub 过程",完成一定的操作功能,可以返回值,也可以不返回值。函数过程的返回值通过函数名返回,而 Sub 过程的返回值一般通过变量返回。

根据定义位置的不同,Visual Basic 的过程又可分为事件过程和通用过程两大类:

(1) 事件过程

事件过程是指当发生某个事件时,对该事件作出响应的程序代码,它是 Visual Basic 应用程序的主体。我们在前面章节中所遇到的过程,基本上都是事件过程。例如,某窗体所包含的命令按钮(Command1)的单击事件过程 Private Sub Command1_Click()和窗体的装入事件过程 Private Sub Form_Load()等。这些事件过程由系统指定,在指定位置编辑,用户不能任意定义,也不能增加或删除。

控件事件过程定义的一般格式为:

［Private|Public］Sub 控件名_事件名(参数表)

　　　语句块

End Sub

窗体事件过程定义的一般格式为：

[Private|Public] Sub Form_事件名(参数表)

　　语句块

End Sub

（2）通用过程

在实际编程中，经常会遇到多个不同的事件过程需要使用同一段程序代码，这时，可以把这一段代码独立出来，定义为一个过程，这样的过程叫做"通用过程"。它需要单独建立，供事件过程或其他通用过程调用。

通用过程可以存储在窗体模块或标准模块中。存储在窗体模块中的通用过程只能被本窗体中的事件过程调用，而储存在标准模块中的通用过程则可以被整个工程中的所有事件过程调用。

　2.过程的调用

在 Visual Basic 中，通常是将一个应用程序分解成多个具有独立功能的逻辑段来实现应用程序的完整功能，这些逻辑程序段被称为"过程"。定义好的过程可以被调用（使用 ），调用过程的执行流程如下图 8-1 所示：

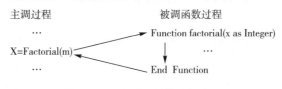

图 8-1　调用过程时的执行流程

当主调过程中执行到调用语句 X＝Factorial(m)时，则终止当前过程的执行，记住当前地址并完成参数传递后，转而去执行被调过程的代码；当执行到 End Function 时，再返回主调程序的调用处，再继续执行下面的程序代码，直到 End Sub。

8.1.3　函数过程的定义

创建函数过程的方法有两个：

① 打开"工具"菜单，选择"添加过程"命令，弹出"添加过程"对话框，如图 8-2 所示。在对话框中输入函数名称、选择类型为"函数"、确定范围后，点击"确定"按钮，进入函数的编辑窗口。

② 在代码窗口中把插入点放入所有现有过程之外，直接输入函数过程。

图 8-2　添加过程对话框

自定义函数过程的格式如下：

[Public|Private] Function 函数过程名([形参列表]) [As 类型]

    局部变量或常数定义

    语句块 1

    函数名＝返回值

    [Exit Function

    语句块 2

    函数名＝返回值]

  End Function

说明：

① Public 表示函数过程是全局的、公有的，可被程序中的任何模块调用；Private 表示函数是局部的、私有的，仅供本模块中的其他过程调用。若缺省，则表示是全局的。

② 函数过程名的命名规则同变量名的命名规则。

③ [As 类型]：给出函数过程的数据类型，也就是其返回值的类型。如缺省，其类型为 Variant 类型。

④ 形参用于在调用该函数时进行数据传递，是函数与调用程序之间交互的接口。用户在定义函数过程时，可根据需要使用形参，也可以不使用形参。形参没有具体的值，只代表参数的个数、位置和类型。注意，当无形参时，函数过程名后的"()"并不能省略，这一对小括号是函数过程的标志。形参列表的格式为：

    形参名 1 [As 类型名]，形参名 2 [As 类型名]，…

⑤ 函数过程是有返回值的，所以，在函数体内至少要对函数名赋值一次。

⑥ Function 和 End Function 之间是描述函数操作的语句块，称为"函数体"。在函数体内可以使用一个或多个 Exit Function 语句，执行到该语句时则从函数过程中退出，否则，执行到 End Function 语句时退出函数。

例 8.2　已知三角形三条边的边长 a、b、c，编写求三角形面积的函数，其中边长通过参数传递。

这里使用到根据边长求三角形面积的海伦公式：

$$s = \frac{a+b+c}{2}, area = \sqrt{s(s-a)(s-b)(s-c)}$$

因为要求边长通过参数传递，故把边长作为形参。

```
Function area(x!, y!, z!) As Single        'x、y、z为形式参数
    Dim s As Single
    s=(x+y+z)/2
```

$$area＝Sqr(s * (s － x) * (s－y) * (s－z))$$

End Function

8.1.4 函数的调用

用户自定义的函数能完成一定的功能,可为其他模块提供服务。函数过程的调用与 Visual Basic 内部函数调用形式相同,调用格式为:

函数名(实参列表)

其中,实参(实际参数)是用来向函数中的形参传递数据的,它可以是常量、变量或表达式。

用户自定义的函数过程如同内部函数一样,有返回值,能够被调用,可以作为表达式的组成部分,但不能以单独的语句形式出现。如上例,已定义求三角形面积的函数,则调用 area 函数的形式为:

Dim mj As Single

...

mj＝area(a,b,c)

Visual Basic 是事件驱动的运行机制,所以,一般是由事件过程调用自定义过程的。

例 8.3 利用例 8.1 中定义的求阶乘的函数,编程求 1! ＋2! ＋3! ＋…＋10!。

```
Dim s As Single,i As Integer
s＝0
For i＝1 To 10
    s＝s＋factorial(i)
Next i
Print "s＝"; s
```

例 8.4 编写函数,统计字符串中汉字出现的次数。

分析:在 Visual Basic 中,字符以 Unicode 码存放,汉字和西文字符均占两个字节。因汉字编码的最高位为 1,故用 Asc 函数求其码值时得到的是一个负数,故可利用 Asc 函数来判断一个字符是否为汉字。

```
Private Sub Command1_Click()
    Dim n%
    n＝CofStr(Text1. Text)
    Print "字符串"; Text1; "中有"; n; "个汉字。"
End Sub
```

```
Function CofStr (ByVal s$)
    Dim i%, t%, ss$
    t=0
    For i=1 To Len(s)
        ss=Mid(s, i, 1)
        If Asc(ss)<0 Then t=t+1    '若 Asc(ss)<0,则 ss 中存放的是一个汉字
    Next i
    CofStr=t
End Function
```

8.2   过   程

8.2.1   子过程的定义

Sub 过程不依附于任何窗体或控件,可以被事件过程或其他子过程调用。创建 Sub 过程的方法与创建一个函数过程的方法相同。

子过程定义形式如下:

[Public|Private] Sub 子程序过程名[(形参列表)]
    局部变量或常数定义
    语句块 1
    [Exit Sub
    语句块 2]
End Sub

说明:

① 子过程的命名规则、形参列表等与函数过程的要求相同。

② 程序段定义为子过程还是函数过程,Visual Basic 并没有明确规定。一般地,当要求有一个返回值时,定义函数过程,返回值通过函数名返回。当要求有多个返回值或没有返回值时,定义子过程,返回值通过变量返回。因此,子过程名既没有值,也不用设置其数据类型,在过程体内不要求有为子过程名赋值的语句。

③ 同函数一样,子过程也可没有形参。

例8.5   定义一个过程:通过键盘生成一个二维数组,并通过图片框控件输出。

```
Option Base 1

Dim a() As Integer

Private Sub generatemat ()
```

```
        fa＝InputBox("请输入数组的第一维的上界：","输入")
        sa＝InputBox("请输入数组的第二维的上界：","输入")
        ReDim a(fa，sa)
        Dim i As Integer，j As Integer
        For i＝1 To fa
            For j＝1 To sa
                a(i，j)＝InputBox("请输入数组元素：","输入")
                Picture1. Print a(i，j)；
            Next j
        Picture1. Print
        Next i
    End Sub
```

8.2.2 子过程的调用

子过程的调用有两种形式,分别是:

① Call 子过程名［(实参列表)］。

② 子过程名［(实参列表)］。

说明:

① 子过程调用时,若没有实参,则括号可省略。

② 若子过程的返回值通过实参进行传递,则实参只能是变量,不能是常量、表达式或控件名。

例如,调用例 8.5 过程的语句可为:

```
    Call generatemat
```

或 generatemat

例 8.6 定义过程,完成矩阵转置。

设计如图 8-3 所示的窗体。通过"生成矩阵"按钮,调用例 8.5 定义的过程 generatemat 生成一个二维数组。通过"转置矩阵"按钮,调用过程 Transpose,实现矩阵转置,并输出。所谓矩阵转置,是将原矩阵的行和列元素进行交换。

图 8-3 例 8.6 运行界面

在窗体的"通用"部分添加两行代码:

```
Option Base 1
Dim a() As Integer，b() As Integer
```

过程 Transpose 的代码如下：

```
Private Sub Transpose()
    Dim m As Integer，n As Integer
    fb＝UBound(a，2)
    sb＝UBound(a，1)
    ReDim b(fb，sb)
    For m＝1 To fb
        For n＝1 To sb
            b(m，n)＝a(n，m)
            Picture2. Print b(m，n)；
        Next n
        Picture2. Print
    Next m
End Sub
Private Sub Command1_Click()
    Call generatemat
End Sub
Private Sub Command2_Click()
    Call Transpose
End Sub
```

例 8.7　编写子过程用于分解出某个数的所有因子，并输出。

程序代码如下：

```
Private Sub fac(x As Integer)
    Dim i%，j%
    Picture1. Cls
    Picture1. Print x & "=1"；
    For i＝2 To Int(x/2)
        Do While x Mod i＝0
            Picture1. Print "*"；i；
            x＝x/i
        Loop
    Next i
    If x <> 1 Then
```

图 8-4　例 8.7 运行界面

```
        Picture1. Print " * "; x
      End If
   End Sub
Private Sub Command1_Click()
   Call fac(Val(Text1))
End Sub
```

8.3 参 数 传 递

8.3.1 形式参数和实际参数

参数是调用模块和被调模块之间进行信息交换的场所,根据其用途和定义位置的不同,可以把参数分为实际参数(简称"实参")和形式参数(简称"形参")两种类型。形参是在 Sub、Function 过程的定义中出现的变量,位于过程名后的括号内。实参则是在调用 Sub 或 Function 过程时传送给被调过程的量,位于调用语句中过程名后的括号内。形参可以是变量或数组名(带一对小括号),实参可以是常数、变量、表达式或数组元素。

模块之间的数据传递依赖于实参和形参,通过调用与被调用,实现了实参与形参的结合。实参与形参的个数须一致,对应位置的形参和实参类型要相同。如前例中定义求阶乘的函数,函数头部为:

Function factorial(x%) As Single

相应的调用语句为:

s＝s＋factorial(i%)

其中形参个数为 1,变量名为 x,数据类型为整型。调用语句中,实参的个数也为 1,数据类型也是整型。

用户在调用函数过程或子过程时,并不需要知道函数过程或子过程的形参名,需要知道的是形参个数、次序及其数据类型。

8.3.2 参数传递

在调用过程时,主调模块(过程)与被调模块(过程)之间需要进行数据交换,这一过程可以通过将实参的数据传递给形参来完成。即调用模块通过实参将数据传递给被调模块,被调模块执行操作后,再将运行结果返回给调用模块。事实上,形参正是被调过程接收待处理数据的窗口。参数的传递有两种方式:按值传递和按地址传递。

1. 按值传递

按值传递又称为"传值调用",它直接把实参的值传递给形参,因此,运行被调模块不会改变实参的值。定义过程时,在形参前加关键字 ByVal,则指明了该参数是按值传递。若实参为常量或表达式,则系统默认其参数传递方式为按值传递。按值调用的过程是:

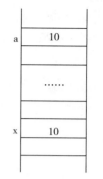

① 形参与实参各占一个独立的存储空间。如图 8-5所示,形参 x 和实参 a 分别拥有自己的存储空间。

② 形参的存储空间是在过程被调用时才分配的。调用开始时,系统为形参开辟一个临时存储空间,然后将各实参之值传递给形参,这时形参就得到了实参的值,完成了调用模块到被调过程的数据传递。

图 8-5　按值传递示意图

③ 被调过程执行结束,返回调用模块时,形参占用的存储空间被释放。

因此,传值调用的特点是:值的传递是单向的。在被调过程中对形参变量的操作不会影响到实参变量,形参的值不能传回调用过程。下面给出一个参数按值传递的例子。

例 8.8 按值传递例子。

```
Private Sub Command1_Click()              '按钮单击事件
    a=10 ; b=20                           '为变量赋值
    Print "调用子过程前实参的值:"; "a="; a    '输出变量的值
    Call mysub1(a)                        '调用过程 mysub1,a 为实参
    Print "调用子过程后实参的值:"; "a="; a
    Print "调用子过程前实参的值:"; "b="; b
    Call mysub2(b+2)
    Print "调用子过程后实参的值:"; "b="; b    '过程调用结束,输出实参变量之值,
                                             因为是值传递,故实参值保持不变
End Sub
Private Sub Command2_Click()
    End
End Sub
Private Sub Form_Load()
    Form1.Caption="参数按值传递例"
    Form1.Command1.Caption="调用过程"
    Form1.Command2.Caption="退    出"
```

```
End Sub
Private Sub mysub1(ByVal x As Integer)        '定义过程,设 x 为形参,按值传递
    Print "形参接收到的值:"; x                 '输出形参的值
    x=100
    Print "被调子过程的形参重新被赋值:"; x
End Sub
Private Sub mysub2(x As Integer)
    Print "形参接收到的值:"; x
    x=x*2
    Print "被调子过程的形参重新被赋值:"; x
End Sub
```

结果如图 8-6 所示:

图 8-6   例 8.8 运行界面

2. 按地址传递

我们知道,当定义了一个变量时,系统即为该变量分配相应的存储器单元。按地址传递参数,就是把实参的地址传递给被调过程中的形参,使二者指向同一个存储器单元。如图 8-7 所示,实参 a 和形参 x 共用同一存储空间。

因此,若在被调过程中改变了形参变量的值,也就是改变了其所指向的存储单元中的数据,则实参的值自然也被改变。这样,当结束过程返回调用模块时,这个变化了的数据即被带回。所以,参数按地址传递的特点是:值的传递是双向的。

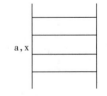

图 8-7   按地址传递

在定义子过程或函数过程时,若在形参前加关键字 ByRef 或缺少关键字,则指定该形参与实参间的数据传递方式是按地址传递。例如,

```
Private Sub mysub(ByRef x%, y%)
    ...
End Sub
```

因为按地址传递的实质是形参与实参共用同一内存空间,所以,实参必须是变量。下面给出一个在调用时按地址传递参数的例子。

例 8.9 重新设计例 8.8 中的子过程 mysub1,要求其参数按地址传递。

Private Sub mysub(x As Integer)

    Print "形参接收到的值:"; x

    x=100

    Print "被调子过程的形参重新被赋值:"; x

End Sub

其他事件代码与例 8.8 类似,窗体运行结果如图 8-8 所示。

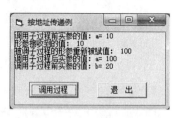

图 8-8　例 8.9 运行结果

例 8.10 编写两个过程,其功能是交换两个变量的值。分别采用按地址传递方式和按值传递方式。

程序代码如下:

Sub swap1(ByVal x%, ByVal y%)

    Dim t%

    t=x: x=y: y=t

End Sub

Sub swap2(ByRef x%, ByRef y%)

    Dim t%

    t=x: x=y: y=t

End Sub

Private Sub Command1_Click()

    Dim a%, b%

    a=10: b=20

    Print "按值调用前实参的值分别为:a="; a; Space(5); "b="; b

    Call swap1(a, b)

    Print "按值调用后实参的值分别为:a="; a; Space(5); "b="; b

    a=10: b=20

    Call swap2(a, b)

    Print "按地址调用后实参的值分别为:a="; a; Space(3); "b="; b

End Sub

运行结果如图 8-9 所示:

图 8-9　例 8.10 运行结果

8.3.3 数组参数的传递

数组也可以作为形参或实参。数组作参数时,只需要以数组名加圆括号表示,忽略维数的定义。注意:数组名后的圆括号不能省略。数组作为参数时,采用的是传地址方式,所以,形参数组和实参数组具有相同的起始地址,即对应的形参元素和实参元素的地址相同,如图 8-10 所示。因此,在过程中改变作为形参的数组元素的值,也必然改变实参数组相应元素的值。

图 8-10 参数传递示意图

例 8.11 数组参数示例,如图 8-11 所示。

程序代码如下:

```
Private Sub Command1_Click()
    Dim b(), s%
    b=Array(86, 75, 89, 67, 92)
    s=aavg(b())
    Print "调用 aavg 过程求得数组 b 的元素平均值为:"; s
    Print "调用 aavg 过程后数组 b 的各元素值为:"
    For i=0 To UBound(b)
        Print b(i); Space(3);
    Next
End Sub
Function aavg(x())
    Dim i%, sum%
    sum=0
    For i=LBound(x) To UBound(x)
        sum=sum+x(i)
    Next i
    aavg=Round(sum/i)
    For i=LBound(x) To UBound(x)
        x(i)=x(i)-aavg
    Next i
End Function
```

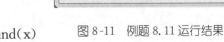

图 8-11 例题 8.11 运行结果

通过调用子过程 aavg(),求数组 a 中各元素的平均值,并将每个元素与平均值的差存放到原数组元素中。

由于实参数组与形参数组实质上所占的空间是一样的,因此,在子过程中改变形参的值,也就同时改变了实参数组元素的值。所以在本例中,返回主调过程后,输出实参数组 a 的各元素的值是被子过程改变后的值。

8.4 过程的嵌套调用和递归调用

8.4.1 过程的嵌套调用

Visual Basic 不允许一个过程被定义在另外一个过程体内(即嵌套定义),但允许嵌套调用。所谓"嵌套调用"是指,一个过程可以调用另外一个过程(或函数),而被调过程还可以再调用其他的过程(或函数)。其调用过程如图 8-12 所示:

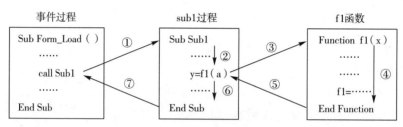

图 8-12 过程嵌套调用示意图

图中调用过程的执行步骤是:①→②→③→④→⑤→⑥→⑦。其中在事件过程 Form_Load 中调用过程 Sub1,Sub1 过程又调用函数 f1。执行函数 f1 后,得到函数值,返回过程 Sub1,Sub1 执行结束后,返回主调过程。可见,这是一个层层调用、层层返回的过程。

8.4.2 过程的递归调用

递归就是某一事物直接地或间接地由自己组成。在 Visual Basic 程序设计中,"递归调用"是指一个子过程(函数)直接或间接地调用自身。请看下面的例子。

例 8.12 编写函数过程,通过递归调用计算 $n!$。

```
Private Sub Command1_Click()
    a％＝Val(InputBox("请输入整数:"))
    Print "rfac(";a; ")="; rfac(a)
End Sub
Public Function rfac(i As Integer)
    If i＝1 Then
```

rfac＝1

   Else

    rfac＝i＊rfac(i－1)

   End If

  End Function

  递归调用在执行时,会引起一系列的调用和回代的过程。如图 8-13 所示为当 $n＝4$ 时,rfac 的调用和回代过程。

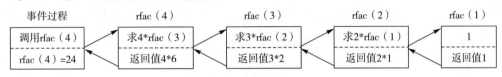

图 8-13　递归调用示意图

  递归是一种非常有效的算法,本例是基于如下的递归模型:

$$f(x) = \begin{cases} 1 & x \leqslant 1 \\ x * f(x-1) & x > 1 \end{cases}$$

  当一个问题蕴含递归关系且结构复杂时,采用递归算法往往使程序变得更简洁。

  例如,前面介绍过求最大公约数的例子,现用递归来实现。

  求最大公约数的递归定义是:

$$\text{gcd} = \begin{cases} n & m \bmod n = 0 \\ \text{gcd}(n, m \bmod n) & m \bmod n <> 0 \end{cases}$$

  由此可得函数代码:

Public Function gcd(m As Integer, n As Integer) As Integer

  If (m Mod n)＝0 Then

   gcd＝n

  Else

   gcd＝gcd(n, m Mod n)

  End Function

  通过前面的例子可以看出,有意义的递归调用都是由两部分组成的:① 递归方式,例如例 8.12 中的 $f(x) = x * f(x-1)$;② 递归终止条件,如例 8.12 中的当 $x \leqslant 1$ 时,$f(x) = 1$。如果没有终止条件,可以想象递归调用就成了一个无限嵌套调用,无法结束。

  再如,斐波那契数列 $Fib(n)$ 的递推定义是:

$$fib(n) = \begin{cases} 0 & n = 0 \\ 1 & n = 1 \\ fib(n-1) + fib(n-2) & n > 1 \end{cases}$$

读者可以据此写出递归程序。

递归算法是一种很好的程序设计技术,对求阶乘、指数运算以及求级数等复杂运算十分有效,递归算法虽然简单,但要消耗更多的计算机运行时间和内存空间,在实际编程时需谨慎使用。

8.5 变量的作用域

Visual Basic 的一个应用程序,通常由若干个窗体模块、标准模块及类模块组成,每个模块又可以包含若干个过程,其结构如图 8-14 所示。

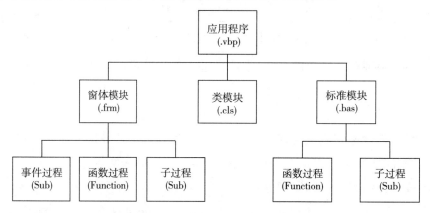

图 8-14 Visual Basic 应用程序结构示意图

变量在程序中必不可少,当应用程序包含有多个模块及过程(子过程或函数)时,每个模块和过程都可以定义自己的常量、变量。这些变量名或常量名由于声明的位置不同,因而可访问的范围也不同。通常把变量可访问的范围称为变量的"作用域"。

在 Visual Basic 中,根据变量的作用域不同,可将变量分为三种不同的类型:局部变量(也称"过程级变量")、模块级变量和全局变量。

8.5.1 局部变量

局部变量只能在声明它的过程中被识别和使用。局部变量用 Dim 或 Static 关键字声明,只能在本过程中使用,其他过程不可访问它。如果在过程中没有声明而直接使用某个变量,该变量也是局部变量。例如,

Dim var1 As Integer

或

Static var2 As Single

局部变量随过程的调用而被分配存储单元,并进行变量的初始化,可在本过

程体内进行数据的存取。用 Static 声明的变量又被称为"静态局部变量",在离开
过程时能保留变量的值。用 Dim 声明的变量又被称为"动态局部变量",一旦该
过程体结束,变量占用的存储单元即被释放,其内容自动消失。也就是说,在每
次调用过程时,用 Static 声明的变量保持原来的值;而用 Dim 声明的变量,会重
新初始化。

局部变量的作用域仅限于其所在的过程,通常用于保存临时数据。不同的过
程中可有相同名称的变量,它们互不相干。因此,使用局部变量,会使程序更安
全、通用,也更有利于程序的调试。

例 8.13 局部变量示例。

```
Private Sub Command1_Click()
        Dim a As Integer, b As Integer
        a=10: b=100
        Print "调用过程 sub1 前变量 a、b 的值:"
        Print "a="; a; Space(4); "b="; b
        Call sub1
        Print "调用过程 sub1 后变量 a、b 的值:"
        Print "a="; a; Space(4); "b="; b
End Sub
Sub sub1()
        Dim a As Integer, b As Integer
        a=11: b=111
        Print "通用过程中变量 a、b 的值:"
        Print "a="; a; Space(4); "b="; b
End Sub
```

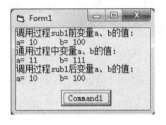

图 8-15 例 8.13 运行结果

程序的运行结果如图 8-15 所示,可以看出,尽管变量名相同,但按钮单击事
件过程中声明的变量与通用过程 sub1 中声明的变量之间没有联系。它们属于两
个不同的过程,均属于局部变量,其作用域仅限于本过程。

例 8.14 编写程序,利用局部变量 c_Click 统计单击窗体的次数,请对比下
面两段代码。

```
Private Sub Form_Click()
        Dim c_Click%
        c_Click=c_Click +1
        Print "已单击窗体"; c_Click; "次"
End Sub
```

```
Private Sub Form_Click()
        Static c_Click%
        c_Click=c_Click+1
        Print "已单击窗体"; c_Click; "次"
End Sub
```

　　每单击一次窗体,即调用 Form_Click 事件过程一次。当变量 c_Click 被声明为动态局部变量时,每次调用事件过程时,变量都会被重新初始化(被置为 0),因此,结果总是显示"已单击窗体 1 次"。而当变量 c_Click 被声明为静态局部变量,结束事件过程时仍能保留上次执行过程后的值,于是能够记录用户单击窗体的实际次数。运行结果如图 8-16 所示。

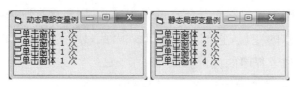

图 8-16　例 8.14 运行结果

8.5.2　模块级变量

　　为解决多个事件过程、子过程间的数据共享问题,可以使用模块级变量,模块级变量的作用范围是它们所在的整个模块。使用 Private、Dim 关键字,在窗体模块(Form)的通用声明段或标准模块(Module)中声明的变量,都称为"模块级变量"或"私有的模块级变量"。

　　例 8.15　模块级变量示例。

```
Dim a As Integer，b As Integer                  '声明模块级变量
Private Sub Command1_Click()
        a＝10：b＝100
        Print "调用过程 sub1 前变量 a、b 的值:"
        Print "a＝"; a; Space(4); "b＝"; b
        Call sub1
        Print "调用过程 sub1 后变量 a、b 的值:"
        Print "a＝"; a; Space(4); "b＝"; b
End Sub
Sub sub1()
        a＝11：b＝111
        Print "子过程 sub1 中变量 a、b 的值:"
        Print "a＝"; a; Space(4); "b＝"; b
End Sub
```

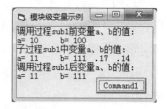

图 8-17　例 8.15 运行结果

　　运行结果如图 8-17 所示。由运行结果可以看出,模块级变量 a、b 在不同的过程中都能被访问和修改。

8.5.3　全局变量

全局变量也被称为"公有的模块级变量",其作用域是整个应用程序(工程),可被应用程序的任何过程访问。全局变量的声明方法是在模块的声明中使用Public关键字声明变量。例如,

Public a As Integer

全局变量的值在程序运行过程中始终不会消失和重新初始化,只有当整个应用程序执行结束时,才会消失。虽然在某些场合把变量定义为全局变量会方便使用,但由于其在任何一个子过程中都可以被改变和使用,因此,当某个子过程执行完后,其值会被带回主程序,再调用其他子过程时,又会被代入。它增加了子过程之间的关联性,降低了各子过程的独立性。因此,如果有更好的处理变量的方法,建议不要使用全局变量。

例 8.16　全局变量示例。

Public i As Integer

Private Sub Form_Click()

　　Dim i As Integer

　　i＝100

　　Me. i＝200

　　Print ″全局变量 i 和局部变量 i 的值分别是:″

　　Print Me. i，i

End Sub

图 8-18　例 8.16 运行结果

运行结果如图 8-18 所示。一般来说,在同一模块中定义了不同级而同名的变量时,系统优先访问作用域小的变量。如上例中分别声明了全局变量 i 和局部变量 i,在事件过程 Form_Click()中优先使用在本过程中声明的局部变量 i。若要访问全局变量 i,需在变量名前加关键字"Me"或窗体名"Form1"。

我们可以通过表 8-1 对三种变量进行比较,请读者分析并掌握三种类型变量的区别及使用方法,从而更好地为编程服务。

表 8-1　变量的作用域及声明方式对比表

变量类型	局部变量	模块级变量	全局变量
声明方式	Dim, Static	Dim, Private	Public
变量的声明位置	过程中	模块的声明段中	模块的声明段中
能否被本模块中的其他过程访问	否	能	能
能否被其他模块访问	否	否	能

习 题 8

一、选择题

1. 使用过程编写程序是为了_____。
   A. 使程序易于阅读　　　　　　B. 使程序模块化
   C. 提高程序运行速度　　　　　D. 便于系统的编译

2. Sub 过程与 Function 过程的根本区别是_____。
   A. Function 过程可以有参数,Sub 过程不可以有参数
   B. 两种过程的参数传递方式不同
   C. Sub 过程无返回值,Function 过程有返回值
   D. Sub 过程是语句级调用,可以使用 Call 或直接使用过程名,后者是在表达式中调用

3. 下列描述正确的是_____。
   A. 过程的定义可以嵌套,但过程的调用不能嵌套
   B. 过程的定义不可以嵌套,但过程的调用可以嵌套
   C. 过程的定义和过程的调用均可以嵌套
   D. 过程的定义和过程的调用均不能嵌套

4. Sub 过程的定义中_____。
   A. 一定要有过程名　　　　　　B. 一定要指明其类型
   C. 一定要有形参　　　　　　　C. 一定指明是公有的还是静态的

5. 若定义 Sub 过程时没有使用 Private、Public、Static 关键字,则所定义的过程是_____。
   A. 公有的　　　B. 私有的　　　C. 静态的　　　D. 以上三项都不对

6. 不能脱离控件而独立存在的过程是_____。
   A. 事件过程　　　B. 通用过程　　　C. Sub 过程　　　D. Function 过程

7. 下列关于函数的说法,正确的是_____。
   A. 函数名在过程中只能被赋值一次
   B. 在函数体内,如果没有给函数名赋值,则该函数过程没有返回值
   C. 函数过程是通过函数名带回函数值的
   D. 定义函数时,如未使用 As 子名定义函数的类型,则该函数过程是无类型过程。

8. 下列关于过程和函数的形参用法说明,不正确的是_____。
   A. ByVal 类别的形参,是按参数的值进行传递
   B. ByRef 类别或无类别的形参,是按参数的地址进行传递
   C. 一般调用时所给定的实参需与形参的顺序及类型相容或相同
   D. 形参的类型可以用已知的或用户已定义的类型来指定,也可以不指定

9. 设有函数 suma,定义如下。则调用 suma 函数正确的是_____。

```
Private Function suma(a() As Integer)
    For i=LBound(a) To UBound(a)
        suma=suma+a(i)
    Next i
End Function
```

    A. S=suma(a(1 to 5))　　　　B. S=suma(a)

    C. S=suma(a(5))　　　　D. S=suma a

10. 运行下面代码后,输出结果为_____。

```
Private Function proc1(x, y, z)
    x=x+1：y=y+1：z=z+1
    Print "sub："; x; y; z
End Function
Private Sub Command1_Click()
    a=1：b=2：c=3
    Call proc1(a, b+3, (c))
    Print "main："; a; b; c
End Sub
```

    A. sub：2 6 4　　B. sub：2 4 6　　C. sub：2 6 4　　D. sub：2 4 6

      main：2 2 3　　 main：2 2 3　　 main：2 6 4　　 main：1 6 4

11. 单击命令按钮 Command1 后,程序代码执行结果为_____。

```
Private Sub Command1_Click()
    sum=p(1)+p(2)+p(3)
    Print sum
End Sub
Public Function p(n As Integer)
    t=1
    For i=1 To n
        t=t*i
    Next i
    p=t
End Function
```

    A. 6　　　　　　B. 9　　　　　　C. 12　　　　　　D. 15

12. 下列代码运行的结果是_____。

```
Private Sub change(ByVal a As Integer，b As Integer)
    temp=a:a=b:b=temp
End Sub
Private Sub Command1_Click()
    Dim a%，b%
    a=10:b=100
    change (a，b)
    Print a，b
End Sub
```

A. 100　10　　　　B. 100　100　　　　C. 10　100　　　　D. 10　10

13. 在窗体上画一个命令按钮,其名称为 Command1,然后编写如下代码:

```
Private Sub Command1_Click()
Dim a(10) As Integer
Dim x As Integer
    For i=1 To 10
        a(i)=2 * i
    Next i
    x=1
    Print a(f(x)+1)
End Sub
Function f(x As Integer)
    x=2 * x+1
    f=x
End Function
```

单击命令按钮后,输出结果为_____。

A. 2　　　　　　B. 4　　　　　　C. 6　　　　　　D. 8

14. 设有如下通用过程:

```
Private Sub Command1_Click()
    Dim s1 As String
    s1="abcdef"
    Text1=UCase(fun(s1))
End Sub
Public Function fun(xs As String) As String
```

```
    Dim s As String, num As Integer
    s=""
    num=Len(xs)
    i=1
    Do While i<num/2
        s=s & Mid(xs, i, 1) & Mid(xs, num-i+1, 1)
        i=i+1
    Loop
    fun=s
End Function
```

程序运行后,单击命令按钮,则输出结果是_____。

    A. abcdef   B. ABCDEF   C. afbe   D. AFBE

15. 窗体上有按钮 Command1 和下列代码。当运行窗体时,先单击窗体,然后单击命令按钮,在输入对话框中输入 100,则程序的输出结果是_____。

```
Dim flag As Boolean
Private Sub Command1_Click()
    Dim X As Integer
    X=InputBox("请输入:")
    If flag Then
        Print fac(X)
    End If
End Sub
Function fac(X As Integer) As Integer
    If X<0 Then
        Y=-1
    Else
        If X=0 Then
            Y=0
        Else
            Y=1
        End If
    End If
    fac=Y
End Function
```

```
Private Sub Form_MouseUp(Button As Integer, Shift As Integer, X As
    Single, _ Y As Single)
    flag＝True
End Sub
```

A.－1　　　　　　　B. 0　　　　　　　C. 1　　　　　　　D. 无任何输出

二、填空题

1. 要使变量在某事件过程中保留值,则声明变量的方法有_____。

2. 为使某变量在所有窗体中都能使用,可在_____处声明变量。

3. 过程名前添加关键字_____,表示此过程可被其他模块过程调用,而添加_____,则表示此过程仅能被本模块中的其他过程调用。

4. 在过程(Sub)和函数(Function)中,可以直接返回值的是_____。

5. 窗体上有一个名称为 Command1 的命令按钮,其事件代码及函数过程如下。则单击该按钮后,输出结果为_____。

```
Private Sub Command1_Click()
    Dim a As Integer, b As Integer
    a＝10：b＝20
    Print facm(a, b)
End Sub
Function facm(x As Integer, y As Integer)
    facm＝IIf(x＞y, x, y)
End Function
```

6. 窗体上有一个名称为 Command1 的命令按钮,其事件代码及函数过程如下。则单击该按钮后,输出结果为_____。

```
Private Sub Command1_Click()
    Print fun(5)
End Sub
Function fun(ByVal x As Integer)
    If (x＝0 Or x＝1) Then
        fun＝1
    Else
        fun＝x－fun(x－1)
    End If
End Function
```

7. 已知函数 $sum(k,n)=1^k+2^k+\cdots n^k$。下面的 Function 过程 power 计算给定参数的函数值。请补充完整。

```
Private Sub Command1_Click()
    Dim k%, i%, s As Long
    k=Val(InputBox("k="))
    n=Val(InputBox("n="))
    s=0
    For i=1 To n
        s=s+power(_____)
    Next i
    Print s
End Sub
Private Function power(k As Integer, x As Integer)
    Dim i As Integer, t As Long
    t=1
    For i=1 To k
        _____
    Next i
        _____
End Function
```

8. 窗体上有按钮 Command1，运行窗体时，单击按钮，则输出结果为_____。

```
Private Sub Command1_Click()
    Print test(1);
    Print test(3);
    Print test(5);
    Print test(7)
End Sub
Private Function test(ByVal x As Integer) As Integer
    s=0
    For i=1 To x
        If x<=3 Then test=x: Exit Function
        s=s+i
    Next i
    test=s
End Function
```

9. 设有如下代码：

```
Private Sub Form_Click()
    Dim a As Integer，b As Integer
    a=1：b=2
    p1(a，b)
    p2(a，b)
    p3(a，b)
    Print "a=";a，"b="; b
End Sub
Sub p1(x As Integer，ByVal y As Integer)
    x=2 * x
    y=2 * y+1
End Sub
Sub p2(ByVal x As Integer，y As Integer)
    x=2 * x
    y=2 * y+1
End Sub
Sub p3(ByVal x As Integer，ByVal y As Integer)
    x=2 * x
    y=2 * y+1
End Sub
```

则程序运行后，单击窗体，则在窗体上输出的内容是：＿＿＿＿＿＿＿。

10. 斐波那契数列：1,1,2,3,5,…，当 $n \geqslant 3$ 时有如下递推关系：$f_n = f_{n-2} + f_{n-1}$。下面是计算此数列的函数，请补充完整。

```
Private Sub Command1_Click()
    Dim n%, f%
    n=Val(InputBox("请输入:"))
    f=fib(n)
    Print f
End Sub
Function fib(x%)
    If x=1 Or x=2 Then
        fib=1
    Else
```

 fib＝_____

 End If

End Function

三、设计题

1.编写函数，随机产生一个 100～999 之间的整数，计算并返回该整数各个数位上的数字之和。

2.编写一个函数过程，求三个数中的最大值和最小值。

3.编写函数过程，要求返回圆的周长，其半径通过形参传递。

4.编写 Sub 过程，要求用随机函数产生一个 9×9 的矩阵，找出值最大的元素，并输出最大值及其所在的行号和列号。

5.编写 Sub 过程，其功能是输出如下所示的图形，设置输出图形的行数为形参。

```
         1
        2 2 2
       3 3 3 3 3
      4 4 4 4 4 4 4
       3 3 3 3 3
        2 2 2
         1
```

6.修改例题 8.5，要求使用数组作参数完成数据传递。

用户界面设计

用户界面是应用程序的一个最重要的组成部分,通过它实现应用程序和用户的交互。编写一个应用程序,首先应该设计一个简单、实用的界面。在 Visual Basic 应用程序中,用户界面是由窗体及窗体中的各个控件对象组成的。

在第 4 章中,我们已经学习了简单的用户界面的设计方法,以及窗体和一些基本控件的属性、事件和方法。在本章中,我们将着重介绍其他一些常用基本控件以及 ActiveX 控件的属性、事件和方法等内容。另外,在第 4 章中介绍过的通用属性,本章将不再重复介绍。

9.1 单选按钮、复选框和框架

单选按钮、复选框和框架是用户界面上使用频率比较高的控件。下面将分别介绍它们的属性、事件和方法。

9.1.1 单选按钮(OptionButton)

单选按钮(OptionButton)控件,通常以组的形式出现,由一组彼此相互排斥的选项构成,只允许用户在这一组控件中选择一个选项。当选中某一单选按钮时,圆框中出现一个小黑点,同组中其他选项的小黑点消失。

单选按钮最重要的属性有 Caption 和 Value。单选按钮上显示的文本通过 Caption 属性设置。Value 属性的值是逻辑类型的真值和假值,表示单选按钮的状态。Value 值为 True 表示选中,False 表示未选中。

单选按钮最基本的事件是 Click 事件。当用户单击后,单选按钮被选中。

例 9.1 通过单选按钮设置文本框的字体。

界面如图 9-1 所示,各控件的属性如表 9-1 所示。文本框 Text1 的 Text 属性值为"欢迎您使用 VB"。

图 9-1 例 9.1 运行界面

表 9-1 例题 9.1 各控件属性

控件名称(Name)	标题(Caption)
Option1	宋体
Option2	楷体
Option3	隶书
Option4	黑体

事件代码如下：

```
Private Sub Option1_Click()
    Text1.FontName="宋体"
End Sub
Private Sub Option2_Click()
    Text1.FontName="楷体_GB2312"
End Sub
Private Sub Option3_Click()
    Text1.FontName="隶书"
End Sub
Private Sub Option4_Click()
    Text1.FontName="黑体"
End Sub
```

9.1.2　复选框（CheckBox）

如果用户希望在应用程序界面中选定一组选项中的一项或者多项，可以使用复选框（CheckBox）。当某项被选中后，复选框左侧方框内出现一个"√"。

复选框最主要的属性有 Caption 和 Value。复选框上显示的文本通过 Caption 属性设置。Value 属性的值是数值型数据，用于表示复选框当前状态；它有 3 种状态：0 表示未被选中，1 表示被选中，2 表示"不可用"（灰色）。

复选框最基本的事件是 Click 事件。当用户单击后，复选框自动改变状态。

例 9.2　通过复选框设置文本框的字体、字形和颜色。

界面如图 9-2 所示，各控件的属性如表 9-2 所示。文本框 Text1 的 Text 属性值为"可视化程序设计"。

图 9-2　例 9.2 运行界面

表 9-2　例题 9.2 各控件属性

控件名称（Name）	标题（Caption）
Check1	加粗
Check2	斜体
Check3	下划线
Check4	红色

事件代码如下：

```
Private Sub Check1_Click()
```

```
        Text1. FontBold=Not Text1. FontBold
End Sub
Private Sub Check2_Click()
        Text1. FontItalic=Not Text1. FontItalic
End Sub
Private Sub Check3_Click()
        Text1. FontUnderline=Not Text1. FontUnderline
End Sub
Private Sub Check4_Click()
    If Check4. Value=1 Then
            Text1. ForeColor=vbRed
    Else
            Text1. ForeColor=vbBlue
    End If
End Sub
```

9.1.3　框架(Frame)

框架是一种容器控件,利用框架可以将一些控件按照不同的功能划分成不同的组,组与组之间是相互独立的。例如,在一个用户界面上,如果将单选按钮分成若干组,每组只能有一个单选按钮被选中,但整个窗体在同一时刻却可以选中多个单选按钮。

使用框架时,应该首先在窗体上绘制框架,然后把创建的控件放在框架中。当框架移动时,框架中的控件也跟着移动。如果需要把已经存在的控件放到框架中,可以先将它们剪切到剪贴板,然后粘贴到框架上。

框架最主要的属性是 Caption,属性值是框架的名称。

图 9-3　例题 9.3 运行界面

例 9.3　设计如图 9-3 所示的用户界面,利用框架控件将四个单选按钮和两个复选框分为三组,分别用于改变文本框中的字体、字号和字形。程序运行后,用户可在"字体""字号"和"字形"三个框架中根据需要选择,然后单击"确定"按钮,此时文本框中的文字将按照用户的选择设置。

注意:

对单选按钮和复选框进行分组时,一定要先画框架,然后在其中添加相应的控件。

事件代码如下:

```
Private Sub Form_Load()
        Option1. Value=True
        Option3. Value=True
        Check2. Value=1
End Sub
Private Sub Command1_Click()
        If Option1. Value Then Text1. FontName="楷体_GB2312"     '设置字体
        If Option2. Value Then Text1. FontName="黑体"
        If Option3. Value Then Text1. FontSize=16                '设置字号
        If Option4. Value Then Text1. FontSize=24
        If Check1 Then
            Text1. FontBold=True                                '设置字形
        Else
            Text1. FontBold=False
        End If
        If Check2 Then
            Text1. FontItalic=True
        Else
            Text1. FontItalic=False
        End If
End Sub
Private Sub Command2_Click()
        End
End Sub
```

例题 9.3 和例题 9.1、9.2 的不同点在于,例题 9.1、9.2 中,每次单击单选按钮或者复选框,就引发相应的事件过程,实现相应的设置,代码写在相应的单选按钮或者复选框的 Click 事件中;而例题 9.3 单击单选按钮或者复选框后,不立即改变文本框中文字的属性,而是通过单击命令按钮引发单击事件过程来实现的,因此,代码写在命令按钮的 Click 事件中。

9.2　计 时 器

计时器(Timer)控件又称"定时器"或"时钟控件",它的功能是每隔一定的时间间隔执行一次 Timer 事件,可用于计时或控制某些操作(如动画)。计时器控件在设计时可见,运行时不可见,通常用于时间控制和动画。

1. 主要属性

① Interval 属性。用于设置计时器的 Timer 事件发生的时间间隔,以 ms(0.001s)为单位,取值范围为[0,64767],默认为 0。例如,如果希望每隔 0.5 s 执行一次 Timer 事件,Interval 属性应设置为 500。如果将 Interval 属性设置为 0,计时器控件将不执行 Timer 事件。

② Enabled 属性。该属性用于设置计时器控件是否有效。当 Enabled 属性为 True 并且 Interval 属性大于 0 时,计时器控件开始工作;当 Enabled 属性为 False 时,计时器控件无效。

2. 事件

计时器控件只有一个 Timer 事件。当 Enabled 属性为 True 并且 Interval 属性大于 0 时,Timer 事件在 Interval 属性指定的时间间隔之后立即发生。

例 9.4　利用计时器控件显示当前时间,并且实现窗体上的文本从左向右移动。运行界面如图 9-4 所示。要求如下:

① 在窗体上添加两个标签,Label1 和 Label2,Label1 的标题为空,Label2 的标题为"移动文本展示"。

② 在窗体上添加一个计时器控件 Timer1,用于显示当前时间并实现文本移动,Interval 设置为 1000,Enabled 属性为 False。

图 9-4　例题 9.4 运行界面

③ 在窗体上添加一个标题为"开始"的命令按钮 Command1,单击"开始",显示当前时间,文本开始移动,按钮变成"暂停";单击"暂停",停止显示当前时间,文本停止移动。

事件代码如下:

```
Private Sub Command1_Click()
    If Command1. Caption="暂停" Then
        Command1. Caption="开始"
        Timer1. Enabled=False
```

```
    Else
        Command1. Caption="暂停"
        Timer1. Enabled=True
    End If
End Sub
Private Sub Timer1_Timer()
    Label1. Caption=Time()
    If Label2. Left<Form1. Width Then
        Label2. Move Label2. Left+100
    Else
        Label2. Left=0
    End If
End Sub
```

例 9.5　利用计时器控件,设计一个倒计时程序。运行界面如图 9-5 所示,要求如下:

① 在窗体上添加文本框 Text1,用于设置时间,以分钟为单位。

② 在窗体上添加命令按钮 Command1,标题为"开始",单击命令按钮开始倒计时。

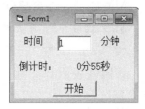

图 9-5　例题 9.5 运行界面

③ 倒计时时间显示在标签上,当时间到了,弹出"时间到!"对话框。

④ 在窗体上添加计时器 Timer1,Enabled 属性设置为 False,Interval 属性设置为 1000。

事件代码如下:

```
Dim t As Integer
Private Sub Command1_Click()
    t=60 * Val(Text1. Text)              '将时间转换成秒
    Timer1. Enabled=True                 '将计时器控件设置为可用
End Sub
Private Sub Timer1_Timer()
    Dim m, s As Integer
    t=t-1
    m=Int(t / 60)                        '计算倒计时分钟数
    s=t Mod 60                           '计算倒计时秒数
    Label4. Caption=m & "分" & s & "秒"
```

```
    If (t=0) Then
        Timer1. Enabled=False
        MsgBox ("时间到!")
    End If
End Sub
```

9.3　滚 动 条

滚动条(ScrollBar)控件通常用来附在窗口上帮助用户观察数据或确定位置，也可以用来作为数据的输入工具。滚动条有水平滚动条(HScrollBars)和垂直滚动条(VScrollBars)两种。虽然两种滚动条的方向不一样，但功能是相同的。

1. 主要属性

（1）Min 和 Max 属性

Min 属性——滑块处于最小位置所能代表的值，取值范围−32768～32767。

Max 属性——滑块处于最大位置所能代表的值，取值范围−32768～32767。

（2）Value 属性

该属性表示滑块当前位置所代表的值。随着滑块的位置的改变而改变，其值介于 Min 和 Max 之间。

（3）LargeChange 属性

该属性表示鼠标单击滑块与滚动箭头之间的区域时，Value 属性所增加或减少的量。

（4）SmallChange 属性

该属性表示鼠标单击滚动箭头时，Value 属性所增加或减少的量。

2. 事件

滚动条最重要的事件有 Change 和 Scroll。当滚动条的 Value 属性发生变化时，就会触发 Change 事件。在滚动条内拖动滑块会触发 Scroll 事件。

3. 方法

滚动条也具有 Move 和 SetFocus 方法，但在程序设计过程中很少使用这些方法，这里不再具体介绍。

例 9.6　设计一个应用程序，通过滚动条来改变文本框中文字的大小。运行界面如图 9-6 所示，要求如下：

① 在窗体上添加一个文本框 Text1，Text 属性值为"蚌埠医学院"。

图 9-6　例题 9.6 运行界面

② 在窗体上添加一个水平滚动条 Hscroll1，Max 属性为 72，Min 属性为 8。

③ 编写水平滚动条 Hscroll1 的 Change 事件和 Scroll 事件，用于改变文字大小。

④ 在窗体上添加一个标签 Label1，用于显示当前文字的大小。

事件代码如下：

```
Private Sub HScroll1_Change()
    Text1. FontSize＝HScroll1. Value
    Label1. Caption＝"当前文字字号是："& HScroll1. Value
End Sub
Private Sub HScroll1_Scroll()
    Text1. FontSize＝HScroll1. Value
    Label1. Caption＝"当前文字字号是："& HScroll1. Value
End Sub
```

9.4　文件系统控件

计算机中的文件是按照目录结构存放在不同的磁盘驱动器中。在应用程序中，常常需要对文件进行打开、保存或复制等操作。Visual Basic 提供了两种控件来实现文件操作：

① Visual Basic 标准的文件系统控件。

② 通用对话框控件。本节介绍 Visual Basic 内部标准的文件系统控件，通用对话框控件将在下一节介绍。

Visual Basic 提供了三种对文件进行操作的标准控件：驱动器列表框（DriveListBox）、目录列表框（DirListBox）和文件列表框（FileListBox）。这三个控件是相互独立的，也可以组合在一起使用，设计出处理文件的对话框程序。

9.4.1　驱动器列表框（DriveListBox）

驱动器列表框与组合框相似，在下拉列表中显示当前系统中的磁盘驱动器，用户可以从中选择查看。

驱动器列表框的一个重要的属性是 Drive 属性，该属性用于返回或设置当前选择的驱动器。Drive 属性只能通过程序代码赋值，不能在属性窗口中设置。使用格式为：

驱动器列表框. Drive[＝驱动器名]

如果省略驱动器名，Drive 属性默认的是当前驱动器。

驱动器列表框的常用事件是 Change 事件，当驱动器列表框的 Drive 属性值发生变化时触发该事件。

9.4.2 目录列表框(DirListBox)

目录列表框用于显示当前驱动器的全部目录结构,外观与列表框相似。双击某个目录名,将打开该目录并显示其子目录的结构。

目录列表框的一个重要属性是 Path 属性,用于返回或设置列表框中的当前目录。该属性只能在程序代码中设置,不能在属性窗口中设置。使用格式为:

目录列表框.Path[=路径]

例如,Dir1.Path="E:\VB"。如果省略路径,则显示当前路径。当改变 Path 属性值时,将触发目录列表框的 Change 事件。

如果窗体上同时有驱动器列表框和目录列表框,当改变驱动器列表框的 Drive 属性,可以同时为目录列表框指定驱动器,实现同步效果。这时,需要在驱动器列表框的 Change 事件中使用如下语句:

Dir1.Path=Drive1.Drive

9.4.3 文件列表框(FileListBox)

文件列表框是用于显示指定目录中的所有文件或者指定类型的文件。下面介绍该控件的主要属性和常用事件。

1. Path 属性

Path 属性用于设置在文件列表框中显示的文件所在的目录。文件列表框控件中的内容会根据 Path 属性值的变化自动刷新。当改变目录列表框的 Path 属性时,可以同时指定文件列表框 Path 属性的值,实现目录列表框和文件列表框的同步效果。这时,需要在目录列表框的 Change 事件中使用如下语句:

File1.Path=Dir1.Path

2. Pattern 属性

Pattern 属性用于设置在文件列表框中显示文件的类型。默认情况下,Pattern 属性的值为"*.*",即所有文件。要显示某种类型的文件,可以使用如下的语句:File.Pattern="*.vbp",则在文件列表框中显示当前目录下所有扩展名为.vbp 的文件。如果要显示多种类型的文件,多个扩展名之间用";"分隔。

Pattern 属性既可以在属性窗口中设置,也可以在程序代码中设置。

3. FileName 属性

FileName 属性的值是在文件列表框中选定的文件名。该属性只能在程序代码中设置,不能在属性窗口中设置。

4. 常用事件

文件列表框最常用的事件是 Click 事件和 DblClick 事件。

9.4.4 文件系统控件组合编程

例 **9.7** 设计一个图片浏览器，界面如图 9-7 所示。在窗体上依次添加一个图片框，AtuoSize 属性为 True；驱动器列表框、目录列表框和文件列表框。在文件列表框中只显示扩展名为 .bmp 和 .jpg 的文件。单击文件列表框中的某个图片文件时，窗体上的图片框能显示该图片。编程实现上述效果。

图 9-7 例题 9.7 运行界面

事件代码如下：

① 在窗体 Load 事件添加代码，使文件列表框只显示扩展名为 .bmp 和 .jpg 的文件。

```
Private Sub Form_Load()
    File1.Pattern="*.bmp;*.jpg"
End Sub
```

② 编写驱动器列表框的 Change 事件代码，使驱动器列表框和目录列表框保持同步变化。

```
Private Sub Drive1_Change()
    Dir1.Path=Drive1.Drive
End Sub
```

③ 编写目录列表框的 Change 事件代码，使目录列表框和文件列表框保持同步变化。

```
Private Sub Dir1_Change()
    File1.Path=Dir1.Path
End Sub
```

④ 编写文件列表框 Click 事件代码，使图片框显示选择的图片。

```
Private Sub File1_Click()
    Picture1.Picture=LoadPicture(File1.Path+"\"+File1.FileName)
End Sub
```

9.5 通用对话框

前面介绍的控件都属于 Visual Basic 中的标准控件，也称为"内部控件"，在工具箱中默认显示。对于比较复杂的应用程序,仅使用标准控件是远远不够的,还需要利用 Visual Basic 以及第三方开发商提供的 ActiveX 控件。

ActiveX 控件是 Visual Basic 工具箱的扩充,通常以扩展名为 . ocx 的文件形式存在。一般情况下,ActiveX 控件存放在 Windows 的 System32 目录下。在使用 ActiveX 控件之前,首先应该把需要的 ActiveX 控件添加到工具箱中,添加步骤是:打开"工程"菜单的"部件"对话框(如图 9-8 所示),该对话框列出当前系统中所有注册过的 ActiveX 控件、可插入对象和 ActiveX 设计器;选择所需的 ActiveX 控件,然后单击"确定"按钮,相应的 ActiveX 控件就被添加到工具箱中。被添加的 ActiveX 控件可以像标准控件一样使用,当然也能从工具箱中将它删除。

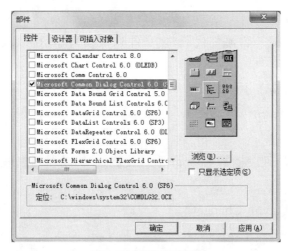

图 9-8 "部件"对话框

实际上,用户除了可以使用已经设计好的 ActiveX 控件外,还可以通过 Visual Basic 提供的 ActiveX 设计器自己设计 ActiveX 控件。本节将介绍一种 ActiveX 控件——通用对话框控件。

9.5.1 通用对话框概述

在 Windows 环境下的应用程序中,常常需要执行打开和保存文件、选择颜色和字体、打印等操作,这就需要应用程序提供相应的对话框以方便使用。在 Visual Basic 中,这些对话框已经被做成了通用对话框(CommonDialog)控件。

通用对话框控件为用户提供了一组对话框,可以使用它进行打开文件、保存文件、选择颜色和字体、设置打印选项等操作。另外还可以通过调用 Windows 帮助引擎来显示应用程序的帮助。

1. 添加通用对话框控件

通用对话框(CommonDialog)控件属于 Visual Basic 专业版和企业版所特有

的 ActiveX 控件。使用通用对话框控件之前,需要通过选择"工程"→"部件"对话框中的 Microsoft Common Dialog Control 6.0 部件加载。加载后,在工具箱中就可以看到通用对话框控件圖。

2.使用通用对话框控件

由于 CommonDialog 控件仅在窗体处于设计状态时可见,在窗体运行时是不可见的,因此,在设计时可以将它放置在窗体的任何位置。

通用对话框能建立 6 种形式的标准对话框,分别为打开(Open)、另存为(Save As)、颜色(Color)、字体(Font)、打印机(Printer)和帮助(Help)。通用对话框仅适用于应用程序与用户之间进行信息交互,是输入/输出界面,不能真正实现打开文件、保存文件、设置颜色和字体、打印等操作,这些功能必须通过编程实现。

在显示标准对话框之前,应通过设置 Action 属性或调用 Show 方法来打开相应的标准对话框。Action 属性和 Show 方法的对应关系如表 9-3 所示。

表 9-3　通用对话框的 Action 属性和 Show 方法

通用对话框类型	Action 属性	Show 方法
打开文件(Open)	1	ShowOpen
另存为(Save As)	2	ShowSave
选择颜色(Color)	3	ShowColor
选择字体(Font)	4	ShowFont
打印(Printer)	5	ShowPrinter
帮助文件(Help)	6	ShowHelp

对话框的类型不是在窗体设计阶段设置,而是在程序代码中进行设置。例如,在窗体上添加一个通用对话框控件 CommonDialog1,若要在程序运行时显示"另存为"对话框,可以用以下代码实现:

CommonDialog1.Action＝2

或

CommonDialog1.ShowSave

注意:Action 属性不能在属性窗口中设置,只能在程序中赋值,用于调出相应的对话框。

3.通用对话框(CommonDialog)控件的属性页

通用对话框控件的属性可以在属性窗口中设置,也可以在代码中设置,最常用的是在"属性页"对话框中设置,如图 9-11 所示。

可以使用以下的方法打开"属性页"对话框:

① 在窗体上添加通用对话框控件,右击该控件,在快捷菜单中选择"属性",打开"属性页"对话框。

② 选择通用对话框控件属性窗口的自定义,单击右侧的"…"按钮,可以打开"属性页"对话框。

9.5.2 "打开(Open)"对话框和"另存为(Save)"对话框

1. "打开"对话框

"打开"对话框是当 Action 属性为 1 时或用 ShowOpen 方法时显示的通用对话框,如图 9-9 所示。在"打开"对话框中仅仅提供一个打开文件的用户界面,不能真正打开文件,打开文件的具体操作需通过编程实现。

图 9-9 "打开"文件对话框

2. "另存为"对话框

"另存为"对话框是当 Action 属性为 2 时或者用 ShowSave 方法显示的通用对话框,供用户指定要保存文件的驱动器、文件夹和扩展名。"另存为"对话框并不能直接提供文件的存储操作,需通过编程实现。

例 9.8 设计一个应用程序,当单击"浏览"按钮后,在弹出的对话框中,选择一个 JPG 的图片文件,在图形框中显示该图片,运行界面如图 9-10 所示。要求如下:

① 在窗体上添加三个控件,分别是图形框(Picture1)、通用对话框(CommonDialog1)

图 9-10 例题 9.8 运行界面

和命令按钮(Command1)。

② 通用对话框的属性在"属性页"中设置,如图 9-11 所示。

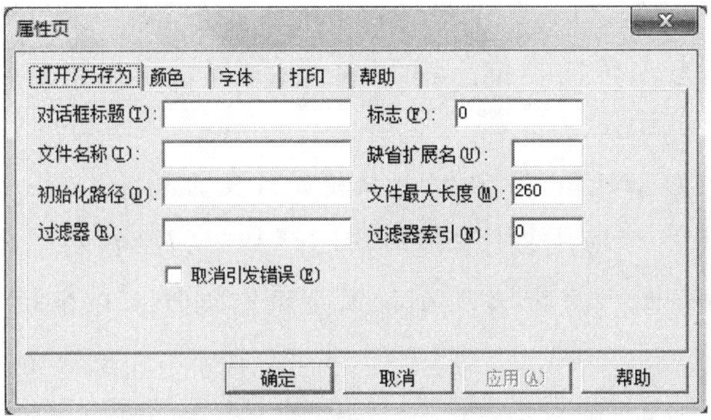

图 9-11　"属性页"对话框

③ 对命令按钮编写事件过程,将通用对话框设置为"打开",并且实现图片的加载。

事件代码如下:

Private Sub Command1_Click()

CommonDialog1. Action=1

Picture1. Picture=LoadPicture(CommonDialog1. FileName)

End Sub

从图 9-11 可以看出,在"属性页"对话框中有五个选项卡,分别是"打开/另存为""颜色""字体""打印"和"帮助"。下面着重介绍"打开/另存为"选项卡中的几个选项。

① 对话框标题(DiaglogTitle):用于设置对话框的标题。

② 文件名称(FileName):表示用户所要打开文件的文件名。

③ 初始化路径(IninDir):用于设置"打开"对话框的初始目录,若不设置该属性,系统返回当前目录。

④ 过滤器(Filter):用于设置显示文件的类型。格式为:描述|通配符,如果需要设置多项时,可以用"|"符号分隔开。该属性选项显示在"文件类型"列表框中。例如,在过滤器中设置 Domcuments(* . doc)| * . DOC|Pictures(* . jpg)| * . jpg|ALL FILES| * . * ,则在"文件类型"列表框中显示下列三种类型的文件,扩展名为. doc的 Word 文件、扩展名为. jpg 的图片文件和所有文件。

⑤ 标志(Flags):设置对话框的一些选项,可以是多个值的组合。

⑥ 缺省扩展名(DefaultExt):为对话框设置缺省的文件扩展名,当保存一个没有扩展名的文件时,自动将此默认扩展名作为文件扩展名。

⑦ 文件最大长度(MaxFileSize):用于指定文件名的最大长度,取值范围

1～2048,默认值为 256。

⑧ 过滤器索引(FilterIndex):用于指定默认的过滤符,其值为一个整数。用 Filter 设置多个过滤符之后,每个过滤符都有一个值,第一个过滤符的值为 1,第二个过滤符的值为 2,依次类推。用 FilterIndex 属性可以指定作为默认显示的过滤符。

注意:"打开"对话框和"另存为"对话框所涉及的属性基本一致。

例 9.9 设计一个应用程序,利用"打开"和"另存为"对话框实现文件的打开和保存。运行界面如图 9-12 所示。文本框和通用对话框的属性按照表 9-4 进行设置。

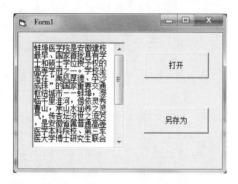

图 9-12 例题 9.9 运行界面

表 9-4 文本框和通用对话框属性

对象名	属 性	设 置
Text1	Caption	空
	MultiLine	True
	ScrollBars	2
CommonDialog1	FileName	*.txt
	InitDir	D:\ch9
	Filter	Text Files(*.txt)｜*.txt｜All Files(*.*)｜*.*

"打开"按钮的事件代码如下:

```
Private Sub Command1_Click()
    CommonDialog1.ShowOpen                          '打开"打开"对话框
    Open CommonDialog1.FileName For Input As #1

                                                    '打开文件进行读操作
    Do While Not EOF(1)
        Line Input #1, linedata                     '读出一行数据
        Text1.Text=Text1.Text+linedata+vbCrLf       '在文本框中显示出数据
```

```
        Loop
        Close ♯1                                            '关闭文件
End Sub
```
"另存为"按钮的事件代码如下：
```
Private Sub Command2_Click()
        CommonDialog1. FileName="Default. txt"              '设置默认文件名
        CommonDialog1. DefaultExt="txt"                     '设置默认扩展名
        CommonDialog1. Action=2                             '打开"文件"对话框
        Open CommonDialog1. FileName For Output As ♯1
                                                            '打开文件写入数据
        Print ♯1，Text1. Text
        Close ♯1
End Sub
```
说明：例题 9.9 中关于文件的操作将在后续章节具体介绍。

9.5.3　"颜色"和"字体"对话框

许多应用程序中，用户可以根据自己的需要选择颜色和字体，这时需要用到颜色和字体对话框。"颜色"对话框是当 Action 属性为 3 时的通用对话框；"字体"对话框是当 Action 属性为 4 时的通用对话框。也可以使用 ShowColor 打开"颜色"对话框，使用 ShowFont 打开"字体"对话框。

"颜色"对话框除了基本属性外，还有一个主要的属性 Color，返回或设置选定的颜色。

"字体"对话框除了基本属性之外，还有一个主要的属性 Flags，该属性决定CommonDialog 控件是否显示屏幕字体、打印字体或者两者同时显示。所以，在使用 CommonDialog 控件选择字体之前，必须设置 Flags 属性的值。Flags 属性值可使用表 9-5 所示的常数。

表 9-5　字体对话框 Flags 属性设置值

常数	值	说明
cdlCFScreenFonts	&.H1	显示屏幕字体
cdlCFPrinterFonts	&.H2	显示打印机字体
cdlCFBoth	&.H3	显示打印机字体和屏幕字体
cdlCCFEffects	&.H100	出现删除线、下划线、颜色组合框

例 9.10　设计一个应用程序，利用"颜色"和"字体"对话框改变文本框中文

字的颜色和字体。运行界面如图 9-13 所示。要
求如下：

① 添加一个文本框 Text1,Text 属性值为空。

② 添加一个 CommonDialog 控件,Flags 属
性设置为 1,以便正确地显示出系统字体。

③ 在窗体上添加两个命令按钮,标题分别
是"设置颜色""改变字体",在其中编写代码,实
现颜色和字体的改变。

图 9-13　例题 9.10 运行界面

"设置颜色"按钮事件代码如下,设置颜色对话框如图 9-14 所示：

```
Private Sub Command1_Click()
        CommonDialog1. Action＝3
        Text1. ForeColor＝CommonDialog1. Color
End Sub
```

"改变字体"按钮事件代码如下,设置字体对话框如图 9-15 所示：

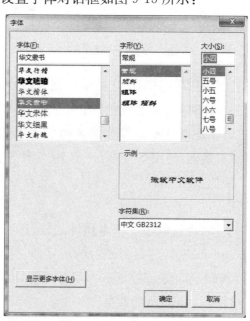

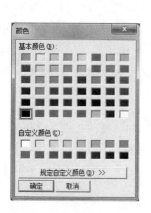

图 9-14　"设置颜色"对话框　　　　图 9-15　"改变字体"对话框

```
Private Sub Command2_Click()
        CommonDialog1. Action＝4
        Text1. FontName＝CommonDialog1. FontName
        Text1. FontSize＝CommonDialog1. FontSize
        Text1. FontItalic＝CommonDialog1. FontItalic
        Text1. FontUnderline＝CommonDialog1. FontUnderline
End Sub
```

9.5.4 "打印"对话框

当通用对话框的 Action 的属性值为 5 时,通用对话框作为打印对话框使用。"打印"对话框并不能处理打印工作,仅仅可以让用户选择要使用的打印机,并可为打印处理指定相应的选项,如打印范围、数量等。

例 9.11 设计一个如图 9-16 所示的用户界面,单击"打印"按钮,打开如图 9-17 所示的"打印"对话框。

"打印"按钮的事件代码:

```
Private Sub Command1_Click()
        CommonDialog1. Action=5
End Sub
```

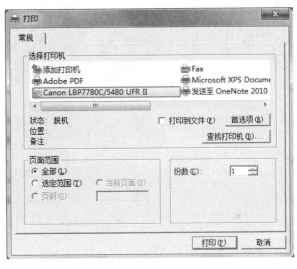

图 9-16 例题 9.11 运行界面   图 9-17 "打印"对话框

"打印"对话框的主要属性有:

① Copies(复制份数):打印份数。

② FromPage(起始页号):打印起始页号。

③ ToPage(终止页号):打印终止页号。

9.6 进 程 条 控 件

进程条(ProgressBar)控件是一种 ActiveX 控件,需要加载后才能使用。选择"工程"→"部件",在打开的如图 9-8 所示的"部件"对话框中找到"Microsoft Windows Common Controls 6.0"选项,勾选后,在工具箱中可找到相应控件。

进程条控件的作用是监视操作完成的进度,该控件通过从左到右用一些方块填充矩形来表示一个较长时间操作的进度。

进程条控件有水平和垂直两种形式,由属性 Orientation 决定,值为 0 表示进程条为水平方向,值为 1 表示进程条为垂直方向。进程条控件的主要属性还有下面几个:

1. Max 属性

该属性用于返回或设置进程条的最大值(缺省值为 100)。

2. Min 属性

该属性用于返回或设置进程条的最小值(缺省值为 0)。

3. Value 属性

该属性用于返回或设置进程条的当前位置。

例 9. 12 设计一个应用程序,用 ProgressBar 控件显示一个循环的进度情况,并用一个按钮控制循环的开始。运行界面如图 9-18 所示。

图 9-18 例题 9.12 运行界面

命令按钮的事件代码如下:

```
Private Sub Command1_Click()
    Dim counter As Long,i As Long
    counter=100000
    ProgressBar1. Min=0
    ProgressBar1. Max=counter
    ProgressBar1. Value=ProgressBar1. Min
    For i=1 To counter
        ProgressBar1. Value=i
    Next i
End Sub
```

9.7　多窗体

简单的应用程序通常只需要一个窗体,但是在实际应用中,遇到一些复杂的问题时,就需要使用多个窗体。在多窗体中,每个窗体都可以有自己的界面和程序代码。本节将介绍如何创建多窗体的应用程序。

9.7.1　添加窗体

建立工程时,系统会自动创建一个窗体,该窗体的默认名称为 Form1。在设计中,如果需要,可以加入新的窗体。

添加窗体的方法是:单击工具栏上的"添加窗体"按钮或者选择"工程"菜单中的"添加窗体"菜单命令。

在当前工程中添加多个窗体,需要注意的问题是:

① 每个窗体对应一个窗体模块,窗体模块保存在扩展名为 .frm 的文件中。应用程序有几个窗体,就有几个窗体模块文件。添加所需窗体后,在"工程资源管理器"窗口会列出已建立的窗体名称,如图 9-19 所示,通过"工程资源管理器"窗口可以查看并修改任何一个窗体及代码。

图 9-19　"工程资源管理器"窗口

② 一个工程中所有窗体的名称(Name)属性都不能重名。所以,要注意添加的已有窗体名称是否与工程中现有窗体名称冲突。

③ 添加的窗体可以被多个工程共享,因此,对该窗体所做的改变会影响到共享该窗体的所有工程。

9.7.2　设置启动对象

在多窗体情况下,当应用程序开始运行,运行的第一个窗体称为"启动窗体"。在缺省情况下,程序开始运行时,首先见到的是窗体 Form1,这是因为系统默认 Form1 为启动对象。

如果要改变系统默认的启动对象,可以通过以下步骤进行设置:

① 打开"工程"菜单,选择"工程属性"菜单项。

② 打开如图 9-20 所示的"工程属性"对话框。

③ 选择"通用"选项卡中的"启动对象",在下拉列表中选择一项作为新的启动对象。

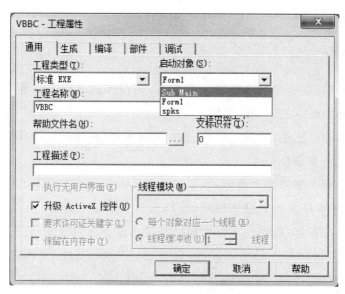

图 9-20 "工程属性"对话框

可以设置为启动对象的,除了窗体外,还可以是 Main 子过程。如果启动对象是 Main 子过程,则程序启动时不加载任何窗体,以后由该过程根据不同情况决定是否加载或加载哪个窗体;Main 子过程必须放在标准模块中,不能放在窗体模块中。

9.8 多文档界面窗体

9.8.1 多文档界面的特点

Windows 应用程序的用户界面主要有单文档界面(SDI,Single Document Interface)和多文档界面(MDI,Multiple Document Interface)两种形式。

1.单文档界面

单文档就是一次只能打开一个文档的应用程序,想要打开另一个文档时,必须先关上已打开的文档。例如,Windows 的应用程序 WordPad(记事本),就是一个典型的 SDI 界面的应用程序。前面章节所举的实例都是 SDI 界面。

2. 多文档界面

多文档是指一次可以打开多个相同样式的文档,并且同时可以对多个文档进行编辑的应用程序。Windows 绝大多数应用程序都具有多文档界面,如 Microsoft Word 和 Microsoft Excel 等。

一个 MDI 界面的应用程序可以包含三类窗体:MDI 父窗体(简称"MDI 窗体")、MDI 子窗体(简称"子窗体")以及普通窗体(或称"标准窗体")。MDI 窗体只能有一个,子窗体可以有多个。普通窗体与 MDI 窗体没有直接的从属关系。父窗体为应用程序中所有的子窗体提供工作空间,MDI 子窗体的设计与 MDI 父窗体的设计无关,但在程序运行阶段,子窗体总是包含在 MDI 父窗体显示区域内,不能移动到 MDI 父窗体的边界以外。

9.8.2　创建 MDI 窗体

创建 MDI 应用程序需要分别创建 MDI 父窗体及其子窗体。

1. 建立有一个子窗体的 MDI 窗体

① 创建一个新的工程,这时新工程已经预先建立好一个窗体 Form1。

② 选择"工程"菜单中的"添加 MDI 窗体"菜单命令,在打开的对话框中选择"新建"选项卡中的 MDI 窗体选项,这时,在新工程里就添加了一个名称为 MDIForm1 的 MDI 窗体。

③ 选择"工程"菜单中的"工程属性"菜单命令,在"启动对象"列表中选择 MDIForm1,将 MDI 父窗体设置为启动对象。

④ 选取 Form1 窗体,在属性窗口中将 MDIChild 属性值设置为 True。此时, Form1 窗体将作为 MDI 窗体的子窗体。

⑤ 运行时会发现,窗体 Form1 放置在 MDIForm1 窗体内,如图 9-21 所示。

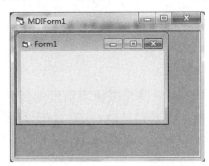

图 9-21　MDI 窗体运行界面

2. 建立有多个子窗体的 MDI 窗体

MDI 窗体的默认状态只能装入一个子窗体,具有一定的局限性。在 MDI 父窗体的 Load 事件过程中添加如下的代码,可以装入要显示的一个或多个窗体,运行界面如图 9-22 所示。

```
Private Sub MDIForm_Load()
    Form1. Show
    Form2. Show
End Sub
```

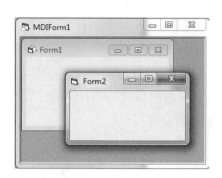

图 9-22　包含多个子窗体的 MDI 窗体运行界面

由上面两个图可以看到，MDI 子窗体均在 MDI 父窗体的工作空间内。用户可以移动和改变子窗体的大小；也可以给 MDI 子窗体添加控件，和在标准窗体上放置控件是一样的。MDI 父窗体和子窗体都可以各自设计本身的菜单，但在程序运行阶段，子窗体的菜单会显示在 MDI 父窗体上，所以，一般情况下，只要将菜单预先设置在 MDI 父窗体上就可以了。

9.9　鼠 标 与 键 盘 操 作

鼠标和键盘是操作计算机的主要输入设备。在应用程序运行过程中，经常需要知道用户对鼠标和键盘的具体操作，以便于程序设计人员根据不同的情况对鼠标和键盘进行编程。在 Visual Basic 中，专门定义了与鼠标和键盘相关的事件。

9.9.1　鼠标事件

所谓"鼠标事件"是指由用户操作鼠标而引发的能被各种对象识别的事件。我们已经知道，鼠标在窗体上单击时产生 Click 事件，双击产生 Dblclick 事件。除此之外，窗体能够识别鼠标常用的事件还有 MouseDown、MouseUp 和 MouseMove 事件。

1. MouseDown 事件

用户按下任意一个鼠标键就会触发 MouseDown 事件。例如，

```
Private Sub Form_MouseDown(Button As Integer, Shift As Integer, X As
    Single, Y As Single)
```

```
    Print "这是 MouseDown 事件"
    Print "按下鼠标键触发 MouseDown 事件"
    Print X，Y
End Sub
```
运行界面如图 9-23 所示。

图 9-23　窗体的 MouseDown 事件

2. MouseUp 事件

用户释放任意一个鼠标键都会触发 MouseUp 事件。例如，

```
Private Sub Form_MouseUp(Button As Integer，Shift As Integer，_
    X As Single，Y As Single)
    Print "这是 MouseUp 事件"
    Print "释放鼠标键触发 MouseUp 事件"
    Print X，Y
End Sub
```
运行界面如图 9-24 所示。

图 9-24　窗体的 MouseUp 事件

当进行鼠标操作时，触发的事件往往不止一个。如果将上面两个例题的程序放在同一窗体中，在窗体上按下鼠标键再释放，会先触发 MouseDown 事件，再触发 MouseUp 事件。

3. MouseMove 事件

用户移动鼠标会触发 MouseMove 事件。例如，

```
Private Sub Form_MouseMove(Button As Integer，Shift As Integer，_
    X As Single，Y As Single)
    Print "这是 MouseMove 事件"
    Print "移动鼠标键触发 MouseMove 事件"
    Print X，Y
End Sub
```

运行界面如图 9-25 所示。

图 9-25　窗体的 MouseMove 事件

下面对 MouseDown、MouseUp 和 MouseMove 三个事件过程中的参数进行说明：

① Button 参数：用于指示用户按下或释放了哪个鼠标按钮，它返回一个整数。Button=1，按下鼠标左键；Button=2，按下鼠标右键；Button=4，按下鼠标中间键。

② Shift 参数：用于确定键盘上的 Shift 键、Ctrl 键和 Alt 键的状态，也返回一个整数。在按下鼠标键的同时，如果按下 Shift 键，Shift=1；如果按下 Ctrl 键，Shift=2；如果同时按下 Shift 键和 Ctrl 键，Shift=3；如果按下 Alt 键，Shift=4 等。

③ 参数 X,Y 返回鼠标指针当前位置。

9.9.2　键盘事件

在 Visual Basic 中，窗体和接受键盘输入的控件能识别的键盘事件主要有三个：KeyPress 事件、KeyDown 事件和 KeyUp 事件。

1. KeyPress 事件

用户按下与 ASCII 字符对应的键时将会触发 KeyPress 事件。KeyPress 事件只会对产生 ASCII 码的按键有反应，包括数字、大小写的字母、Enter、BackSpace、Esc、Tab 键等。对于方向键(↑、↓、←、→)这样不产生 ASCII 码的按键，不会产生 KeyPress 事件。例如，

```
Private Sub Form_KeyPress(KeyAscii As Integer)
    Print "敲击键盘上的某个字符会触发 KeyPress 事件"
    Print KeyAscii，Chr＄(KeyAscii)
End Sub
```

运行界面如图 9-26 所示。

图 9-26　窗体的 KeyPress 事件

2. KeyDown 和 KeyUp 事件

当控制焦点在某个对象上,用户同时按下键盘上的任意键时,都会触发 KeyDown 事件;释放按键,会触发 KeyUp 事件。

例如,在窗体的(800,1000)处画一个半径为 400 的圆。

```
Private Sub Form_KeyDown(KeyCode As Integer, Shift As Integer)
    Cls
    Print
    Print "按下键盘上的某个键触发 KeyDown 事件"
    Circle (800, 1000), 400        '在窗体上画一个圆
End Sub
```

运行界面如图 9-27 所示。

图 9-27　窗体的 KeyDown 事件

在程序中,参数 KeyCode 是通过 ASCII 值或键代码常数来识别键的。字母键的键代码与此字母的大写字符的 ASCII 值相同。例如,"A"和"a"的 KeyCode 都是函数 Asc ("A")返回的数值 65。如果要判断按下的字母是大写还是小写,就需要使用 Shift 参数。

习 题 9

一、选择题

1. 下列控件中没有 Caption 属性的是_____。
   A. 框架　　　　　B. 单选按钮　　　　C. 复选框　　　　D. 列表框
2. 复选框的 Value 属性为 1 时,表示_____。
   A. 复选框未被选中　　　　　　　B. 复选框被选中
   C. 复选框内有灰色的勾　　　　　D. 复选框操作有错误
3. 下列选项中,_____属性可以设置计时器控件的时间间隔。
   A. Value　　　　　B. Interval　　　　C. Enabled　　　　D. Text
4. 如果每 0.5 秒产生一个计时器事件,则计时器控件的 Interval 属性应设置为_____毫秒。
   A. 5000　　　　　B. 500　　　　　C. 50　　　　　D. 5

5. 复选框对象是否被选中,是由其_____属性决定的。

    A. Selected   B. Checked   C. Value   D. Enabled

6. 以下不允许用户在程序运行时输入文字的控件是_____。

    A. 文本框   B. 简单组合框   C. 下拉列表框   D. 下拉式组合框

7. 假定时钟控件的 Interval 属性为 1000,Enabled 属性为 True,调用下面的事件过程,则 2s 后输出变量 s 的值为_____。

```
Private Sub Timer1_Timer()
    s=0
    For i=1 To 10
        s=s+i
    Next i
    Print s
End Sub
```

    A. 0   B. 55   C. 110   D. 以上都不对

8. 表示滚动条滑块当前位置所表示值的属性是_____。

    A. Value   B. Max   C. SmallChange   D. Min

9. 单击滚动条两端的滚动箭头,将触发_____事件。

    A. Change   B. KeyDown   C. KeyUp   D. Scroll

10. 下列关于通用对话框的描述,错误的是_____。

    A. 在程序运行时,通用对话框控件是不可见的

    B. 在同一个程序中,通用对话框的 Action 属性设置为不同的值,则打开的通用对话框具有不同的作用

    C. 在同一个程序中,用不同的 Show 方法(如 ShowOpen 或 ShowSave),则打开的通用对话框具有不同的作用

    D. 使用通用对话框的 ShowOpen 方法,可以直接打开在该通用对话框中指定的文件

11. 要将通用对话框 CommanDialog1 设置成不同的对话框,应通过_____属性来设置。

    A. Name   B. Action   C. Tag   D. Left

12. 下列关于多重窗体的叙述中,正确的是_____。

    A. 作为启动对象的 Main 子过程,只能放在窗体模块内

    B. 如果启动对象是 Main 子过程,则程序启动时不加载任何窗体,以后由该过程根据不同情况决定是否加载哪一个窗体

    C. 没有启动窗体,程序不能运行

    D. 以上都不对

二、填空题

1.复选框的_____设置为 2——Grayed 时,变成灰色,禁止用户选择。

2.滚动条响应的重要事件有_____和 Change。

3.将命令按钮 Command1 的标题赋值给文本框控件 Text1 的 Text 属性,应使用的语句是_____。

4.在显示"字体"对话框之前必须设置_____属性,否则将发生不存在字体的错误。

5.在 Visual Basic 中,除了可以指定窗体作为启动对象外,还可以指定_____作为启动对象。

6.将一个普通窗体的_____属性设置为 True,可以将该窗体设置为 MDI 子窗体。

7.当用户单击鼠标右键时,MouseDown、MouseUp 和 MouseMove 事件过程中的 Button 参数值为_____。

三、编程题

1.设计一个应用程序,利用选项按钮来控制文本框中的字体,利用 4 个复选框来控制文本框中的字形、字号和颜色。运行界面如图 9-28 所示。

图 9-28　运行界面

2.设计一个文本滚动的应用程序,要求文本自左向右滚动,当单击"移动"时,标签文本开始移动,"移动"按钮变成灰色;当单击"暂停"时,文本停止移动,"移动"按钮变成可用。运行界面如图 9-29 所示。

图 9-29　运行界面

3.设计一个倒计时应用程序,运行界面如图9-30所示。单击"开始计时"按钮,计时器开始工作,文本框中的数字每过一秒减小1,从10开始到0计时结束。

图 9-30 运行界面

菜单设计

我们接触过的各类软件几乎都具有菜单操作功能。菜单是用户和软件交互的接口,用户通过菜单可以选择应用软件的各种功能。设计良好的菜单可以提高软件质量,为用户带来便利。我们已经在前面的章节中学习了 Visual Basic 的界面设计和代码编写技术,本章介绍 Visual Basic 中的菜单设计技术。

10.1 菜单简介

Windows 系统中的菜单分为下拉式菜单和弹出式菜单两种类型。

在下拉式菜单系统中,菜单栏一般包含一个或多个菜单标题,单击一个菜单标题,其包含的菜单项目列表将下拉出来,如图 10-1 所示。有些菜单项在被单击时,会直接执行某个动作,如图 10-1 中的"退出"将关闭窗口;有些菜单后带省略符"…",单击时会显示一个对话框;有些菜单后带三角箭头,单击时又会拉出下一级菜单,逐级下拉,Visual Basic 中最多可拉 5 层;有些菜单项的右边具有快捷键,如图 10-1 所示的"新建工程"右边的"Ctrl+N";有些菜单项左边会有图标,说明此菜单项比较常用,可以做成图标集成到工具栏中,方便用户使用该命令,如图 10-1 所示的"打开工程"菜单项左边的图标 。

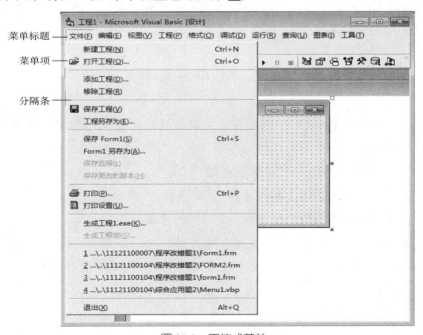

图 10-1 下拉式菜单

弹出式菜单是独立于菜单栏的浮动式菜单,可以快速展示当前对象可用的命令功能,也称为快捷菜单,如图 10-2 所示。弹出式菜单显示的菜单项取决于鼠标右键按下时的位置,在不同的地方单击右键会显示不同的菜单,因此,又称为上下文菜单。

图 10-2　弹出式菜单

在 Visual Basic 中,菜单也是一个控件对象,与其他对象一样,具有定义其外观与行为的属性。例如,在设计或运行时可以设置 Caption、Enabled、Visible 和 Checked 等属性。菜单控件只能识别和响应 Click 事件,当用户通过鼠标或键盘选中某菜单控件时触发其 Click 事件。

不管是下拉式菜单还是弹出式菜单,在 Visual Basic 中都是通过菜单编辑器设计的。下拉式菜单是由一个主菜单和若干个下拉显示的子菜单组成,程序运行时自动出现;弹出式菜单,一般是用户在某对象上单击右键弹出的一个子菜单,菜单标题设置为不可见,运行时使用 PopupMenu 方式显示。下面介绍菜单编辑器以及两种菜单的实例。

10.2　菜单编辑器

Visual Basic 程序设计中,利用菜单编辑器完成设置菜单操作。打开菜单编辑器的方式有以下几种:

① 执行"工具"菜单中的"菜单编辑器"命令。

② 在要建菜单的窗体上右键选择"菜单编辑器"命令。

③ 选中窗体后使用快捷键"Ctrl＋E"打开"菜单编辑器"。

④ 单击工具栏按钮圄可打开"菜单编辑器"。

菜单编辑器窗口主要分为三部分:菜单项属性区、编辑区和菜单项显示区。如图 10-3 所示。

1. 菜单项属性区

每一个菜单项都是一个控件对象,菜单项属性区用于输入或修改菜单项,并设置菜单项的属性。

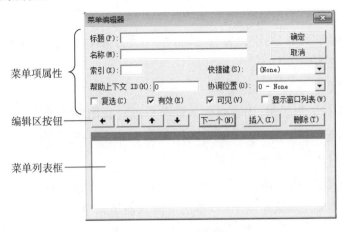

图 10-3　菜单编辑器窗口

①"标题"指菜单项的显示文本,即 Caption 属性。如果想定义访问键(也称热键),可以在"标题"中加入"& 字母",在运行时,字母下面会添加下划线显示,访问键只能迅速将光标定位到菜单项上,不能执行菜单项的代码。如输入"文件(&F)",则显示为"文件(F)",运行时可用"Alt+F"来选中此菜单项,此时"文件"菜单下的所有菜单项以下拉的形式显示出来。如果在标题中输入"－"号,可以在菜单中加入一条分割线,分割线可以将菜单项划分为一些逻辑组,但是不能编写事件过程。

②"名称"指菜单项的名称,即 Name 属性。每个菜单项都必须有一个名字,以便在代码窗口中引用,这个属性不会显示在屏幕上。

③"索引"用于建立控件数组下标,相当于控件数组中的 Index 属性。

④ "快捷键"(S)用于通过键盘快速直接执行相关菜单项的事件,设置时是在"快捷键"组合框中选择,不能输入。第一级菜单不能设置快捷键,但可以设置访问键,用来打开相应菜单。设置了快捷键的菜单项,标题的右边会显示快捷键名称。

⑤"帮助上下文 ID"用于设置一个帮助标识,根据该标识可以在帮助文件中查找合适的帮助主题。

⑥ "协调位置"用于设置菜单是否出现或怎样出现,一般设置为 0。

⑦"复选"用于设置菜单项是否可选,相当于 Checked 属性,当取值为 True时,菜单项前会添加"√"标记,表明该菜单项处于选中状态;否则表示该菜单没有被选定。

⑧"有效"用于设置菜单项是否可被选择,相当于 Enabled 属性,当取值为False 时,菜单项变灰色,不响应用户事件。

⑨"可见"用于设置菜单项是否可见,相当于 Visible 属性。当设置为 False 时,该菜单项在菜单中不显示。

⑩"显示窗口列表"用于设置在 MDI 应用程序中,菜单控件是否包含一个打开的 MDI 子窗体列表。

2. 编辑区

编辑区共有 7 个按钮,用于对输入的菜单项进行简单的编辑。

① 左、右箭头:用于产生或删除内缩符号。单击一次右箭头产生 4 个点,称为内缩符号,用来确定菜单的层次。

② 上、下箭头:用于移动菜单项的上下位置。当条形光标移动到某一菜单项上时,单击上箭头使该菜单项上移,单击下箭头使该菜单项下移。

③ 下一个:进入下一个菜单项的设计。

④ 插入:在当前菜单项之前插入一个空白菜单项。

⑤ 删除:删除光标所在处的菜单项。

3. 菜单项显示区

输入的菜单项在菜单列表框中显示,其中内缩符号表明菜单项的层次。

设计完成后单击"确定"按钮,创建的菜单就会显示在窗体上。

10.3   下拉式菜单

我们通过一个例子来说明如何利用菜单编辑器制作下拉式菜单。

例 10.1   设计程序,通过菜单控制文本框中文本的字体格式和颜色等。程序运行界面如图 10-4 所示。

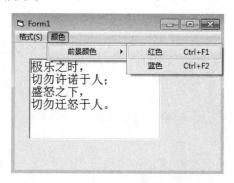

图 10-4   下拉式菜单程序运行界面

步骤:

① 添加控件。在窗体上添加一个文本框控件,将文本框的 MultiLine 属性设置为 True,以使文本框可以显示多行文本。将 FontSize 属性设置为 15,以使文本

框字体以 15 号字显示。

②　设计菜单。打开"菜单编辑器"对话框,参照表 10-1 设置每一个菜单项的标题、名称以及相应的快捷键。当所有输入工作完成后,菜单设计器窗口如图 10-5 所示。

表 10-1　各菜单项属性

标题	名称	快捷键	标题	名称	快捷键
格式(&S)	mFormat		颜色	mColor	
….加粗	mBold	Ctrl+B	….前景颜色	mFColor	
….—	FGT		……..红色	mRed	Ctrl+F1
….下划线	mUnder	Ctrl+U	……..蓝色	mBlue	Ctrl+F2

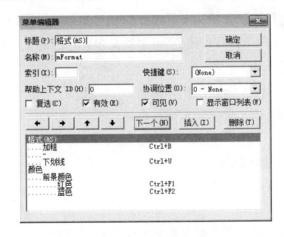

图 10-5　下拉式菜单设计界面

③　为事件过程编写代码。在菜单建立之后,还需要编写相应的事件过程。除分割条外,每个菜单项都可以接受 Click 事件,程序运行时单击菜单项会执行对应的 Click 事件。

对应"格式"菜单下的"加粗"菜单项的事件过程如下:

```
Private Sub mBold_Click()
    If mBold. Checked=False Then
        mBold. Checked=True
        Text1. FontBold=True
    Else
        mBold. Checked=False
        Text1. FontBold=False
    End If
End Sub
```

对应"格式"菜单下的"下划线"菜单项的事件过程如下：

```
Private Sub mUnder_Click()
    If mUnder. Checked=False Then
        mUnder. Checked=True
        Text1. FontUnderline=True
    Else
        mUnder. Checked=False
        Text1. FontUnderline=False
    End If
End Sub
```

这两个事件过程可以完成文本框字体的加粗和添加下划线的设置。

对应"颜色"菜单下的"前景颜色"菜单项又包含自己的子菜单项"红色"和"蓝色"，相应的事件过程如下：

```
Private Sub mRed_Click()
    Text1. ForeColor=RGB(255, 0, 0)
End Sub
Private Sub mBlue_Click()
    Text1. ForeColor=RGB(0, 0, 255)
End Sub
```

这两个事件过程可以完成对文本框字体颜色的设置。

该例中"加粗"菜单项,被选中时菜单项的前面加了一个"√",通过该标记,用户可以明确地知道菜单项的状态是"On"还是"Off"。菜单标记可以通过菜单编辑器窗口中的"复选"属性设置,也可以在编程时通过 Checked 属性设置,该属性为 True 时,菜单项前就有"√"标记。

10.4　弹出式菜单

弹出式菜单可以在任何地方打开,使用方便,具有很大的灵活性。弹出式菜单的设计类似于下拉式菜单,也使用菜单编辑器进行设计。不同的是,在菜单编辑器中取消选中"可见"复选框,即将弹出式菜单的主菜单的 Visible 属性设置为 False,这样在程序启动运行后就看不到我们设计的菜单了,只有当单击鼠标右键时才弹出菜单。

在程序中使用 PopupMenu 方法打开指定的菜单。该方法的使用形式是:

[对象.]PopupMenu 菜单名[, 标志, X, Y]

　　其中,菜单名是必需的,其他是可选参数。对象省略时指窗体;X,Y 参数指定弹出菜单显示的位置;标志,进一步定义弹出式菜单的位置和性能。

　　例 10.2　建立弹出式菜单,调用记事本、画图、游戏等外部程序。程序运行界面如图 10-6 所示。

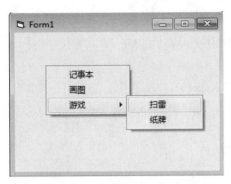

图 10-6　弹出式菜单程序运行界面

步骤:

① 新建窗体,打开菜单编辑器,各菜单项设置如表 10-2 所示。

表 10-2　各菜单项属性

标题	名称	"可见"复选框
附件	addition	不选中
....记事本	note	选中
....画图	paint	选中
....游戏	game	选中
........扫雷	mine	选中
........扑克	poke	选中

② 编写程序代码。

编写窗体的 MouseDown 事件过程如下:

Private Sub Form_MouseDown(Button As Integer, Shift As Integer, _

　　X As Single, Y As Single)

　　If Button=2 Then

　　　　PopupMenu addition

　　End If

End Sub

　　上述代码中 Button=2 表示单击鼠标右键,addition 是弹出式菜单的菜单名,其在设计状态设置为不可见(如表 10-2 中所示),在单击鼠标右键时用 PopupMenu 方法将其显示出来。

单击记事本、画图、扑克和扫雷菜单项时,分别执行如下代码:

```
Private Sub note_Click()
    Shell ("C:\windows\notepad. exe"), vbNormalFocus
End Sub
Private Sub paint_Click()
    Shell ("C:\windows\system32\mspaint. exe"), vbNormalFocus
End Sub
Private Sub poke_Click()
    Shell ("C:\Program Files\Microsoft Games\Solitaire\Solitaire. exe"), _
    vbNormalFocus
End Sub
Private Sub mine_Click()
    Shell ("C:\Program Files\Microsoft Games\MineSweeper\
    MineSweeper. exe"), vbNormalFocus
End Sub
```

在 10.3 节的例题 10.1 中,"格式"和"颜色"菜单,如果在菜单编辑器中将 Visible(可见)属性设置为 False(取消勾选),那么程序运行后它们就不会显示在窗体的顶部了,而是作为快捷菜单使用,即使用 PopupMenu 方法进行显示。

注意:代码中用到的应用程序路径都是以笔者所用计算机(Win7)为例的,读者应根据各软件所在的实际安装路径进行设定。

习 题 10

一、选择题

1.菜单编辑器中,用于设置在菜单栏上显示的文本的选项是_____。
   A. 标题   B. 名称   C. 索引   D. 访问键

2.菜单编辑器中,控制菜单项可见或不可见的选项是_____。
   A. Hide   B. Checked   C. Visible   D. Enabled

3.在用菜单编辑器设计菜单时,必须输入的项是_____。
   A. 快捷键   B. 标题   C. 索引   D. 名称

4.菜单控件只有一个事件是_____。
   A. MouseUp   B. Click   C. DBClick   D. KeyPress

5.下列说法中正确的是_____。
   A. 访问键和快捷键的建立方法一样

B. 访问键和快捷键的使用方法一样

C. 访问键和快捷键均是菜单项提供的一种键盘访问方法

D. 一个菜单项不可能同时拥有访问键和快捷键

6. 下列说法中不正确的是_____。

A. 顶层菜单不允许设置快捷键

B. 要使菜单项中的文字具有下划线,可在标题文字前加 & 符号

C. 语句 mEdit. Enable=False 将使菜单项 mEdit 失效

D. 若希望在菜单中显示"&"符号,则在标题栏中输入"&"符号

7. 下列说法中不正确的是_____。

A. 每个菜单都是一个控件,与其他控件一样也有自己的属性和事件

B. 除了 Click 事件之外,菜单项还能响应其他事件,如 DblClick 等

C. 菜单项的快捷键不能任意设置,只能从列表中选择

D. 在程序执行时,如果菜单项的 Enabled 属性为 False,菜单项就变成灰
色,不能选择

8. 弹出式菜单一般在单击右键时显示,下列哪一条语句说明按下的是鼠标右
键_____。

A. Button=2   B. Button=1   C. Shift=1   D. Shift=2

9. 在用菜单编辑器设计菜单时,一般不能省略的输入的项是_____。

A. 快捷键和热键   B. 标题和名称   C. 索引和标题   D. 名称和热键

10. 下列关于菜单的描述,错误的是_____。

A. 菜单项是控件,也具有属性

B. 菜单项只有 Click 事件

C. 不能在顶层菜单加快捷键,可以加热键

D. 在程序运行的过程中,不能通过赋值语句设置菜单项的属性

二、填空题

1. Visual Basic 中菜单可分为_____和_____。

2. 菜单编辑器的"名称"选项对应于菜单控件的_____属性。

3. 若要在菜单中设计分割线,则应将菜单项的标题设置为_____。

4. 要想显示一个弹出式菜单,应使用_____方法。

5. 菜单中的热键可通过在字母前插入_____符号实现。

6. 可通过快捷键_____打开菜单编辑器。

7. 如果把菜单项的_____属性设置为 True,该菜单项就成为一个选项。

8. 设计弹出式菜单时要将顶级菜单的_____属性设置为 False,然后在程
序中使用 PopupMenu 方法显示。

9. 设菜单名称是 MenuIt,为了在运行时使菜单项失效(变灰),应使用语句_____。

10. 设菜单名称是 MenuIt,为了在运行时使菜单项前加"√",应使用语句_____。

三、编程题

1. 设计如图 10-7 所示的用户界面,其中各菜单项属性如表 10-3 所示,其他控件属性如表 10-4 所示。要求单击"电子日历"菜单下的"日期"时,标签上显示系统当前日期;单击"电子日历"菜单下的"时间"时,标签上显示系统当前时间,每秒钟更新一次;单击"字体大小"菜单下的"15"或者"25"时,标签上的字体以相应大小显示。程序的主要运行界面如图 10-8 所示。读者可在此基础上自行添加"日历背景"和"日历前景"菜单,设置标签的背景颜色和字体颜色,以丰富界面效果。

表 10-3　各菜单项属性

图 10-7　程序设计界面

标题	名称	"可见"复选框
电子日历	电子日历	选中
日期	日期	选中
时间	时间	选中
字体大小	字体大小	选中
15	Fifteen	选中
25	Twenty-five	选中

表 10-4　控件属性

控件名称	属性设置
Label1	Alignment＝2 AutoSize＝True BorderStyle＝1 FontSize＝20
Timer1	Interval＝1000 Enabled＝False

图 10-8　程序运行界面

2.设计快捷菜单,包含四个菜单项,分别是"蚌埠医学院""蚌医一附院""蚌医二附院"和"退出",程序运行后,单击"退出"菜单项,结束程序运行,单击其他弹出式菜单中的某个菜单项,标签中显示菜单项对应的介绍信息,具体如下:

蚌埠医学院:1958 年 7 月,为加快安徽建设,国家将原上海第二医学院(现上海交通大学医学院)分迁一半至蚌埠,并抽调原安徽医学院部分优秀师资创建了蚌埠医学院。学校现已形成医学、理学、工学、管理学 4 个学科门类协调发展的教育格局,有临床医学、麻醉学、口腔医学等 23 个本科专业。

蚌医一附院是皖北地区规模最大的集医疗、教学、科研、预防、康复、保健和急救为一体的大型综合性医院,也是卫生部首批三级甲等医院。医院始建于 1952 年,前身为国家水利部治淮委员会直属医院,1958 年医院更名为蚌埠医学院附属医院,2006 年更名为蚌埠医学院第一附属医院,2010 年增名蚌埠医学院附属肿瘤医院。

蚌医二附院:历史上溯至 1915 年,距今已近百年院史,是一所集医疗、教学、科研、预防、康复、保健和急诊急救为一体的省属大型综合性教学医院、国家级三级甲等医院。连续多年被省、市政府和行政主管部门授予"诚信医院""文明单位"等称号。

程序运行后在窗体上单击鼠标右键,弹出快捷菜单(如图 10-9(a)所示)。例如,如果单击菜单项"蚌埠医学院",则在标签中显示蚌埠医学院的简要介绍,如图 10-9(b)所示。

标签的 AutoSize 属性设置为 True,WordWrap 属性设置为 True。菜单项"退出"的单击事件执行"End"语句即可。

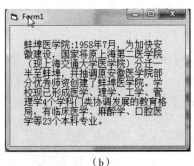

（a）　　　　　　　　　　（b）

图 10-9　程序运行界面

数据文件

在计算机系统中,需要用到大量的程序和数据,这些数据和程序存储在计算机的存储器中。内存虽然具有处理速度快的特点,但其存储容量有限,且不能长期保存程序和数据信息,因此,系统把这些程序和数据组织成文件,以文件的形式存储在外存设备中,需要时再调入内存。Visual Basic 6.0 提供了强大的文件访问与处理功能。本章主要介绍文件结构与分类,顺序文件、随机文件、二进制文件的读写操作。

11.1 文件概述

文件是以外存为载体存储在计算机中的有名字的相关信息的集合。计算机操作系统中的文件管理功能负责管理外存上的文件,并把对文件的存取、共享和保护等手段提供给用户。不同的文件用不同的文件名来标识,用户通过文件名访问指定的文件,然后完成对文件的读、写操作。

11.1.1 文件的结构

从操作系统的角度看,文件由字符、字段和记录组成。

1. 字符(Character)

字符是构成文件的最基本单位。数字、字母、符号或汉字都可以看成一个字符。

2. 字段(Field)

字段是指由某种数据类型及若干字符组成的一项数据。例如,某个学生的学号"201103225"、姓名"郭峰"、性别"男"等都是字段。

3. 记录(Record)

记录是由若干个字段组成,用于表示一组相关的数据信息。例如,一个学生的基本信息可以视为一条记录,包括多个字段,如学号、姓名、性别、出生年月、专业名称等,如表 11-1 所示。

表 11-1　记录

学号	姓名	性别	出生年月	专业名称
11611710046	邱小海	男	1998.5.18	物联网工程
11611810001	周月秀	女	1998.10.1	物联网工程
11611810002	何慧敏	女	1999.2.16	物联网工程
11611810003	黄令杰	男	1998.12.5	物联网工程

4. 文件（File）

文件是由创建者所定义的、具有文件名的一组相关元素的集合。文件可分为有结构文件和无结构文件两种类型，无结构文件被看成是一个字符流。而有结构文件，如数据文件，由若干条记录组成，是记录的集合。例如，一个班的每位学生的信息是一条记录，所有的学生信息就组成了一个学生信息文件。

11.1.2　文件的分类

在计算机系统中，文件种类繁多，处理方法和用途也各不相同。根据不同的分类标准文件可分为不同的类型。

1. 根据数据性质分类

根据数据性质的不同，文件可分为数据文件和程序文件。

① 数据文件：用于存放程序运行时所需要的各种数据。例如，文档（.docx）、Excel 工作簿（.xlsx）、文本文件（.txt）等都是数据文件。

② 程序文件：用于存储计算机可以执行的程序代码，包括源文件和可执行文件等。例如，窗体文件（.frm）、工程文件（.vbp）等。

2. 根据数据的编码方式分类

根据数据的编码方式的不同，可将文件分为 ASCII 文件和二进制文件。

① ASCII 文件：又称为"文本文件"，以 ASCII 码形式保存文件。

② 二进制文件：以二进制代码方式保存文件。

3. 根据数据的访问模式分类

根据数据的访问模式分类，可以把文件分为顺序文件和随机文件。

① 顺序文件：结构简单，数据一个接着一个地排列存储。

顺序文件的优点是结构简单，访问模式简单，占空间少，适用于不经常修改的数据；缺点是必须按顺序访问，无法灵活的随意存取。

② 随机文件：又称为"直接存取文件"，每条记录的长度固定，每一个记录都有一个记录号。如图 11-1 所示。

图 11-1　随机文件存储形式

随机文件的优点是数据的存取较为灵活、方便、速度较快,容易修改;缺点是占空间较大,数据组织复杂。

11.1.3 文件处理的一般步骤

文件的基本操作有:打开/新建文件、读/写文件、关闭文件。

一个文件必须先打开或新建后才能使用。若一个文件已经存在,则打开文件;若不存在,则建立文件。打开或建立文件后,就可以进行所需的输入/输出操作。例如,从数据文件中读出数据到内存,或者把内存中的数据写入到数据文件。当文件操作结束后,通过语句或函数实现关闭文件。

1. 打开/新建文件

在 Visual Basic 中使用 Open 语句打开或建立一个文件,并指定一个文件号和文件的打开模式等。Open 语句格式如下:

Open <文件名> For 模式 As[♯]<文件号>[Len=记录长度]

参数具体使用情况如下:

① 文件名:指定要打开的文件。文件名还可包括路径。

② 模式:用于指定文件访问的方式,若无指定,以 Random 方式打开文件。模式包括以下几种:

Append——在文件末尾追加

Binary——指定二进制方式文件

Input——顺序输入

Output——顺序输出

Random——随机存取方式(默认方式)

当使用 Input 模式时,文件必须已经存在,否则会产生一个错误。以 Output 模式打开一个不存在的文件时,需新建一个文件,如果该文件已经存在,就删除文件中原有的数据从头开始写入数据。用 Append 模式打开文件或创建一个新的顺序文件后,文件指针位于文件的末尾。

③ 文件号:对文件进行操作,需要一个内存缓冲区(或称文件缓冲区),缓冲区有多个,文件号用于指定该文件使用的是哪一个缓冲区。在文件打开期间,使用文件号即可访问相应的内存缓冲区,以便对文件进行读/写操作。文件号是 1～511 范围内的整数。

④ Len:用于指定每条记录的长度(字节数)。

例如,

Open "D:\Stul. txt" For Output As ♯1

表示以 Output 模式打开 D 盘根目录下的 Stul. txt 文件,文件号为 1。

2.关闭文件

打开的文件使用结束后必须关闭。在 Visual Basic 中使用 Close 语句关闭文件,Close 语句格式如下:

Close [[♯]文件号 1,[♯]文件号 2……]

当 Close 语句没有参数时(即 Close),将关闭所有已打开的文件。

例如,执行语句

Close ♯1

将关闭文件号为 1 的文件。

除了用 Close 语句关闭文件外,在程序结束时将自动关闭所有打开的数据文件。

11.2　顺 序 文 件

在顺序文件中,记录的逻辑顺序和存储顺序一致。对文件的读取操作只能从第一条记录开始一个一个进行。根据文件处理的一般步骤,对顺序文件进行读/写操作之前必须用 Open 语句先打开文件,读写操作后用 Close 语句关闭文件。

11.2.1　顺序文件的写操作

在 Visual Basic 中对顺序文件的写操作应以 Output 或 Append 模式打开文件,主要使用 Print ♯ 和 Write ♯ 语句实现。

1. Print ♯ 语句

格式:Print ♯ 文件号,[[Spc(n)|Tab(n)][表达式][;|,]]

功能:与 Print 语句类似,只不过将输出的数据写入文件中。

说明:

① ♯文件号表示某文件,其余各部分的功能同 Print 语句。如:

Print ♯1,A,B,C　　　　'表示变量 A,B,C 的值以标准格式写入文件号为 1 的文件中。

Print ♯1,A;B;C　　　　'表示变量 A,B,C 的值以紧凑格式写入文件号为 1 的文件中。

Print ♯1,　　　　　　'表示将一个空行写入文件号为 1 的文件中。

② 实际上,Print ♯ 语句的任务只是将数据送到 Open 语句开辟的缓冲区,只有在缓冲区满、执行下一个 Print ♯ 语句或关闭文件时,才由文件系统将缓冲区数据写入磁盘文件。

例 11.1　用 Print ♯语句向顺序文件输出数据。

窗体的 Click 事件代码如下:

```
Private Sub Form_Click()
    Open "D:\Example11.1.txt" For Output As ♯1
```

```
    Print #1, 1; 2; 3;a; b; c                          '紧凑格式
    Print #1,"1";"2";"3";"a";"b";"c"                   '注意与前一句的区别
    Print #1,"蚌埠";"医学院"                            '用紧凑格式输出字符型数据
    Print #1,"1","2",123.45,20,30 —86 ,"a"            '标准格式
    Print #1,                                           '输出一个空行
    Print #1,"这是用";"Print #语句";                    '注意最后有分号
    Print #1,"输出的文件"                              '紧跟着上一条语句输出
    Close #1
End Sub
```

运行程序后,在窗体上单击后,打开在计算机 D 盘根目录下的文件"Example11.1.txt",可以看到文件的内容及其格式如图 11-2 所示。

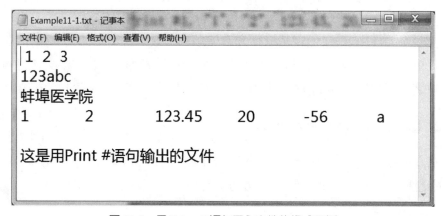

图 11-2   用 Print #语句写入文件的格式示例

2. Write # 语句

格式:Write # 文件号,[[Spc(n)|Tab(n)][表达式][;| ,]]

功能:与 Print #语句类似。用 Write # 语句写到文件中的数据以紧凑格式存放,各个数据之间用逗号作为分隔符,并且给字符串加双引号作为界定符,写入的正数前没有表示符号位的空格。

例 11. 2   用 Write #语句向顺序文件输出数据。

编写窗体的 Click 事件代码:

```
Private Sub Form_Click()
    Open "D:\ Example11.2. txt" For Output As #1
    Write #1,1; 2; 3; a; b; c                          '紧凑格式
    Write #1,"1";"2";"3";"a";"b";"c"                   '注意与前一句的区别
    Write #1,"蚌埠";"医学院"                            '字符型数据
    Write #1,"1","2",123.45,20,30—86,"a"              '标准格式
    Write #1,                                           '输出一个空行
```

```
        Write ♯1，"这是用"；"Write ♯语句"；        '最后有分号
        Write ♯1，"输出的文件"                    '紧跟着上一条语句输出
Close ♯1
End Sub
```

运行程序后，在窗体上单击后，打开在计算机 D 盘根目录下的文件 "Example11.2.txt"，可以看到文件的内容及其格式如图 11-3 所示。

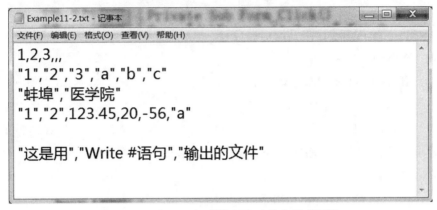

图 11-3　用 Write ♯语句写入文件的格式示例

11.2.2　顺序文件的读操作

顺序文件的读出操作是从顺序文件中读取数据送到计算机中。要进行读操作先要用 Input 模式打开文件，然后使用 Input ♯ 语句、Line Input ♯ 语句或 Input 函数实现顺序文件的读取。

1. Input ♯ 语句

格式：Input ♯ 文件号，变量列表

功能：从指定的文件中读出一条记录。其中变量个数和类型应该与要读取的记录所存储的数据一致。Input ♯ 语句用于读出用 Write ♯ 写入的记录内容。

例 **11.3**　将 2～50 之间的素数写入文件 SS.dat，然后从文件中将数据读出并求和，最后添加到列表框 List1 中。文件数据格式如图 11-4 所示。

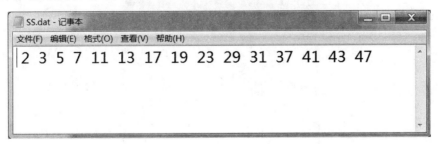

图 11-4　文件数据格式

事件代码编写如下：

```
Private Sub Command1_Click()
Dim i%, j%, x%
Open "D:\SS.dat" For Output As #1
For i=2 To 50
    x=0
    For j=2 To i-1
        If i Mod j=0 Then x=1
    Next j
    If x=0 Then Print #1, i
    Next i
    Close #1
    f=Shell("NOTEPAD.exe"+"D:\SS.dat", vbNormalNoFocus)
End Sub
Private Sub Command2_Click()
    Dim n%, sum%
    Open "D:\SS.dat" For Input As #1
    Do While Not EOF(1)
        Input #1, n
        sum=sum+n
        List1.AddItem n
    Loop
    Close #1
    List1.AddItem "合计:" & sum
End Sub
```

运行效果如图 11-5 所示。

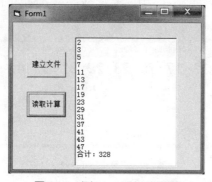

图 11-5　例 11.3 运行效果图

2. Line Input ♯ 语句

格式：Line Input ♯ 文件号,字符串变量

功能：将顺序文件当作纯文本文件处理时,可以使用 Line Input ♯ 语句从文件中读出一行数据,并将读出的数据赋给指定的字符串变量。读出的数据不包含回车符及换行符。

例 11.4　编写一程序,程序的运行界面如图 11-6 所示,要求从左边的文本框输入信息,单击"写文件"按钮,则会把左边文本框中的内容写入到"D:\out. txt"文件中去,若单击"读文件"按钮,则会把"D:\out. txt"文件中的内容读入到右边的文本框中。

图 11-6　例 11.4 运行效果图

分析：文本框的内容可以看作一个变量中的内容,一次性地写入到顺序文件中去。但文件中的内容要一行一行地写入到文本框中。

程序代码如下：

```
Private Sub Command1_Click()
    Open "D:\out. txt" For Output As ♯1    '打开输出文件
    Print ♯1，Text1. Text                   '把 Text1. Text 的内容写入到文件中
    Close ♯1
    Command2. Enabled＝True
    Command1. Enabled＝False
End Sub
Private Sub Command2_Click()
    Text2. Text＝""
    Open "D\out. txt" For Input As ♯1       '把文件中的内容一行一行地写入到 Text2 中
    Do While Not EOF(1)
        Line Input ♯1, mydata
```

```
        Text2. Text＝Text1. Text＋mydada＋vbCrLf
    Loop
    Close ♯1
End Sub
Private Sub Text1_Change()
    Command1. Enabled＝True
    Command2. Enabled＝False
End Sub
```

3. Input 函数

格式：Input(n,[♯]文件号)

功能：从顺序文件中读取 n 个字符的字符串。

例如，A＝Input(20,♯1)表示从文件号为 1 的顺序文件中读取 20 个字符。

上面介绍了顺序文件的存取操作。顺序文件的缺点是：不能快速地存取所需数据，也不容易进行数据的插入、删除和修改等操作，因此，若要经常修改数据或取出文件中的个别数据，则上述方法均不适用。

例 11.5　文件"ini. txt"中存放了 20 个整数，要求程序运行后，单击"读数并计算"按钮，则读取数据显示在列表框 List1 中，同时在 Text1 中显示这些整数的平均数，在 Text2 中显示大于平均数的个数，单击"保存"按钮将 Text2 的值存入"jieguo. dat"中。

设计界面如图 11-7 所示。

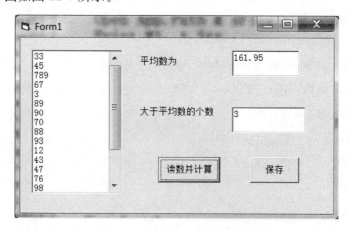

图 11-7　例 11.5 运行效果图

分析：本工程包含窗体文件 Form1 和标准模块 Module1。读数据文件"ini. txt"中的数据使用 Getdata 过程，结果存入"jieguo. dat"文件中使用 Putdata 过程。Getdata 过程和 Putdata 过程存在标准模块 Module1 中。

窗体代码如下：

```
Private Sub Command1_Click()
    getdata
    For i＝1 To 20
        List1. AddItem A(i)
        Sum＝Sum＋A(i)
    Next i
    ave＝Sum/20
    For i＝1 To 20
        If A(i)＞ave Then s＝s＋1
    Next i
    Text1＝ave
    Text2＝s
End Sub
Private Sub Command2_Click()
    Call putdata("jieguo. dat"，Text2)
End Sub
```

标准模块代码如下：

```
Option Explicit
Public A(50) As Integer
Public N As Integer
Sub putdata(t_FileName As String，t_Str As Variant)
    Dim sFile As String
    sFile＝"\" & t_FileName
    Open App. Path & sFile For Append As ♯1
    Print ♯1，t_Str
    Close ♯1
End Sub
Sub getdata()                          '读文件函数
    Dim i As Integer
    Open App. Path & "\ini. txt" For Input As ♯1
                                '注意文档要与工程在同一文件夹
    i＝1
    Do While Not EOF(1)
        Input ♯1，A(i)
```

```
            i=i+1
        Loop
        N=i-1
        Close ♯1
End Sub
```

11.3　随 机 文 件

随机文件以固定长度的记录为单位进行存储和访问,能够直接快速地访问文件中的数据。而记录则是由若干个数据项(即字段)组成的,每一个数据项可以有不同的数据类型和宽度,记录的长度是各数据项宽度的总和。随机文件使用Random模式打开文件,打开后的随机文件既可以进行读操作,也可以进行写操作。随机文件的打开和关闭分别由 Open 和 Close 语句来实现。打开随机文件必须指定记录长度,默认值为 128,格式为:

Open <文件名> [for random] As <文件号> Len=<记录长度>

11.3.1　定义记录类型

在打开一个文件进行随机访问之前,首先要定义一个记录类型,该类型对应该文件包含或将包含的记录。

例如,一个学生记录文件可以被定义为 Student,用户定义的数据类型如下:

```
Type Student
    No As string * 8
    Name As string * 16
    Mark As Integer
End Type
```

由于随机访问文件中所有记录长度必须相同,因此,上面用户自定义类型中的各字符串通常为固定长度。

如果实际字符串包含的字符数比它写入的字符串固定长度短,Visual Basic就会用空白来填充记录后面的空间;如果字符串比字段固定长度长,Visual Basic就会将其截断。

11.3.2　随机文件的读写操作

1.随机文件的读操作

随机文件的读取用 Get♯语句将文件内容读出并赋给变量。Get♯语句的语法格式如下:

格式:Get ♯ 文件号,[记录号],变量名

其中,记录号是大于 1 的整数,若忽略记录号,则表示读出当前记录后的那条记录。该语句是将随机文件的一条由记录号指定的记录内容读入记录变量中。

2.随机文件的写操作

把变量内容写入到随机文件中用 Put♯语句,Put♯语句的语法格式如下:

格式:Put ♯ 文件号,[记录号],变量名

将一个记录变量的内容写入所打开的磁盘文件中指定的记录位置处。如果忽略记录号,就表示在当前记录后插入一条记录。

11.3.3　应用举例

例 11.6　以随机存取方式创建职工档案数据库文件,实现功能:

① 单击"创建"按钮,将输入的数据追加到数据文件中。

② 可以按姓名查询。

③ 可以删除记录。

④ 所有信息都从文件中读出,修改信息必须写入文件。

数据文件如图 11-8 所示,界面设计如图 11-9 所示。

图 11-8　数据文件格式

图 11-9　例 11.6 运行界面

在标准模块中定义记录的类型：

```
Type memberinfo
    ID As String * 11
    name As String * 10
    dep As String * 10
End Type
```

在窗体模块中设置各个按钮的 Click 事件：

```
Option Explicit
Dim currentID As Integer          '当前记录号
Dim recordnum As Integer          '文件中的总记录数
Dim member As memberinfo          '记录型变量
```

"创建"按钮代码：

```
Private Sub Command1_Click()
    With member
        . ID=Text1. Text
        . name=Text2. Text
        . dep=Text3. Text
    End With
    recordnum=recordnum+1
    Put ♯1, recordnum, member
    currentID=recordnum
    Text1. Text=""
    Text2. Text=""
    Text3. Text=""
    Text1. SetFocus
End Sub
```

"删除"按钮代码：

```
Private Sub Command2_Click()
    Dim k As Integer
    If MsgBox("确定要删除吗?", vbYesNo)=vbYes Then
        k=currentID
        For currentID=k To recordnum
            Get ♯1, currentID+1, member
            Put ♯1, currentID, member
        Next currentID
```

```
        recordnum＝recordnum－1
    End If
    If k＜＝recordnum Then currentID＝k Else currentID＝recordnum
    If currentID＜＞0 Then
        Get ♯1，currentID，member
        With member
          Text1.Text＝.ID
          Text2.Text＝.name
          Text3.Text＝.dep
        End With
    Else
        Text1.Text＝""
        Text2.Text＝""
        Text3.Text＝""
    End If
End Sub
```

"按姓名查询"按钮代码：

```
Private Sub Command3_Click()
    Dim strname As String * 10，i As Integer
    strname＝InputBox("请输入要查询的姓名")
    For i＝1 To recordnum
        Get ♯1，i，member
        If member.name＝strname Then Exit For
    Next i
    If i＜＝recordnum Then
        currentID＝i
        With member
            Text1.Text＝.ID
            Text2.Text＝.name
            Text3.Text＝.dep
        End With
    Else
        MsgBox "不存在该记录!"
    End If
End Sub
```

```
Private Sub Form_Activate()
    Open "D:\user\file.dat" For Random As #1 Len=Len(member)
    recordnum=LOF(1)/Len(member)
End Sub
Private Sub Form_Unload(Cancel As Integer)
    Close 1
End Sub
```

11.4 二 进 制 文 件

二进制文件也可当作随机文件来处理。如果把二进制文件中的每一个字节看作是一条记录,二进制文件就成了随机文件。二进制文件的存取方式与随机文件类似,读写语句也是 Get 和 Put;区别在于二进制文件的存取单位是字节,而随机文件的存取单位是记录。与随机文件一样,二进制文件一旦打开就可以同时进行读与写。

例 11.7 编写一个复制文件的程序,将文件"D:\VB\copy.dat"复制为"D:\VB\copy.bak"。

```
Private Sub Form_Click()
    Dim char As Byte
    Open "D:\VB\copy.dat" For Binary As #1      '打开源文件
    Open "D:\VB\copy.bak" For Binary As #2      '打开目标文件
    Do While Not EOF(1)
        Get #1, char                            '从源文件读出一个字节
        Put #2, char                            '将一个字节写入目标文件
    Loop
    Close
End Sub
```

11.5 常 用 函 数

1. EOF 函数

格式:EOF(<文件号>)

功能:EOF 函数用于测试指定文件是否到达末尾。当文件中的记录指针指向文件末尾时(最后一条记录的后面),EOF 函数返回 True,否则返回 False。

2. LOF 函数

格式：LOF(＜文件号＞)

功能：LOF 函数返回用 Open 语句打开的文件的大小（以字节为单位）。

3. FreeFile 函数

格式：FreeFile

功能：返回一个系统中未使用过的文件号，可以避免在程序中出现文件号的冲突。

4. Loc 函数

格式：Loc(＜文件号＞)

功能：返回由文件号指定的文件的最近一次的读写位置。对于随机文件，Loc 函数返回上一次读或写的记录号；对于顺序文件，Loc 函数返回自文件打开以来读或写的记录个数。

5. Seek 函数

格式：Seek(＜文件号＞)

功能：返回由文件号指定的文件的当前读写位置。Loc 返回最近一次读写的位置，因此，Seek 函数的返回值为 Loc 函数返回值＋1。

6. Shell 函数

格式：Shell(pathname[,windowstyle])

功能：打开一个可执行文件，同时返回一个 Variant(Double)，若成功，则返回代表这个程序的任务 ID；若不成功，则会返回 0。

参数 pathname 为所要执行的应用程序的名称、路径以及必要的参数；windowstyle 表示在程序运行时窗口的样式，若 windowstyle 被省略，则程序以具有焦点的最小化窗口来执行。

例 11.8　通过 Shell 函数来调用 Windows 7 下的计算器应用程序，如图 11-10所示。

图 11-10　Shell 函数示例

新建窗体,在窗体事件添加代码。

Option Explicit

Private Sub Form_Load()

    Dim str1 As String   '定义一个字符串变量,用于存储程序的执行情况

    Form1. Hide   '隐藏窗体

  '调用 C:\windows\System 32\calc. exe 程序

  '将参数 windowstyle 设置为1,可让该程序以正常大小的窗口完成并且拥有焦点

    str1＝Shell("C:\windows\system32\calc. exe", 1)

End Sub

习 题 11

一、选择题

1. 在 Visual Basic 中按文件的访问方式不同,可以将文件分为_____。

  A. 顺序文件、随机文件和二进制文件

  B. 文本文件和数据文件

  C. 数据文件和可执行文件

  D. ASCII 文件和二进制文件

2. 在顺序文件中_____。

  A. 每条记录的记录号按从小到大排列

  B. 每条记录的长度按从小到大排列

  C. 按记录的某个关键数据项的排列顺序组织文件

  D. 记录按写入的先后顺序存放,并按写入的先后顺序读出

3. 执行语句 Open "C:\StuData. dat" For Input As ♯2 后,系统_____。

  A. 将 C 盘当前文件下名为"StuData. dat"的文件的内容读入内存

  B. 在 C 盘当前文件夹下建立名为"StuData. dat"的顺序文件

  C. 将内存数据存放在 C 盘当前文件夹下名为"StuData. dat"的文件中

  D. 将某个磁盘文件的内容写入 C 盘当前文件夹下名为"StuData. dat"的文件中

4. 如果在 C 盘当前文件夹下已存在名为"StuData. dat"的顺序文件,那么执行语句 Open "C:\StuData. dat" For Append As ♯1 之后将_____。

  A. 删除文件中原有的内容

  B. 保留文件中原有的内容,在文件尾添加新内容

  C. 保留文件中原有的内容,在文件头开始添加新内容

  D. 以上均不对

5. 随机文件使用_____语句写数据,使用_____语句读数据。

A. Input　　　B. Write　　　C. Input ♯　　　D. Get　　　E. Put

6. Open 语句中的 For 子句省略,则隐含存取方式是_____。

A. Random　　B. Binary　　C. Input　　　D. Output

7. 确定文件是顺序文件还是随机文件,应在 Open 语句中使用_____子句。

A. For　　　　B. Access　　C. As　　　　D. Len

8. 向顺序文件(文件号为 1)写入数据正确的语句是_____。

A. Print 1,a;",";y　　　　　B. Print ♯1,a;",";y

C. Print x;y　　　　　　　　D. Print x,y

9. 设已打开 5 个文件,文件号为 1,2,3,4,5。要关闭所有文件,正确的是_____。

A. Close ♯1,2,3,4,5　　　　B. Close ♯1,♯2,♯3,♯4,♯5

C. Close ♯1—♯5　　　　　　D. Close

10. 获得打开文件的长度(字节数)应使用_____函数。

A. Lof　　　　B. Len　　　　C. Loc　　　　D. FileLen

二、简答题

1. 什么是文件? ASCII 文件与二进制文件有什么区别?

2. 根据文件的访问模式,文件可分为哪几种类型?

3. Print ♯和 Write ♯ 语句的区别? 各有什么用途?

4. 试说明 EOF 函数的功能。

5. 随机文件和二进制文件的读写操作有何不同?

6. 为什么有时不使用 Close 语句关闭文件会导致文件数据的丢失?

三、编程题

1. 在 C 盘当前文件夹下建立一个名为"StuData. txt"的顺序文件。要求用 InputBox 函数输入 5 名学生的学号(StuName)和英语成绩(StuEng)。

2. 在 C 盘当前文件夹下建立一个名为"Data. txt"的顺序文件。要求用文本框输入若干英文单词,每次按下回车键时写入一条记录,并清除文本框的内容,直至在文本框 Text1 中输入 End。

数据库应用基础

数据库是计算机科学的重要分支，是数据管理的有效技术。当前，信息资源无疑是各行各业的重要资源，建立一个有效的管理信息资源和进行数据处理的信息系统是一个企业或部门生存与发展的必备条件。Visual Basic 6.0 提供了强大的数据库操作功能，用户使用它提供的数据控件和数据存取对象，可方便地在数据库中进行数据的录入、修改、删除、查询和统计等操作。

本章将介绍数据库的基本概念，以及 Visual Basic 6.0 的数据库管理的基本功能。

12.1 数据库基础

12.1.1 数据库基本概念

1. 数据库（Datebase）

数据库（DB）是指按照数据结构来组织、存储和管理数据的仓库。数据库独立存储在计算机外存储器上，独立于应用程序，能为多个应用程序共享。

数据结构是指数据的组织形式或数据之间的联系。数据结构又分为数据的逻辑结构和物理结构。本章只研究数据的逻辑结构，并将反映和实现数据联系的方法称为数据模型。目前常用的数据模型是：层次模型、网状模型和关系模型。与之相对应，数据库也分为三种基本类型：层次型数据库、网状型数据库和关系型数据库。

以关系模型为基础的数据库就是关系型数据库，其主要特点是以表（table）的方式组织和存储数据，表、记录和字段是关系数据库的基本构成元素。关系数据库处理简单但功能强大，是目前应用最普遍的数据库模型。如大家熟知的Microsoft Access、SQL Server 等都属于关系型数据库管理系统。

2. 关系模型

关系型数据库是由一张或多张相关联的表组成，表又被称作关系。即，实体与实体之间的联系均由单一的数据结构——关系来描述，例如，学生实体的性质可用关系"学生表"来描述，其结构如表 12-1 所示。

表 12-1　学生表

学号	姓名	性别	出生日期	政治面貌	所属院系	成绩
201200100001	李磊	男	1994－10－15	团员	临床医学	588
201200100002	王雪	女	1994－05－24	团员	临床医学	578
201200100003	赵莉	女	1995－03－25	党员	临床医学	560
201200100004	王时	男	1994－06－27	党员	临床医学	554

一般来说,具有如下性质的一张二维表格才能称其为一个关系:

① 每一列中的数据属于同一类型,例如,"姓名"这一列中的数据都为字符型数据。

② 每一列的名称必须不同。

③ 表中各行相异,不允许有重复的行。

④ 表中的数据项是不可再分的最小数据项。

⑤ 表中行和列的顺序可以任意排列,改变行和列的顺序并不会改变关系的性质。

3. 数据表

关系模型中,数据库是数据表的集合,数据表是一组相关信息的集合。数据表是由行、列组成的二维表格,如表 12-1 所示。

4. 字段

数据表中的一列称为一个字段,也可称为属性或域。每个字段都有一个名字,称之为字段名(属性名),表中每一列的数据具有相同的数据类型,占据相同大小的存储器单元。创建一个数据库表时,除了要定义每个字段的名字外,还要设置每个字段的数据类型、最大长度等属性。字段名、字段类型及字段宽度被称为字段的三要素。

5. 记录

表中的一行称为一条记录,也可称之为元组。表中不同记录的内容不能完全相同。

6. 关键字

关键字是表中为快速检索而使用的字段。关键字可以是表的一个字段,也可以是几个字段的组合。关键字可以有一个或多个,但每个表都应有一个主关键字(主键),用它来唯一标识表中的记录。因此,作为主关键字的字段或字段组合,其值不允许重复。一般地,要想建立数据库中表与表之间的关系,必须要把表中的某一个字段设置为主关键字。

7. 索引

索引是为了加速对表中数据行的检索而创建的一种分散的存储结构。索引的作用相当于图书的目录。索引可以快速取数据,并保证表中每一行数据的唯一性。一个表可以有多个不同的索引,且允许设置一个主索引。主索引是表中的一个字段,用来唯一标识每条记录。主索引字段的值不能相同,且不能为空。

12.1.2　Visual Basic 6.0 数据库访问技术

Visual Basic 6.0 不但具有强大的程序设计能力,而且具有强大的数据库编程能力,其开发数据库的能力堪与专门的数据库编程语言相媲美,具有简洁、灵活、可扩充性好等优点。

1. Visual Basic 6.0 支持的数据库类型

Visual Basic 6.0 处理的数据库属于关系数据库,默认的数据库格式是 Microsoft Access 数据库,能够访问 Visual FoxPro、Oracle、Microsoft SQL Server 等多种不同类型的数据库。另外还可以访问文本文件、电子邮件、Microsoft Excel、Lotus1-2-3 电子表格等。

2. Visual Basic 的数据访问模式

Visual Basic 的数据库主要分为以下三种数据访问对象:

① 数据访问对象 DAO(Data Access Object)。DAO(数据访问对象)是 Visual Basic 最早的数据存取方法,也是微软第一个面向对象的数据库接口,可访问三类数据库:Visual Basic 本地数据库,即 Microsoft Access;单一索引序列数据库,如 FoxPro 等;客户－服务器型的 ODBC(开放式数据库连接)数据库,如 Oracle、Microsoft SQL Server 等。

Visual Basic 并不直接对数据库进行操作,而是由应用程序或用户界面发出命令,通过数据库引擎访问数据库,实现对数据库的操作,其过程如图 12-1 所示。数据库引擎存在于应用程序和物理数据库之间,它把用户程序和正在访问的特定数据库隔离开来,用户利用它可以透明地操作

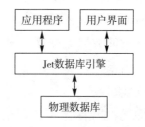

图 12-1　Visual Basic 操作数据库示意图

数据库,即用户并不需要知道正在访问的数据库文件究竟是什么,且对于不同的数据库,可以使用相同的数据访问对象和相同的编程技术。

② 远程数据对象 RDO(Remote Data Object)。随着计算机网络的发展,网络数据库应用系统在实际的应用中需求越来越大,为满足对远程数据对象的访问需求,Visual Basic 发展了 RDO 数据访问技术。RDO 是一个到 ODBC 的、面向对象的数据访问接口,通过 RDO 可以直接与数据库服务器交互。

ODBC 是指开放的数据库互联,是一种访问数据库的统一界面标准,通过

ODBC 数据库应用程序,不需要考虑不同数据库的格式,而采用统一的方法使用数据库。RDO 数据库模式是专门为存取诸如 Oracle、SQL Server 等数据库服务器数据源而设计的,不能用 RDO 实现多种数据库的连接。

③ ActiveX 数据对象 ADO(ActiveX Data Object)。ADO 是基于组件的数据库编程接口,它向应用程序提供了一个统一的数据访问方法,不需要考虑数据源的具体格式和存储方式,可以访问各种数据源,如 SQL Server、Oracle、Access 等关系型数据库,也可以访问 Excel 电子表格、电子邮件系统、图形文件、文本文件等数据资源。

通过 ADO 的方法和属性可以为用高级语言编写的应用程序提供统一的数据访问方法和接口,所以 ADO 实质上是一种提供访问各种数据类型的连接机制。ADO 可用于各种程序设计语言,既能在 VB、VC、Delphi 程序中使用,也能在由 Active Server Page 构成的 Web 站点上使用。其优点是:易学易用、高速,且占用较少的存储空间。

3. Visual Basic 6.0 中数据访问模式的实现

① 使用控件。Visual Basic 提供了支持 DAO、RDO 和 ADO 的控件,如支持 DAO 的数据控件 Data、支持 ADO 的数据控件 Adodc 等。使用这些控件可以与数据库建立链接并操作数据库中的数据,但这些控件并不能显示数据,要显示数据必须再与 Visual Basic 的数据绑定控件捆绑在一起,由数据绑定控件控制数据的显示、修改和记录的移动等。

事实上,数据控件是把数据库中的信息和用于显示这些信息的数据绑定控件连接起来的桥梁。通过设置数据控件的属性,实现与某个数据库的连接,并能指定访问数据库中的某个或某些表。数据控件将数据库中的指定数据提取出来,并放在一个记录集(RecordSet)对象中。RecordSet 对象由记录(Records)和字段(Fields)组成,记录集是数据的一系列记录,通过 RecordSet 对象可完成移动记录、添加记录、删除记录和查询记录等操作。

② 通过程序代码。在 Visual Basic 中,每种数据存放方法都由一系列的对象组成,这些对象均有属于自己的属性、方法和事件。Visual Basic 允许用户在程序中通过相应的语句使用这三种数据存取模式提供的对象组,完成对象的创建、数据的显示和修改、记录的移动和删除等操作。

12.1.3　结构化查询语言 SQL

结构化查询语言(Structure Query Language,SQL)是一种数据库查询和程序设计语言。1986 年 10 月,美国国家标准协会将 SQL 作为关系型数据库管理系统的标准语言,许多可视化语言和数据库管理软件都内嵌了对 SQL 语言的支持,如 Visual Basic、Delphi 和 Visual FoxPro 等。SQL 语言具有功能丰富、使用方便灵活、语言简洁易用等特点,能够完成数据表定义、数据查询等功能。本节只简要地介绍 SQL 的部分功能。

1. 数据表定义

使用 CREATE TABLE 命令建立表。命令格式如下:

CREATE TABLE 表名(字段名 1 数据类型说明[NOT NULL][索引 1],

[字段名 2 数据类型说明[NOT NULL][索引 2],…,]

[,CONSTRAINT 复合字段索引][,…]])

说明:数据类型说明用于指定每个字段的数据类型及所占字节数,其中字段的数据类型需使用英文名称,如 Char(字符型)、Integer(整型)等。字段说明后的"索引"用于说明是否被指定为索引字段。"CONSTRAINT"子句通常用来建立多索引字段的字引。

例如,创建表 12-1 所示的学生表,语句为:

CREATE TABLE students(学号 CHAR(12) NOT NULL,姓名 CHAR(8),性别 CHAR(2),出生日期 Date,政治面貌 CHAR(4),所属院系 CHAR(8),成绩 INTEGER)

2. 数据查询

使用 Select 语句从指定表中选取满足条件的记录,其命令格式如下:

Select 字段名 1,字段名 2,… From <表名>

　　[Where 查询条件]

　　[Group By 字段名 1[,字段名 2],…] HAVING 分组条件]

　　[Order By 字段名[ASC|DESC][,字段名 2[ASC|DESC]…]]

说明:

① 其中 SELECT 和 FROM 子句是必需的,通过使用 SELECT 语句返回一个记录集。

② Where 子句用于指明查询的条件。条件表达式是由操作符将操作数组合在一起构成的表达式,其结果为逻辑型数据,即 True 或 False。操作数可以是字段名、常量、函数或子查询等。常用的操作符包括:

- 算术比较运算符(>、<、>=、<=、=、!=)。
- 逻辑运算符(NOT、AND、OR)。
- 集合操作运算符(IN、UNION)。
- 接近自然语言运算符(BETWEEN…AND、LIKE)。

③ Group By 子句是将查询结果按字段内容分组,HAVING 子句给出分组需

满足的条件。

④ Order By 子句是将查询结果按指定字段的升序(ASC)或降序(DESC)排序。

查询是数据库操作中最为常见的操作之一。设有学生表,表文件名为"students. mdb",下面通过例子给出数据查询中会遇到的几种情况。

(1) 查询给定表的所有信息

例 12. 1　查询"students"中所有学生的信息。

SELECT * FROM students

(2) 查询给定表所有行与部分列

例 12. 2　查询 students 表中学号和成绩。

SELECT 学号,成绩 FROM students

(3)将查询结果排序

例 12. 3　查询 students 表中所有学生的信息,并按成绩由高到低显示。

SELECT * FROM students ORDER BY 总分 DESC

(4) 查询给定表中满足条件的行

例 12. 4　查询 students 表中成绩大于 530 的学生信息。

SELECT * FROM students WHERE 成绩>530

例 12. 5　查询 students 表中成绩在 620 分至 640 分之间的所有信息。

SELECT * FROM students WHERE 成绩 BETWEEN 620 AND 640

说明:条件"BETWEEN 620 AND 640"等价于"总分>=620 AND 总分<=640"。

例 12. 6　查询 students 表中所有姓"张"的学生信息。

SELECT * FROM students WHERE 姓名 LIKE "张%"

例 12. 7　查询 students 表中"临床医学系"或"信息管理系"的学生信息。

SELECT * FROM students WHERE 所属院系 IN ("临床医学","信息管理")

例 12. 8　查询 students 表中成绩最高的学生信息。

SELECT * FROM students WHERE 成绩=(SELECT MAX(成绩)
FROM students)

说明:子查询语句(SELECT MAX(成绩) FROM students)找出最高成绩,查询结果是单值。

3. 插入记录

使用 Insert Into 语句可以把新的记录插入到指定的表中。语句格式为:

Insert into 表名 [(字段名 1[,字段名 2,…])] values (表达式 1[,表达式 2,…])

例 12. 9　向 students 表中插入记录。

INSERT INTO students VALUES("A11990006","李小冉","男","1991-12-

19″,″党员″,″信息管理″,601)

4. 删除记录

使用 Delete 语句可以删除表中满足指定条件的一条或多条记录。语句格式为:

> Delete from ＜表名＞［where ＜条件＞］

例 12.10 逻辑删除数据表 students 中学号为 A11990002 的记录。

> DELETE FROM students WHERE 学号=″A11990002″

5. 更新记录

使用 Update 语句对表中指定记录和字段的数据进行更新,语句格式为:

Update ＜表名＞ set 字段名 1 ＝表达式 1,字段名 2 ＝表达式 2…[Where ＜条件＞]

例 12.11 将 students 表中所属院系为"信息管理"的学生成绩提高 10％。

> UPDATE students SET 成绩＝成绩 * 1.10 WHERE 所属院系=″信息管理″

12.2 可视化数据管理器

可视化数据管理器是 Visual Basic 提供的一个实用的、可视化的工具,使用它可以完成创建数据库、建立数据表、数据查询和数据表更新维护等操作。可视化管理器的数据访问模型是 DAO(Data Access Objects),用它建立的数据库是 Access 97 格式。

下面通过一个具体的例子来介绍使用可视化数据管理器建立数据库的方法步骤。

例 12.12 利用可视化数据管理器建立数据库。

首先在 Visual Basic 中新建一个名为"学生管理系统"的工程,再利用可视化数据管理器创建数据库,具体步骤如下:

(1)启动可视化数据管理器

在 Visual Basic 开发环境中,选择"外接程序"菜单下的"可视化数据管理器",即可打开可视化数据管理器,如图 12-2 所示。

(2)建立数据库

使用 VisData 建立一个名为"学生管

图 12-2　可视化数据管理器

理. mdb"的数据库(扩展名为. mdb 是 Office Access 数据库系统文件),方法如下:

选择"文件"菜单下的"新建"命令,并选择子菜单中的"Microsoft Access",再从出现的子菜单中选择"Version 7. 0 MDB(7)"命令,出现一个保存数据库文件的对话框,如图 12-3 所示。

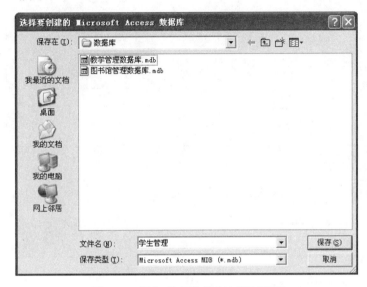

图 12-3　保存/选择数据库文件对话框

在对话框中选择要新建数据库的文件夹,输入数据库的名字"学生管理",单击"保存"按钮,出现如图 12-4 所示的窗口。

图 12-4　新建数据库窗口

可以看到,在指定的文件夹中就有了数据库文件"学生管理. mdb"。

(3) 建立数据表

上面建立的文件是空的,还要为数据库建立表。下面在数据库文件"学生管理. mdb"中建立 students 表,具体步骤如下:

① 在"数据库窗口"中,选中数据库窗口中的"Properties"选项,单击右键,在

弹出菜单中选择"新建表",出现"表结构"对话框,如图 12-5 所示。

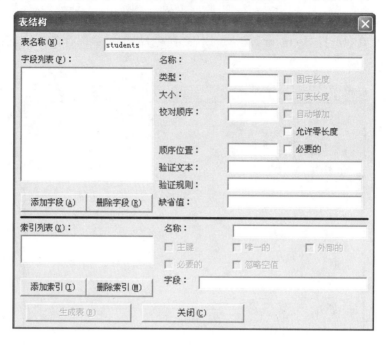

图 12-5　表结构对话框

② 在"表名称"框中输入 students。单击"添加字段(A)"按钮 ,出现如图 12-6 所示的对话框。在对话框中设置字段名、字段类型和字段宽度等信息,单击"确定"即添加一个字段;表中的所有字段需逐一添加。添加完所有字段后单击"关闭"按钮即完成表结构的创建。

③ 表结构建立后便可建立索引了。单击"添加索引",出现如图 12-7 所示的对话框。在对话框中,输入索引名,再选取被索引的字段,单击"确定"按钮便建立了索引。

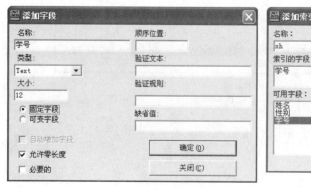

图 12-6　添加字段对话框

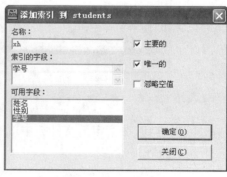

图 12-7　添加索引

在表结构对话框中单击"生成表",在数据库窗口中就有了已生成的表

"students. mdb"，如图 12-8 所示。至此数据表结构建立完毕。

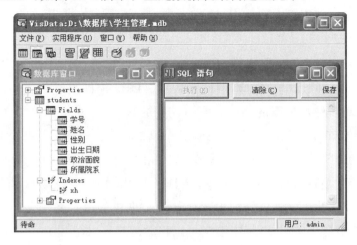

图 12-8　生成表

④ 输入记录。建立表结构之后，双击表名或右键选择"打开"，则打开如图 12-9 所示的窗口，点击"添加"按钮，弹出如图 12-10 所示的窗口，在此窗口中输入数据，当一条记录的数据输入完毕后，点击"更新"按钮，完成一条记录的输入。

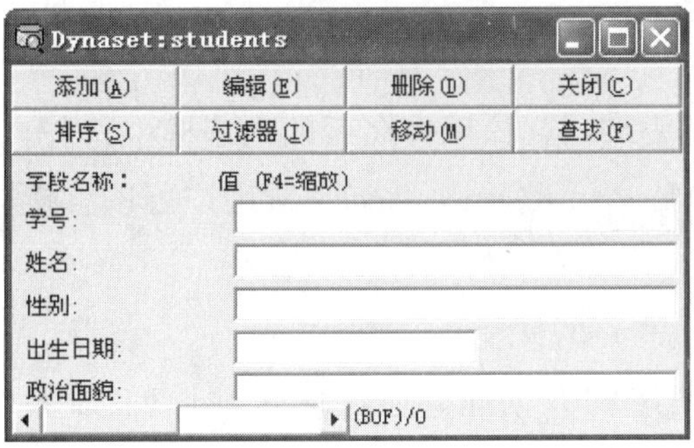

图 12-9　数据表记录操作窗口 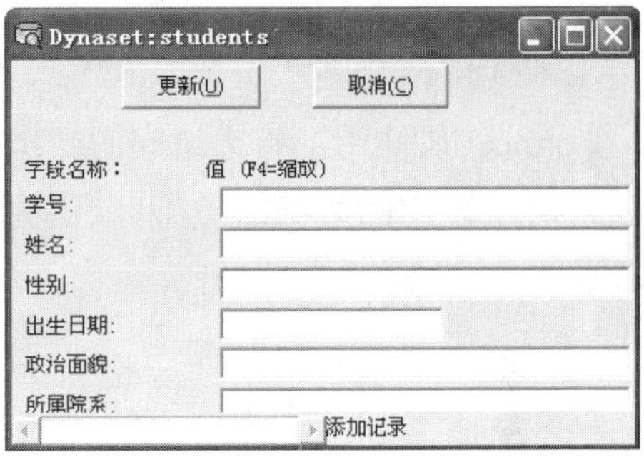　　　　图 12-10　添加记录窗口

在如图 12-9 所示的窗口内可对数据表进行诸如添加记录、删除记录和修改记录等操作。在 Visual Basic 中，一个数据库文件可包含多个表，表不是独立的文件，而是数据库文件的一部分。重复步骤①～④，可建立其他的数据表。若需要修改表结构，可以在"VisData"窗口下选取要修改的数据表，单击鼠标右键，在弹出的菜单中选择"设计"命令，可进入"表结构"窗口进行修改操作。

需要指出的是，利用可视化数据管理器只能建立结构简单的数据库。如若建立复杂的数据库，可通过数据库软件如 SQL Sever 或 Access 等创建，然后在 Visual Basic 中对其进行调用和管理。

12.3 使用 DAO 控件访问数据库

DAO 的 Data 控件最早应用于 Visual Basic 3.0,专门用于访问本地数据库。DAO 虽然也能访问远程数据库,但性能较差。Data 控件通过 Microsoft Jet 数据库引擎实现对多种数据库的访问。它可访问的数据库类型有 Microsoft Access、dBase、FoxPro、Oracle 和 SQL 等,也可以访问 Microsoft Excel 文件和标准 ASCII 文本文件。Data 控件在标准工具栏上,其外观如图 12-11 所示。

图 12-11   数据控件外观

Adodc 控件的 4 个箭头分别表示跳转到数据集的第一条记录、上一条记录、下一条记录、最后一条记录,点击箭头可以移动记录。

使用 Data 控件,可以完全不用编写代码,只需通过简单的设置和合并数据绑定控件,就能够实现对本地或远程数据库的连接,完成对数据库的创建、显示、查询、编辑、更新等操作,并能及时捕获访问数据时出现的错误。

12.3.1 Data 控件的常用属性

1. Connect 属性

Connect 属性用于指定访问的数据库类型。在该属性名后的列表框中,列出了所有可供使用的数据库类型(默认为 Microsoft Office Access),用户可以直接从该列表框中选择。

2. DataBaseName 属性

DataBaseName 属性用于指定具体使用的数据库。通过该属性返回/设置 Data 控件数据源的名称和位置,可以包含路径。该属性可以在属性窗口中设置,也可以在程序中利用语句设置。但如果在窗体运行时改变该属性的值,必须使用 Refresh 方法来打开新的数据库。

3. RecordSource 属性

RecordSource 属性用于确定具体访问的数据。与 Data 数据控件相关联的数据可以是基本表、SQL 语句或 QueryDef 对象。允许用户在程序运行时改变该属性的设置,再用 Refresh 方法使该属性的改变生效,并重建记录集。

要使用 Data 控件至少需要设置 DataBaseName 属性和 RecordSource 属性。一旦设置了 DataBaseName 属性,Visual Basic 将检索数据库里所有的表和有效查询的名称,并显示在 RecordSource 属性的下拉列表里,供用户选择。

4. RecordSetType 属性

Data 控件可以使用 Recordset 对象来对存储在数据库中的数据进行访问,

Recordset(对象集)可以是数据库中的一组记录,也可以是整个数据表,还可以是表的一部分。RecordSetType 属性用于返回/设置 Data 控件要创建的记录集的类型,可设置的属性值如表 12-2 所示。

表 12-2 RecordSetType 属性设置值

属性值	记录集类型	含义
0	Table(表类型记录集)	包含表中所有记录,可对数据表中的数据进行增加、删除、修改等操作,直接更新数据
1	Dynaset(动态集类型记录集)	包含来自一个或多个表的记录,对该种类型的数据表所进行的操作都先在内存中进行,运行速度快
2	Snapshot(快照类型记录集)	包含打开的数据表或由查询返回的数据,仅供读取而不能修改,主要用于查询操作

该属性的默认值为 1,即在默认状态下,数据控件从数据库中的一个或多个表中创建一个动态类型的记录集(属性值为 1-Dynaset-type)。利用动态集型记录集,可以对不同类型的数据库中的表进行可更新的链接查询。动态集和它的基本表可以互相更新。当动态记录集中的记录发生变化,同样的变化也将在基本表中反映出来。

5. Exclusive 属性

Exclusive 属性用于返回/设置 Data 控件链接的基本数据库是为单用户打开还是为多用户打开。若其值设为 True,数据库为单用户开放;若为 False,则数据库为多用户开放。

6. ReadOnly 属性

ReadOnly 属性用于返回/设置控件的 Database 是否以只读方式打开。其数据类型为布尔型,可取的值有 True、False。当值为 True 时表示以只读方式打开。

7. EOFAction 属性

EOFAction 属性用于决定当数据移动超出 Data 控件记录集的终点时程序将执行的操作。具体设置如表 12-3 所示。

表 12-3 EOFAction 属性设置值

数值	设置值	含义
0	VbEOFActionMoveLast	MoveLast(默认值),将最后一个记录设置为当前记录
1	VbEOFActionEOF	指定当前记录为无效的(EOF)记录,并使 Data 控件上的 MoveNext 按钮失效
2	VbEOFActionAddNew	使最后的记录有效和自动调用 AddNew 方法,然后指定 Data 控件位于新记录上

8. BOFAction 属性

BOFAction 属性用于确定当数据移动超出 Data 控件记录集的起始点时程序将执行的操作。具体设置如表 12-4 所示。

表 12-4　BOFAction 属性设置值

数值	设置值	含义
0	VbBOFActionMoveFirst	MoveLast(默认值)，将最后一个记录设置为当前记录
1	VbBOFActionBOF	指定当前记录为无效的(BOF)记录，并使 Data 控件上的 MoveNext 按钮失效

12.3.2　数据绑定控件及其常用属性

数据控件只是负责数据库和 Visual Basic 工程之间的数据链接和交换，本身并不能显示数据，显示数据必须借助于 Visual Basic 控件中的数据绑定控件。数据库、DAO 数据控件与数据绑定控件的关系如图 12-12 所示。

图 12-12　数据库、数据控件与数据绑定控件的关系

在 Visual Basic 标准控件中，可使用的数据绑定控件有文本框、标签、复选框、图像框、列表框、组合框、OLE 客户和图片框等。使用这些数据绑定控件时须设置如下属性：

1. DataSource 属性

该属性用于指定与数据绑定控件绑定在一起的数据控件。可在属性窗口中设置，也可在运行程序时由代码来设置。例如，将文本框控件 Text1 与数据控件 Data1 绑定在一起，可用如下语句实现：

　　　　Text1. DataSource＝Data1

注意：绑定控件必须与数据控件在同一窗体中。

2. DataField 属性

该属性用于返回/设置一个值(字段名)，将控件绑定到当前记录的一个字段。可在属性窗口中设置，也可在代码中设置，如执行语句：

　　　　Text1. DataField＝"学号"

可将文本框控件与数据表中的"学号"字段绑定在一起。

12.3.3　Data 控件的 Recordset 对象的常用属性

1. RecordCount 属性

若记录集为表类型，该属性的值表示的是表的记录总数。对于快照集或动态集类型,该属性的值表示的是已访问过的记录的个数。

2. Nomatch 属性

该属性仅对 Microsoft Jet 数据库的数据表有效,用于标识通过 Seek 或 Find 方法是否找到了一个相匹配的记录,若找到,则指针指向该记录,Nomatch 值为 False,否则为 True。

3. Bookmark 属性

该属性保存了一个当前记录的指针,并直接重新定位到特定记录。利用 Bookmark 属性的值来直接跳到指定的记录,其值可以包含在 Variant 或者 String 型的变量中。

4. LastModified 属性

该属性用于返回一个 Bookmark 标志,为最近添加或改变的记录。

12.3.4 Data 控件和 RecordSet 对象的常用方法

1. Refresh 方法

Refresh 方法用于关闭并重新建立/显示数据库中的记录集。一般地,当在程序运行时修改了数据控件的 DatabaseName、Readonly、Exclusive 或 Connect 等属性时,必须使用该方法刷新记录集。其格式为:

    Data1. Refresh

2. Update 方法

Update 方法用于将修改的记录内容保存到数据库中。其格式为:

    Data1. RecordSet. Update

当需要改变数据库中的数据时,先将编辑的记录设置为当前记录,然后在绑定控件中完成修改,再使用 UpDdate 方法保存此修改。

3. UpdateControls 方法

UpdateControls 方法用于从数据控件的记录集中再取回原先的记录内容,即取消修改恢复原值。其格式为:

    Data1. UpdateControls

4. AddNew 方法

AddNew 方法用于添加一个新记录,新记录各字段的值为空或取默认值。例如,给 Data1 的记录集添加新记录,语句为:

    Data1. Recordset. AddNew

AddNew 方法将新添加的记录置于数据库记录的末尾。将新记录添加到记录集时,首先要用 AddNew 方法创建一条空的新记录,然后给该记录的各字段赋值,最后用 Update 方法保存新记录。需要说明的是,当新记录输入完成,数据并没保存到数据库中去,只有执行 UpDdate 方法,记录才能从记录集中写到数据库文件中。

例如,下面的代码段可实现往数据库"学生管理. mdb"中的"students"表添加一条新记录:

```
Data1. DatabaseName="D:\数据库\学生管理. mdb"
Data1. RecordSource="students"
Data1. Refresh                              '打开数据库
Data1. Recordset. AddNew                    '创建一条新记录
Data1. Recordset("学号")="201210010108"
Data1. Recordset("姓名")="李小路"
Data1. Recordset("性别")="男"
Data1. Recordset("出生日期")="1990-5-20"
Data1. Recordset("政治面貌")="团员"
Data1. Recordset("所属院系")="信息管理"
Data1. Recordset. Update                     '更新记录
```

5. Find 方法

Find 方法用于在记录集中查找满足条件的记录。若找到相匹配的记录,则记录指针将指向该记录,使之成为当前记录。

数据控件的记录集对象 RecordSet 提供了四种用于查找记录的方法,分别是:

FindFirst 方法:用于查找第一个满足条件的记录。

FindLast 方法:用于查找最后一个满足条件的记录。

FindNext 方法:用于查找满足条件的下一条记录。

FindPrevious 方法:查找满足条件的上一条记录。

例如,在 students 表中查找第一条性别为"男"的记录,若未找到,则显示提示信息。语句为:

```
Data1. RecordSet. FindFirst"性别='男'"
If Data1. RecordSet. NoMatch Then MsgBox("找不到满足条件的记录")
```

6. Seek 方法

使用该方法可以在 Table 数据表中查找与指定索引规则相符合的第一条记录,同时将该记录设为当前记录。Seek 方法查找记录时总是从记录集的头部开始查找。

注意:使用 Seek 方法查找记录时,必须先通过 Index 属性设置索引字段。例如,要在数据库"学生管理.mdb"的记录集内查找"所属院系"为"信息管理"的第一条记录,可用下面的代码段实现查找。

```
Data1. DatabaseName="D:\数据库\学生管理. mdb"
Data1. RecordSetType=0                 '设置记录类型为 Table
Data1. RecordSource="students"
Data1. RecordSet. Index="所属院系"    '设置索引字段为"所属院系"
Data1. RecordSet. Seek="信息管理"
```

7. Move 方法

Move 方法用于使指定的记录成为当前记录,常用于浏览数据库中的数据。Move 方法的格式有 5 种,分别是:

MoveFirst 方法:定位到首记录。

MoveLast 方法:定位到末记录。

MoveNext 方法:定位到下一条记录。

MovePrevious 方法:定位到上一条记录。

Move[n]方法:n 为正数时,向前移到 n 条记录;n 为负数时,向后移动 n 条记录。

需要说明的是,当 Data 控件已经定位到末记录,这时继续向后移动记录,会产生错误。因此,在使用 MoveNext 方法时,应先检测一下记录集的 EOF 属性,如:

```
If Data1. RecordSet. EOF=False Then
    Data1. RecordSet. MoveNext
        ……
Else
    Data1. RecordSet. MoveLast
End If
```

同理,使用 MovePrevious 方法移动当前记录时,也应选择检测一下记录集的 BOF 属性。

8. Delete 方法

Delete 方法用于删除当前记录的内容,在删除后当前记录移到下一个记录。例如,删除数据库中的当前记录,语句为:

```
Data1. Recordset. Delete
```

如果记录集中没有记录,使用 Delete 方法将引发一个实时运行错误的信息。在记录集中删除一条记录的操作代码应为:

If Data1. Recordset. BOF and Data1. Recordset. EOF Then

    MsgBox "记录集中无记录,不能进行删除操作", 48, "提示"

    Exit Sub

Else

    Data1. Recordset. Delete

    Data1. Recordset. MoveNext

End If

12.3.5 Data 控件的事件

Data 控件作为访问数据库的接口,除了具有标准控件所具有的所有事件外,还具有几个与数据库访问有关的特有事件。

(1) Error 事件

Error 事件是数据库常用的验证事件,在用户读取数据库发生错误时被触发。语法格式为:

Private Sub Data1_Error(DataErr As Integer, Response As Integer)

其中,参数 DataErr 为一整型变量,用于返回错误编号。参数 Response 用来指定发生错误时将如何操作,默认值为 1,表示发生错误时显示错误信息,若取值 0,则发生错误时程序继续运行。

(2) Reposition 事件

用户单击 Data 控件上某个箭头按钮,或者在应用程序中使用了某个 Move 或 Find 方法时,使某一条新记录成为当前记录,就会触发该事件。语法格式:

Private Sub Object_Reposition()

例如,

Private Sub Data1_Reposition()

    Data1. caption=Data1. RecorderSet. AbsolutePosition+1

End Sub

(3) Validate 事件

当激活另一个记录时引发该事件。如,用 Update、Delete、Unload 或 Close 方法之前均会触发该事件。其格式为:

Private Sub Data1_Validate(Action As Integer, Save As Integer)

其中,参数 Action 用于指定引发此事件的操作;参数 Save 为一个布尔型常量,用于表明被连接的数据是否已经改变。取值为 True 时,表示被连接的数据已经改变;否则,表示被连接的数据未被改变。

例 12.13　利用数据控件 Data 和数据绑定控件访问数据库,完成显示记录、添加记录、删除记录及更新表等操作。窗体运行效果如图 12-13 所示。

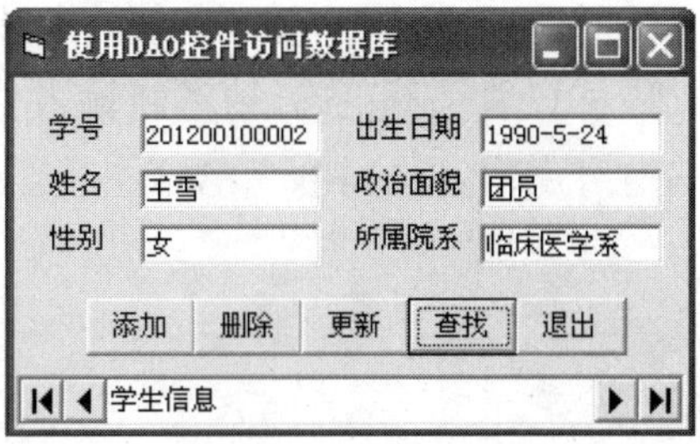

图 12-13　窗体运行界面

分析:窗体上包含一个命令按钮组 Command1(0)~Command1(4),一个标签控件组 Label1,一个文本框按钮组 Text1(0)~Text1(5),及一个 Data 控件 Data1。设置 Data1 控件的 DataBaseName 属性为"学生管理. mdb";RecordSource 属性为"students";RecordSourceType 属性为"1-Dynaset"。设置 Text1(0)~Text1(5) 的"DataSource"属性为"Data1",它们的"DataField"属性分别设置为学号、姓名、性别、出生日期、政治面貌和所属院系。

程序代码如下:

```
Private Sub Command1_Click(Index As Integer)
    Select Case Index
        Case 0                                      '添加记录
            Data1. Recordset. AddNew
        Case 1
            note=MsgBox("确定删除(Y/N)?", vbYesNo, "删除记录")
            If note=vbYes Then
                Data1. Recordset. Delete
                Data1. Recordset. MoveLast
            End If
        Case 2                                      '更新记录
            Data1. Recordset. Update
            Data1. Recordset. Bookmark=Data1. Recordset. LastModified
        Case 3                                      '查找记录
            Dim msg As String
            msg=InputBox("请输入学生学号:", "查找")
            If msg <> "" Then
                book=Form1. Data1. Recordset. Bookmark
```

```
        Data1. RecordsetType=0
        Data1. Recordset. FindFirst ("学号='" & msg & "'")
        If Form1. Data1. Recordset. NoMatch Then
            MsgBox ("学号不正确,请重新输入!")
            Form1. Data1. Recordset. Bookmark=book
        End If
    Else
        Exit Sub
    End If
Case 4                                      '退出
    Unload Me
End Select
End Sub
Private Sub Data1_Reposition()
    Data1. Caption="记录" & Data1. Recordset. AbsolutePosition+1
End Sub
Private Sub Data1_Validate(Action As Integer, Save As Integer)
    If Save=True Then
        note=MsgBox("是否保存?", vbYesNo, "保存记录")
        If note=vbNo Then
            Save=False
            Data1. UpdateControls
        End If
    End If
End Sub
```

12.4　使用 ADO 控件访问数据库

12.4.1　ADO 数据控件的引入与设置

通过 Visual Basic 6.0 提供的 ADO 数据控件 Adodc(ADO Data Control),用户可以用最少的代码创建数据库应用程序。ADO 数据控件是一个 ActiveX 控件,在使用之前需先将其加入到控件工具箱中。具体步骤是:

选择"工程"菜单中的"部件"子菜单,则弹出部件对话框,在对话框中选择

"Microsoft ADO Data Control 6.0(OLEEB)"，如图 12-14 所示。单击"确定"按钮，则工具箱中显示 ADO Data 控件图标8，ADO 控件添加成功。同时在该对话框内，选择"Microsoft ADO DataGrid Control 6.0(OLEDB)"，还可以添加另外一个数据绑定控件 DataGrid。

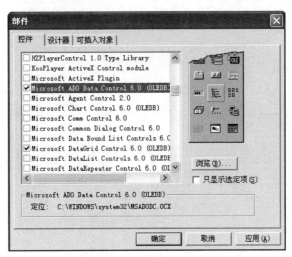

图 12-14　部件对话框

12.4.2　ADO Data 控件的主要属性

使用 ADO 数据控件与数据库建立连接、产生记录集，其关键是设置如下几个属性：

1. ConnectionString 属性

ConnectionString 属性是一个可读写 String 类型，用于设置 ADO 控件与数据源的连接信息，实现 ADO 控件与相应数据库的连接。属性值可以是 OLE DB 文件(.udl)、ODBC 数据源(.dsn)、连接字符串。该属性有 4 个参数，分别是：

Provider：指定建立连接的数据源名称。

File Name：指定与之相连接的数据库文件名。

Remote Privider：用于远程数据服务，指定打开客户端连接时使用的提供者名称。

Remote Server：用于远程服务，指定打开客户端连接时使用的服务器的路径。

例如，例 12.15 中，Adodc1 控件的 ConnectionString 属性值为：

Provider＝Microsoft. Jet. OLEDB 4.0；DataSource＝学生管理.mdb

这些参数的设置比较复杂，可利用例 12.15 所示的可视化工具来设置。

2. RecordSource 属性

该属性用于设置与 ADO 连接的数据库中的记录集，即可访问的数据来源，属性值可以是数据库中的表名，也可以是一个 SQL 查询。如图 12-19 所示的"表或存储过程名称"框对应此属性。

3. CommandType 属性

该属性用于指定获取记录源的命令类型,如图 12-19 中的"命令类型"框对应此属性。命令类型有 4 种,如表 12-5 所示。

表 12-5　命令类型

命令类型	含义
8—adCmUnknown	未知,为系统默认值
1—adCmdText	文本命令类型
2—adCmdTable	数据表
3—adCmdstoredProc	存储过程

4. Mode 属性

该属性用于设定对数据库操作的权限。可取值如表 12-6 所示:

表 12-6　Mode 属性取值

常量	说明
0—adModeUnKnown	操作数据的权限未知或还没有确定(为默认值)
1—adModeRead	权限为只读
2—admodeWrite	权限为只写
3—adModeReadWrite	权限为读/写
4—adModeShareDenyRead	禁止其他用户以读权限打开链接
8—adModeShareDenyWrite	禁止其他用户以写权限打开链接
12—adModeShareExclusive	禁止其他用户打开该链接
16—adModeShareDenyNone	允许其他用户使用任何权限打开链接

12.4.3　RecordSet 对象属性与方法

记录集(RecordSet)对象是使用 ADO 控件访问数据库的重要组成部分,在 Visual Basic 中,数据库中的表不允许直接访问,只可通过 RecordSet 对象对记录进行浏览和操作。因此,RecordSet 对象是浏览和操作数据库的重要工具,ADO Data 控件对数据库的操作主要由 RecordSet 对象的属性与方法来实现。RecordSet 对象与表类似,也是由行和列组成,它的内容可以包含一个或多个表的数据。Recordset 的方法与 DAO Data 控件相似,在此不再赘述。其常用属性有:

1. AbsolutePosition 属性

该属性为当前记录指针的值,第 1 条记录 AbsolutePosition 属性值为 1,第 k 条记录 AbsolutePosition 属性值为 k。

2. EOF 和 BOF 属性

记录指针位于第 1 条记录和最后 1 条记录之间某个位置时,EOF 属性和 BOF 属性皆为 False,记录指针位于第 1 条记录时,再调用 MovePrevious 方法向前移动指针,则 BOF 属性为 True;记录指针位于最后 1 条记录时,再调用 MoveNext 方法向后移动指针,则 EOF 属性为 True。

因此,EOF 属性用于判断记录指针是否越过尾部;BOF 属性用于判断记录指针是否越过头部。

3. RecordCount 属性

RecordCount 属性是记录集对象中的记录总数,该属性为只读属性。

4. Fields 属性

RecordSet 对象的 Fields 属性是对记录集的某个字段进行操作。Fields 属性也是一个对象,它有自己的属性。通过属性设置来操作字段。

① Count 属性:可获取记录集中的字段个数。例如,Adodc1. RecordSet. Field. Count 获取 Adodc1 连接的记录集中字段的个数。

② Name 属性:返回字段名。例如,Adodc1. RecordSet. Field(1). Name 获取 Adodc1 连接的记录集中第 2 个字段的名字。第一个字段名下标为 0,以此类推。

③ Value 属性:查看或更改某个字段的值,也是默认属性。

例如,Adodc1. RecordSet. Field(2)="李三",表示当前记录的姓名字段内容改为"李三"。

再如,显示所有字段名及当前记录所有字段的值,对应的代码为:

For i=0 to Adodc1. RecordSet. Field. Count−1

    Print Adodc1. RecordSet. Field(i). Name, Adodc1. RecordSet. Field(i). Value

Next i

例 12. 14 利用 ADO Data 控件实现对学生信息数据库的数据浏览、编辑、更新等操作。窗体界面如图 12-15 所示。

图 12-15　窗体运行界面

分析:窗体上包含有一个命令按钮组 command1(0)~command1(5),一个标签控件组 Label1,一个文本框按钮组 Text1(0)~Text1(5),以及一个 ADO Data 控件 Adodc1。设置 Adodc1 控件的 DataBaseName 属性为"学生管理. mdb"; RecordSource 属性为"students"。设置 Text1(0)~Text1(5)的"DataSource"属性为 "Data1",它们的"DataField"属性分别设置为学号、姓名、性别、出生日期、政治面

貌和所属院系。

程序代码如下：

```
Private Sub Command1_Click(Index As Integer)
    Select Case Index
        Case 0
            Adodc1. Recordset. AddNew
        Case 1
            note=MsgBox("确定删除(Y/N)?", vbYesNo, "删除记录")
            If note=vbYes Then
                Adodc1. Recordset. Delete
                Adodc1. Recordset. MoveLast
            End If
        Case 2
            Adodc1. Recordset. Update
        Case 3
            If Adodc1. Recordset. BOF Then
                Adodc1. Recordset. MoveFirst
            Else
                Adodc1. Recordset. MovePrevious
            End If
        Case 4
            If Adodc1. Recordset. EOF Then
                Adodc1. Recordset. MoveLast
            Else
                Adodc1. Recordset. MoveNext
            End If
        Case 5
            Unload Me
    End Select
End Sub
```

12.4.3 DataGrid 控件

DataGrid 控件是一个表格形式的数据绑定控件，它通过行和列来显示记录集的记录和字段，用于浏览、编辑数据库表。基本属性如下：

① DataSoure 属性：绑定某个 Adodc 控件，则显示 Adodc 控件指定的记录集。

② AllowAddNew 属性：是否允许用户添加新记录。

③ AllowDelete 属性：是否允许用户删除记录。

④ AllowUpdate 属性：是否允许用户修改记录。

例 12.15　利用 ADO 的 Data 控件访问数据库"学生管理.mdb"，使用 DataGrid 控件在窗体上显示数据库的 students 表中所有数据项。

步骤如下：

① 建立工程，在窗体中加入 ADO Data 数据控件，DataGrid 网格控件。

② 在 ADO Data 数据控件属性窗口，设置属性 ConnectionString。点击按钮 **...**，打开如图 12-16 所示的"属性页"对话框，选择"使用连接字符串"，点击"生成"按钮，在弹出的"数据链接属性"对话框中，选择"Microsoft Jet 4.0 OLE DB Provider"，如图 12-17 所示。

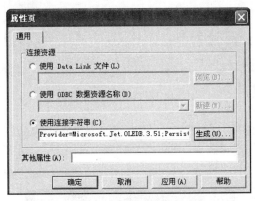

图 12-16　连接资源对话框

图 12-17　设置搜索引擎

③ 点击"下一步"按钮，打开"连接"选项卡，如图 12-18 所示。在"选择或键入

数据库名称"下面的文本框中选择"学生管理. mdb"。单击"测试连接"按钮,当出现"测试成功"对话框,点击"确定"按钮,完成 OLE DB 数据库连接操作。

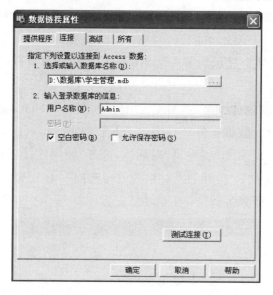

图 12-18　连接到数据库

④ 在 ADO Data 数据控件的属性窗口设置其 RecordSource 属性。点击按钮**…**,打开如图 12-19 所示的"属性页"对话框。在"命令类型"中选择"2-adCmdTable",在"表或存储过程名称"中选择表"students",单击"确定"按钮,完成记录源的设定。

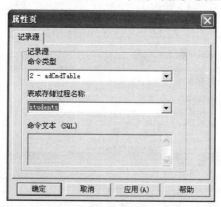

图 12-19　设定记录源对话框

⑤ 设置控件 DataGrid1 的 DataSource 属性,属性值为"Adodc1";设置 Caption 属性为"学生基本信息"。

⑥ 在 DataGrid1 控件上右击鼠标,在弹出的菜单中选择"检索字段",在接下来弹出的对话框中点击"是"命令按钮,这样表中的所有字段都会在 DataGrid1 控件的列标题中显示出来。

⑦ 在 DataGrid1 控件上右击鼠标,在弹出的菜单中选择"编辑",可调节表格中的列宽。

⑧ 编写 Adodc1 控件的 MoveComplete 事件代码，语句如下：

Adodc1. Caption=″记录″ & （Adodc1. Recordset. AbsolutePosition）

这样，就可以使 Adodc1 控件对象能够显示当前记录号。至此窗体创建完成。窗体运行界面如图 12-20 所示。

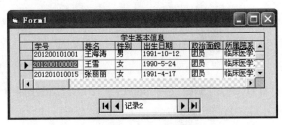

图 12-20　运行效果

例 12.16　设计程序，利用 ADO 数据控件查询数据库。

步骤如下：

① 新建工程，添加的控件及相关属性如表 12-7 所示。

表 12-7　窗体包含的控件及其属性

对象	属性	属性值
Label1	Caption	筛选条件
Label2	Caption	查询选择
Command1	Caption	查询
Adodc1	CommandType	1—adcmdtxt
Adodc1	ConnectionString	学生管理. mdb
DataGrid1	DataSource	Adodc1

② 编写事件代码。

程序代码如下：

```
Private Sub Form_Load()
    Combo1. Text=""
    Combo1. AddItem ″学号″
    Combo1. AddItem ″姓名″
    Combo1. AddItem ″性别″
    Combo1. AddItem ″出生年月″
    Combo1. AddItem ″所属院系″
    Combo1. AddItem ″政治面貌″
End Sub
Private Sub Command1_Click()
    cond=Text1. Text
    Select Case Combo1. ListIndex
```

```
    Case 0
        Adodc1.RecordSource="select * from students where 学号=" & _
        """" & cond & """"
    Case 1
        Adodc1.RecordSource="select * from students where 姓名=" & _
        """" & cond & """"
    Case 2
        Adodc1.RecordSource="select * from students where 性别=" & _
        """" & cond & """"
    Case 3
        Adodc1.RecordSource="select * from students where 出生日期=" & _
        """" & cond & """"
    Case 4
        Adodc1.RecordSource="select * from students where 所属院系=" & _
        """" & cond & """"
    Case 5
        Adodc1.RecordSource="select * from students where 政治面貌=" & _
        """" & cond & """"
    End Select
    Adodc1.Refresh
End Sub
Private Sub Adodc1_MoveComplete(ByVal adReason As ADODB. _
    EventReasonEnum, ByVal pError As ADODB.Error, adStatus _
    As ADODB.EventStatusEnum, ByVal pRecordset As ADODB.Recordset)
    Adodc1.Caption="记录" & (Adodc1.Recordset.AbsolutePosition)
End Sub
```

图 12-21　例题 12.16 运行界面

　　通过本例子可以看出,使用 DataGrid 控件十分方便,几乎不用编写任何代码就可以实现数据库数据的显示。事实上,DataGrid 控件的功能十分强大,利用它可以编写十分复杂的数据库应用程序,可以完成添加记录、修改记录和删除记录等操作,甚至可以动态地设置数据源。如有兴趣,读者可以参考其他专业的书籍。

习　题　12

一、选择题

　　1. 数据库管理系统支持不同的数据模型,常用的三种数据库是_____。

　　　　A. 层次、环状和关系数据库　　　　B. 网状、链状和环状数据库

　　　　C. 层次、网状和关系数据库　　　　D. 层次、链状和网状数据库

　　2. SQL 的核心功能是_____。

　　　　A. 数据查询　　　　B. 数据修改　　　　C. 数据定义　　　　D. 数据控制

　　3. SQL 语言是一种_____的语言。

　　　　A. 关系型数据库　　　　　　　　　B. 网状型数据库

　　　　C. 层次型数据库　　　　　　　　　D. 非关系型数据库

　　4. SELECT 查询语句中实现查询条件的子句是_____。

　　　　A. FOR　　　　B. WHILE　　　　C. HAVING　　　　D. WHERE

　　5. SELECT 查询语句中实现分组查询的子句是_____。

　　　　A. ORDER BY　　　　B. GROUP BY　　　　C. HAVING　　　　D. ASC

　　6. 使用 SELECT 查询语句可以将查询结果排序,排序的短语是_____。

　　　　A. ORDER BY　　　　B. ORDER　　　　C. GROUP BY　　　　D. COUNT

　　7. Visual Basic 6.0 创建的数据库与 Access 数据库文件的扩展名是_____。

　　　　A. . db　　　　B. . dbf　　　　C. . mdb　　　　D. . dcx

　　8. Visual Basic 中数据库的访问技术不包括_____。

　　　　A. ADO　　　　B. DAO　　　　C. DBMS　　　　D. RDO

　　9. Data 控件属性中,_____属性是用于设置访问的数据表的名称的。

　　　　A. DataBaseName　　　　　　　　B. Connect

　　　　C. RecordSource　　　　　　　　D. RecordSetType

　　10. 记录集中移动记录到上一条记录的方法是_____。

　　　　A. MoveFirst　　　　　　　　　　B. Update

　　　　C. MoveNext　　　　　　　　　　D. MovePrevrious

　　11. 将新记录添加到记录集后,保存新记录的方法是_____。

　　　　A. AddNew　　　　B. Update　　　　C. CancelUpdate　　　　D. Refresh

12.将一个文本框和数据控件相关联,需要设置的文本框的属性是_____。

    A. RecordSource   B. DataField

    C. DataSource   D. RecordSetType

二、编程题

1.利用 Visual Basic 6.0 的可视化数据管理器创建学生成绩管理. mdb,其中包含学生成绩表,其结构如表 12-8 所示。

表 12-8　学生成绩表结构

字段名	类型	字段宽度	索引
学号	Text	12	主索引
姓名	Text	8	
性别	Text	2	
班级	Text	4	
总分	Integer	2	
名次	Integer	2	

2.分别使用 ADO 控件和 DAO 控件设计一个访问数据库窗体,对上例中创建的数据库表进行浏览、修改、删除、更新、查找等操作。

参考文献

［1］龚沛曾,杨志强,陆慰民.Visual Basic 程序设计教程(第4版)［M］.北京:高等教育出版社,2013.

［2］潘地林.Visual Basic 程序设计(第3版)［M］.北京:中国水利水电出版社,2011.

［3］刘炳文.Visual Basic 程序设计教程(第4版)［M］.北京:清华大学出版社,2013.

［4］安徽省教育厅.全国高等学校(安徽考区)计算机水平考试教学(考试)大纲［M］.合肥:安徽大学出版社,2015.

［5］林士伟.Visual Basic6.0程序设计简明教程［M］.北京:中国电力出版社,2015.